新世纪计算机课程系列精品

计算机控制技术

（第2版）

主　编　张燕红
副主编　郑仲桥　张永春

东南大学出版社
·南京·

内 容 提 要

本书全面介绍了计算机控制技术的概况、过程输入及输出通道、计算机控制系统分析、数字PID控制算法、数字控制器的设计、工业控制计算机、网络集成式分散控制系统、计算机控制系统的设计。

本书编写力求反映应用型本科的要求和工科专业的教学特点，内容力求由浅入深、循序渐进、通俗易懂、基本概念和基本知识的解释准确清晰、计算机控制技术的说明简明扼要，重点介绍了计算机控制系统的组成、数字PID控制算法及数字控制器的设计，注重将计算机的硬件和软件设计有机地结合起来，并且特别注意以形象直观的形式来配合文字表述，重点突出，以帮助读者掌握计算机控制技术的主要内容。

本书可适应不同层次的读者选用，即可用于高等学校工科本科教材，也适用于各类工程技术人员参考、阅读。

图书在版编目(CIP)数据

计算机控制技术/张燕红主编.—2版.—南京：东南大学出版社，2014.2（2017.12重印）

ISBN 978-7-5641-2316-1

Ⅰ.①计… Ⅱ.①张… Ⅲ.①计算机控制-高等学校-教材 Ⅳ.①TP273

中国版本图书馆CIP数据核字(2014)第014751号

计算机控制技术(第2版)

出版发行 东南大学出版社
出 版 人 江建中
社　　址 南京市四牌楼2号
邮　　编 210096

经　　销 全国省新华书店
印　　刷 虎彩印艺股份有限公司
开　　本 787 mm×1092 mm 1/16
印　　张 15.25
字　　数 390千字
版　　次 2008年12月第1版 2014年2月第2版
印　　次 2017年12月第2次印刷
印　　数 3001 — 3501
书　　号 ISBN 978-7-5641-2316-1
定　　价 35.00元

（本社图书若有印装质量问题，请直接与营销部联系。电话：025-83791830）

第2版前言

根据2003年1月教育部组织的全国高等学校教学研究中心在黑龙江工程学院召开的“21世纪中国高等学校应用型人才培养体系的创新与实践”课题审定会的有关精神，在原高等学校通用的计算机控制技术的基础上，根据理工类应用型本科专业的特点，编写了计算机控制技术的教材。

计算机控制技术主要内容包括四部分：第一部分主要介绍计算机控制技术基础，包括计算机控制技术概述、输入、输出通道的原理及数字滤波技术处理；第二部分主要讨论计算机控制系统分析、计算机控制技术的控制算法、数字控制器的设计及其应用；第三部分主要讨论研究工业控制计算机及网络集成式分散控制系统；第四部分主要介绍计算机控制系统的设计方法和应用。

为了让读者能全面、系统地掌握计算机控制系统的知识，达到教育部对应用型本科的要求，在编写本教材时，根据应用型本科的特点，力求由浅入深，循序渐进，通俗易懂，基本概念和基本知识的解释准确清晰，计算机控制技术知识的介绍简明扼要，注重将计算机控制系统的硬件和软件有机地结合起来，注重计算机工业控制的软件设计及其应用，并介绍了网络集成控制技术和分散控制系统。通过典型的控制系统的软件和硬件设计来使读者更深入地理解计算机控制系统的各个组成部分，本书的编写重点突出，以帮助读者掌握关键技术并全面理解本书内容。

本书共分9章：第1章主要介绍计算机控制系统；第2章主要介绍过程输入/输出通道；第3章主要介绍计算机控制系统分析；第4章主要介绍数字PID控制算法；第5章主要介绍常用数字控制器的设计；第6章主要介绍复杂数字控制器设计；第7章主要介绍工业控制计算机；第8章主要介绍网络集成式分散控制系统；第9章主要介绍计算机控制系统的设计。

本书由张燕红任主编，郑仲桥、张永春任副主编，其中第2章至第5章由张燕红编写，第6章至第8章由郑仲桥编写，第1章、第9章由张永春编写，本书由张燕红统稿，并由钱显毅主审。

为了方便教师教学和与作者交流，本书作者将向使用该教材的教学单位、提供PPT及相关教学资料，联系方式 zhangyh@czu. cn 。

由于作者水平有限，书中难免有错误或不足之处，敬请广大读者批评、指正。

编者

2013年9月

目 录

1 计算机控制系统概述

随着计算机的普遍应用及计算机技术的发展，人们越来越多地用计算机来实现工业自动控制系统。近几年来，计算机技术、先进控制理论与方法、检测与传感技术、CRT 显示技术、通信与网络技术、微电子技术等多种学科的相互融合与高速发展，促进了计算机控制技术水平的迅速提高，也使得计算机控制系统在工业、交通、农业、军事等部门中得到了广泛的应用。

本章主要介绍计算机控制系统的概念、组成、特点、工业控制中的计算机的典型应用、计算机控制系统的发展概况和趋势。

1.1 计算机控制系统的概念

近年来，计算机技术应用在自动控制领域越来越普遍，它已经成为自动控制技术不可分割的重要组成部分，并为自动控制技术的发展和应用开辟了广阔的新天地。因此，出现了计算机控制系统，也就是利用计算机来实现生产过程自动控制的系统。

在自动控制中，典型的闭环控制系统如图 1.1 所示。

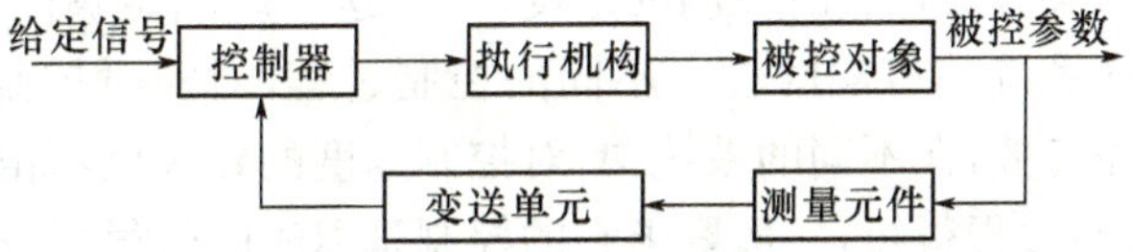

图 1.1 闭环控制系统框图

控制器首先接收给定信号，然后向执行机构发出控制信号驱动执行机构工作；测量元件对被控对象的被控参数（如温度、压力、流量、转速、位移等）进行测量；变送单元将被测参数变成电压或电流信号，反馈给控制器；控制器将反馈信号与给定信号进行比较，如有偏差，控制器就产生新的控制信号，修正执行机构的动作，使得被控参数的值达到预定的要求。

如果把图 1.1 中的控制器用计算机来代替，就可以构成计算机控制系统，其基本框图如图 1.2 所示。计算机控制系统是由工业控制计算机和工业对象两大部分组成。

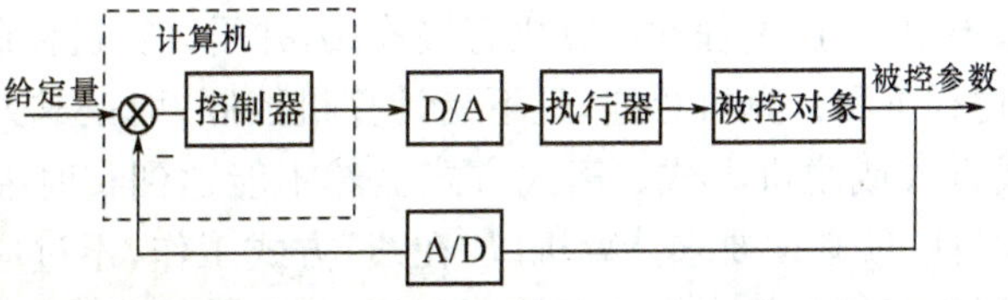

图 1.2 计算机控制系统基本框图

在控制系统中引进计算机，可以充分利用计算机的运算、逻辑判断和记忆等功能。工业控制过程中的被测参数经过传感器、变送器，转换成统一的标准信号，送到 A/D 转换器进行模拟量/数字量的转换，转换后的数字量通过接口送入计算机；当计算机接收了给定量和反馈量后，就可以求得偏差。接着可以对该偏差值用一定的控制规律进行运算（如 PID 运算），计算出控制量。再经过 D/A 转换器将数字信号转换成模拟控制信号输出到执行器。便完成了对被控制量的控制作用。显然要改变控制规律，只要改变计算机的程序即可，而不用像以前一样要改变硬件结构。

从本质上来看，计算机控制系统的控制过程可以归纳为以下三个方面：

① 实时数据采集。被控对象当前输出的信息（如温度、压力、流量、成分、速度、转速、位移量等）瞬间即逝，如不及时采集，便会丢失，所以应将它们转换为相应的模拟电信号，由计算机随时对它们进行采样，并及时把这些采样结果存入内存。

② 实时控制决策。采样数据是反映生产过程状态的信息，计算机对它经过比较、分析、判断后，得出生产过程参数是否偏离预定值，是否达到或超过安全极限值等，即时按预定控制规律进行运算，作出控制决策。

③ 实时控制输出。根据控制决策，实时地对执行机构发出控制信号，完成控制任务。

实际上系统中的计算机就是按顺序连续不断地重复以上几个步骤的操作，保证整个系统能按预定的性能指标要求正常运行。

上述过程中的实时概念是指信号的输入、计算和输出都要在一定的时间（采样间隔）内完成，使控制系统能及时地检测偏差、纠正偏差，使系统达到规定的要求，超出了这个时间，就失去了控制的时机，控制也就失去了意义。但是“实时”不等同于“同时”，因为从被控参数的采集到计算机的控制输出作出反应，是需要经历一段时间的，即存在一个实时控制的延迟时间，这个延迟时间的长短反映实时控制的速度，只要这一时间足够的短，不至于错过控制的时机，便可以认为这系统具有实时性。不同的控制过程，对实时控制速度的要求是不同的，即使是同一种被控参数，在不同的系统中，对控制速度的要求也不相同，例如电动机转速和移动部件位移的暂态过程很短，一般要求它的控制延迟时间就很短，这类控制常称为快过程的实时控制；而热工、化工类的过程往往是一些慢变化过程，对他们的控制属于慢过程的实时控制，其控制的延迟时间允许稍长一些。

控制器的延迟时间在正常情况下包含数据采样、运算决策和控制输出三个步骤所需时间之和，其中运算决策部分的延迟时间占的比例最大。为了缩短控制的延迟时间，应从合理选择控制算法、优化控制程序的编制、选用运算速度较高的微机等方面加以解决。

此外，要使微机控制系统具有实时性，在微机硬件方面还应配备有实时时钟和优先级中断信息处理电路，在软件方面应配备有完善的时钟管理，中断处理的程序、实时时钟和优先级中断系统，这些是保证微机控制系统实时性的必要条件。

在计算机控制系统中，生产过程和计算机直接连接，并受计算机控制的方式称为在线方式或联机方式；生产过程不和计算机相连，且不受计算机控制，而是靠人进行联系并作相应操作的方式称为离线方式或脱机方式。离线方式显然不能达到实时控制的目的。由此可见，要使系统具有实时性，就必须要求计算机以“在线”方式工作，不过应注意，计算机以“在线”方式工作不等于说该系统就是一个实时控制系统，例如数据采集系统中的计算机，虽然它直接与生产装置连接，及时采集系统的输出数据，但不要求它对生产装置进行直接的控制，所以这种系统的计算机是“在线”，并非完全“实时”。

1.2 计算机控制系统的组成

随着被控对象的不同，完成控制任务的不同，对控制要求的不同和使用设备的不同，各个微机控制系统的具体组成是千差万别的，但是从原理上说，它们都有其共同的结构特点。本节主要介绍一般计算机控制系统所包含的硬件和软件组成。

1.2.1 硬件组成

计算机控制系统的硬件一般由计算机（主机）、接口、外部设备、输入输出通道和操作台等组成。其硬件组成如图 1.3 所示。

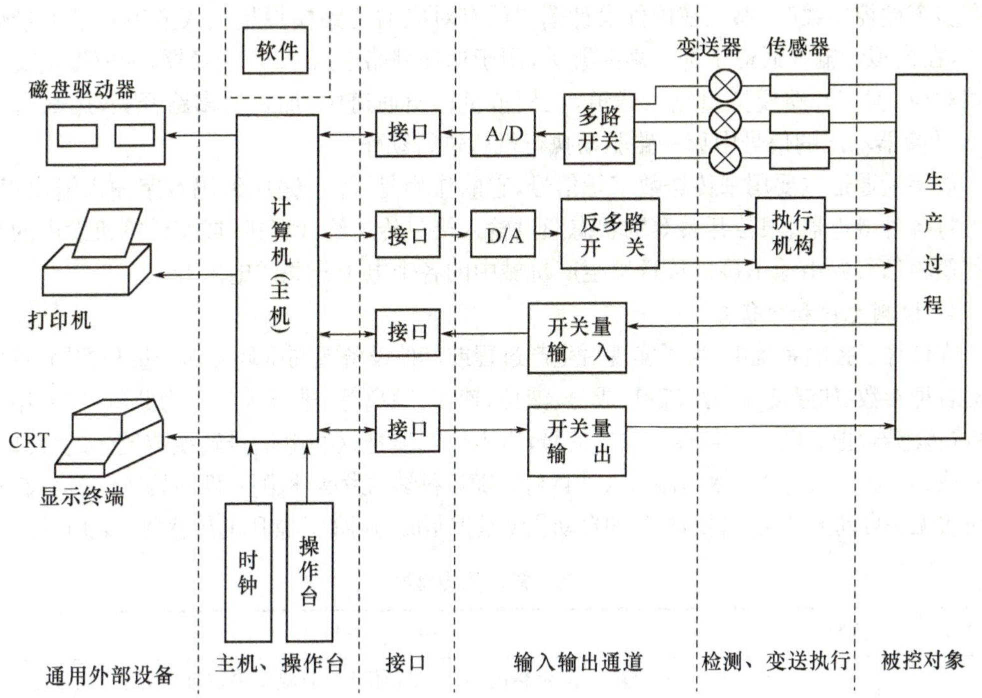

图 1.3 系统硬件图

1）主机

主机是由中央处理器（CPU）和内存储器（RAM 和 ROM）组成，它是整个控制系统的指挥部，通过接口及软件可以向系统的各个部分发出命令，根据输入通道送来的被控对象的状态参数，进行巡回检测、信息处理、分析、计算，作出控制决策，通过输出通道发出控制命令。

2）接口电路

接口电路是主机和通道的中介部分，主机与外部设备、输入输出通道进行信息交换时，通过接口电路的协调工作，实现信息的传送。目前大部分接口都是可编程的，常用的接口有并行接口芯片 8255，串行接口芯片 8155，直接数据传送接口芯片 8237 等。

3）过程输入/输出通道

过程输入/输出通道是位于控制计算机和被控对象之间的过程通道，用来实现控制计算机与被控对象之间的信息传送与转换。

按照信号传送的形式，过程通道可以分为模拟量通道和数字量通道，按照传送信号的方向，过程通道可以分为输入通道和输出通道。因此，过程通道有：模拟量输入通道、模拟量输出通道、开关量输入通道和开关量输出通道。生产过程的被控参数一般为连续变化的非电物理量，在模拟量输入通道中先通过传感器把被控参数转换成连续变化的模拟电量信号，再通过变送器把传感器输出的电信号转换为标准的电信号送入 A/D 转换器，通过 A/D 转换器把模拟电信号转换成计算机能够接受的数字量送入到计算机中作为输出的反馈信号，计算机把输入的期望信号和反馈信号比较计算得到偏差信号，通过一定的控制算法运算得到数字的控制量信号，计算机输出的数字控制量通过模拟量输出通道控制被控参数，首先输出的数字的控制量信号经过 D/A 转换器转换成连续的模拟量信号去控制可连续动作的执行机构，执行机构作用于被控对象进行动作，从而控制被控参数的变化。如果计算机控制系统中有多个被控参数时，那么在硬件设计图中就有对应的几路模拟量输入通道和模拟量输出通道，在模拟量输入通道中加入多路开关，用于选择哪路送入 A/D 转换器；和模拟量输入通道相对应，就有几路模拟量输出通道，在模拟量输出通道中，加入反多路开关，用来选择从 D/A 转换器输出的信号中哪一路驱动执行机构进行动作。

数字量通道主要用来传送数字量信号，它的作用是，除了完成编码数字输入输出以外，还可将各种继电器、限位开关等的状态通过输入接口传送给计算机，或将计算机发出的开关动作逻辑信号经由输出接口传送给生产机械中的各个电子开关或电磁开关。

4）检测元件和执行器

在计算机控制系统中，为了实现对生产过程或其他设备或周围环境的测量和控制，首先必须对各种参数（如温度、压力、流量、成分、液位、速度、距离等）进行采集。为此，首先要用检测元件（传感器）把非电量信号转变成电信号，再由变送器把这些电信号转换成统一的标准（0～5 V）或（4～20 mA）信号，然后再送入计算机。随着科学的发展，检测元件的品种越来越多，使许多过去无法自动测量或控制的参数的自动化测量控制成为可能。常用的传感器如表所示。

表　常用的传感器

项目	类型	输入输出特性
温度传感器	热电偶	低内阻，电压输出，测量精度高，测量范围广，需温度冷端补偿，用于测量中、高温度，测量范围为 400～1 800 ℃
	热电阻	电阻值随温度变化，测量精度高，性能稳定，不需补偿导线，测量低温温度，测量范围为－200～800 ℃，典型的是铂热电阻
	热敏电阻	阻值随温度变化，分为负温度系数和正温度系数，灵敏度高，工作温度范围广，非线性
压力传感器	应变片	电阻变化或电压输出，灵敏度低
	压电式	电荷输出，只响应交流信号或瞬态信号
	可变电阻	输出电阻或电阻比值，灵敏度高，需要激励电压或电流
流量传感器	差压式流量计	性能稳定可靠，使用寿命长，应用范围广，测量精度普遍偏低，现场安装条件要求高
	浮子流量计	在小、微流量方面应用多，适用于小管径和低流速，压力损失较低
	容积式流量计	计量精度高，范围度宽，可用于高粘度液体的测量
	涡轮流量计	高精度，重复性好，无零点漂移，抗干扰能力好，范围度宽

续表

项目	类型	输入输出特性
液位传感器	电容式液位传感器	当被测介质物位变化时，传感器电容量发生相应变化，精度为0.5%左右，测量范围在0.2～20 m之间
	浮球式液位传感器	基于浮子的浮力及磁性原理，精度不高，测量范围主要集中在4 m以下
	雷达液位传感器	采用发射—反射—接收的工作模式，一般绝对误差在2 mm左右，测量范围一般是0.5～20 m，非接触式测量

如果说传感器是微机测控系统的感觉器官，那么执行器就是微机测控系统的手和脚。它们根据微机发出的控制命令，改变操纵变量的大小，从而克服偏差。使被控制量达到规定的要求。执行器有电动、气动、液压传动之分，此外还有伺服电机、步进电机和可控硅元件等。

① 气动执行机构　大多数工控场合所用执行器都是气动执行机构，因为用气源做动力，相较之下，比电动和液动要经济实惠，且结构简单，易于掌握和维护。由维护观点来看，气动执行机构比其它类型的执行机构易于操作，在现场也可以很容易实现正反左右的互换。它最大的优点是安全，当使用定位器时，对于易燃易爆环境是理想的，所以，虽然现在电动调节阀应用范围越来越广，但是在化工领域，气动调节阀还是占据着绝对的优势。

气动执行机构的主要缺点就是：响应较慢，控制精度欠佳，抗偏离能力较差。

② 电动执行机构　电动执行机构主要应用于动力厂或核动力厂。电动执行机构的主要优点就是高度的稳定和用户可应用的恒定的推力，最大执行器产生的推力可高达225 000 kgf，能达到这么大推力的只有液动执行器，但液动执行器造价要比电动高很多。电动执行器的抗偏离能力是很好的，输出的推力或力矩基本上是恒定的，可以很好的克服介质的不平衡力，达到对工艺参数的准确控制，所以控制精度比气动执行器要高。如果配用伺服放大器，可以很容易地实现正反作用的互换，也可以轻松设定断信号阀位状态(保持/全开/全关)，而故障时，一定停留在原位，这是气动执行器所做不到，气动执行器必须借助于一套组合保护系统来实现保位。

电动执行机构的缺点主要有：结构较复杂，更容易发生故障，且由于它的复杂性，对现场维护人员的技术要求就相对要高一些；电机运行要产生热，如果调节太频繁，容易造成电机过热，产生热保护，同时也会加大对减速齿轮的磨损；另外就是运行较慢，从调节器输出一个信号，到调节阀响应而运动到那个相应的位置，需要较长的时间，这是它不如气动、液动执行器的地方。

③ 液动执行机构　当需要异常的抗偏离能力和高的推力以及快的形成速度时，我们往往选用液动或电液执行机构。因为液体的不可压缩性，采用液动执行器的优点就是较优的抗偏离能力，这对于调节工况是很重要的。另外，液动执行机构运行起来非常平稳，响应快，所以能实现高精度的控制。电液动执行机构是将电机、油泵、电液伺服阀集成于一体，只要接入电源和控制信号即可工作，而液动执行器和气缸相近，只是比气缸能耐更高的压力，它的工作需要外部的液压系统，工厂中需要配备液压站和输油管路，相比之下，还是电液执行器更方便一些。

液动执行机构的主要缺点就是造价昂贵，体积庞大笨重，特别复杂和需要专门工程，所以大多数都用在一些诸如电厂、石化等比较特殊的场合。

5）外部设备

外部设备按功能可分成三类：输入设备、输出设备和外存储器。

常用的输入设备有键盘、磁盘驱动器、纸带输入机等，输入设备主要用来输入程序和数据。

常用的输出设备有显示器、打印机、绘图仪等。输出设备主要用来把各种信息和数据以曲线、字符、数字等形式提供给操作人员，以便及时了解控制过程。

外存储器有磁盘、磁带等，主要用来存储程序和数据。

6）操作台

操作台是操作人员与计算机控制系统进行联系的平台，通过它可以向计算机输入程序，修改内存的数据，显示被测参数以及发出各种操作命令等。一般操作台包含下面三种：

（1）显示器（CRT）或数码显示器（LED）　显示系统运行的状态；

（2）功能键　操作人员输入或修改控制参数和发送命令；

（3）数字键　输入某些数据或者修改控制系统的某些参数。

1.2.2　软件组成

对于计算机控制系统，除了上述的硬件以外，软件也是必不可缺少的。软件是指计算机中使用的所有程序的总称。软件通常又可分为系统软件和应用软件。

1）系统软件

系统软件一般由计算机厂家提供的，维护和管理计算机专门设计的一类程序，它具有一定的通用性。系统软件包括操作系统、语言加工系统和诊断系统。

（1）操作系统

操作系统：就是对计算机本身进行管理和控制的一种软件。

计算机自身系统中的所有硬件和软件统称为资源。

从功能上看，可把操作系统看做是资源的管理系统，实现对处理器、内存、设备以及信息的管理，例如对上述资源的分配、控制、调度和回收等。

（2）语言加工系统

语言加工系统就是将用户编写的源程序转换成计算机能够执行的机器代码（目的程序）。

语言加工系统主要由编辑程序、编译程序、连接、装配程序、调试程序及子程序库组成。

① 编辑程序：建立源程序文件的过程就是由编辑程序完成的。该程序可对一个程序进行插入、增补、删除、修改、移动等编辑加工，并且在磁盘上建立源程序文件。

② 编译程序：将源程序“翻译”成机器代码。

③ 连接、装配程序：使用连接、装配程序可将不同语言编写的不同的程序模块的源程序连接起来，成为一个完整的可运行的绝对地址目标程序。

④ 调试程序：调试程序用来检查源程序是否符合程序设计者的设计意图。

⑤ 子程序库：为了用户编程方便，系统软件中都提供了子程序库。了解这些子程序的功能和调用条件之后，就可直接在程序中调用它们。

(3) 诊断系统

诊断系统是用于维修计算机的软件。

2) 应用软件

应用软件是用户为了完成特定的任务而编写的各种程序的总称。应用软件包括控制程序、数据采集及处理程序、巡回检测程序和数据管理程序等。

(1) 控制程序:主要实现对系统的调节和控制,它根据各种控制算法和被控对象的具体情况来编写,控制程序的主要目标是满足系统的性能指标。

(2) 数据采集及处理程序:包括数据可靠性检查程序、A/D 转换及采样程序、数字滤波程序和线性化处理程序。

数据可靠性检查程序——检查是可靠输入数据还是故障数据;

A/D 转换及采样程序——完成模拟量/数字量的转换及采样功能;

数字滤波程序——滤除干扰造成的错误数据或不宜使用的数据;

线性化处理程序——对检测元件或变送器的非线性特性用软件进行补偿。

(3) 巡回检测程序:包括数据采集程序、越限报警程序、事故预告程序和画面显示程序。

① 数据采集程序:完成数据的采集和处理;

② 越限报警程序:用于在生产中某些量超过限定值时报警;

③ 事故预告程序:根据限定值,检查被控量的变化趋势,若有可能超过限定值,则发出事故预告信号;

④ 画面显示程序:用图、表在 CRT 上形象地反映生产状况。

(4) 数据管理程序

这部分程序用于生产管理,主要包括:统计报表程序,产品销售、生产调度及库存管理程序,产值利润预测程序等。

1.3 计算机在工业控制中的典型应用

计算机控制是指将计算机用于实时过程的测量、监督和控制,这种系统有时称为计算机控制系统,有时称为计算机测控系统,有时称为计算机监测控制系统,有时称为计算机监控系统。这些称呼虽然存在一定的区别,但是这些区别都不是本质上的。计算机控制系统大致可分为以下几种典型的形式。

1) 操作指导控制系统

所谓操作指导是指计算机的输出不直接用来控制生产对象,而只对系统过程参数进行收集、加工处理,然后输出数据。操作人员根据这些数据进行必要的操作。该控制系统是开环控制系统。操作指导控制系统的构成如图 1.4 所示。操作指导控制系统能够对数据进行采集、处理并给出操作指导信息。

在这个系统中,每隔一定的时间,计算机进行一次采样,经过 A/D 转换后送入计算机进行加工处理,然后再进行报警、打印或者显示。操作人员根据此结果进行设定值的改变或者必要的操作。

该控制系统具有结构简单,控制灵活和安全可靠的优点。适用于控制规律未知的系统。常常用于计算机系统的初级阶段,或者试验新的数学模型和调试新的控制程序等。但是该控制系统要由人工操作，速度受到限制，不能控制多个对象，它相当于模拟仪表控制系统的手动与半自动工作状态。

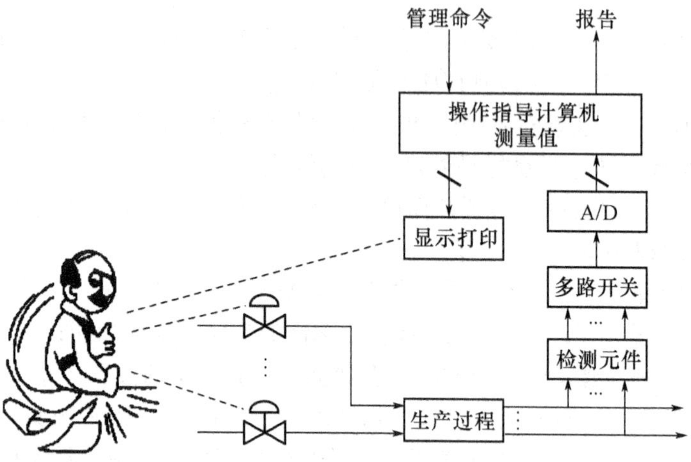

图 1.4　操作指导控制系统

2）直接数字控制系统

直接数字控制（Direct Digital Control，DDC）是在监测系统的基础上，增加了一种或多种控制策略，能够直接对生产过程进行控制。DDC 系统是闭环控制系统。DDC 系统的结构图如图 1.5 所示。

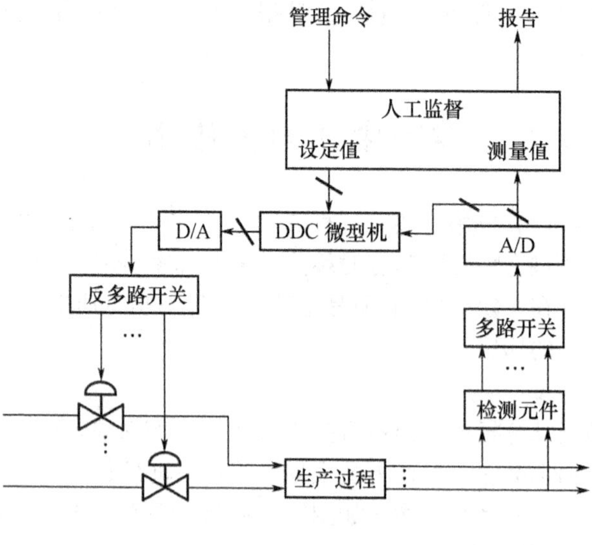

图 1.5　DDC 控制系统

DDC 系统对被控制变量和其他参数进行巡回检测，与设定值比较后求得偏差，然后按事先规定的控制策略（如比例、积分、微分规律）进行控制运算，最后发出控制信号，通过接口直接操纵执行器对被控对象进行控制。

该系统具有以下优点：灵活性大、实时性好、可靠性高和适应性强，一台计算机可控制几个或几十个回路。因为计算机的计算能力强大，所以它可以实现各种比较复杂的控制，如串级控制、前馈控制、自动选择控制以及大滞后控制等。

3) 监督控制系统 SCC(Supervisory Computer Control)

在 DDC 控制方式中，给定值是预先设定的，它不能根据生产过程工艺信息的变化对给定值进行及时修正。所以 DDC 系统不能使生产过程处于最优工作状态。在计算机监督控制系统 SCC 中，计算机能根据描述生产过程的数学模型或其他方法，自动地改变模拟调节器或 DDC 系统的给定值，从而使生产过程处于最优状况(目标如：最低消耗、最低成品、最高产量等)。计算机监督控制系统结合了前面三种系统的功能，其效果取决于生产过程的数学模型。如果这个数学模型能使某一目标函数达到最优状态，SCC 方式就能实现最优控制。

监督控制系统有 SCC＋模拟调节器的控制系统和 SCC＋DCC 的分级控制系统两种结构形式如图 1.6 所示。

(1) SCC＋模拟调节器的控制系统

在此系统中，SCC 监督计算机的作用是收集检测信号及管理命令，然后，按照一定的数学模型计算后，输出给定值到模拟调节器。此给定值在模拟调节器中与检测值进行比较，其偏差值经过模拟调节器计算后输出到执行机构，以达到调节生产过程的目的。这样，系统就可以根据生产工况的变化，不断地改变给定值，以达到实现最优控制的目的。一般的模拟系统是不能改变给定值的，因此这种系统特别适合老企业的技术改造，既用上了原有的模拟调节器又实现了最佳的给定值控制。当 SCC 微型机出现故障时，可由模拟调节器独立完成操作。

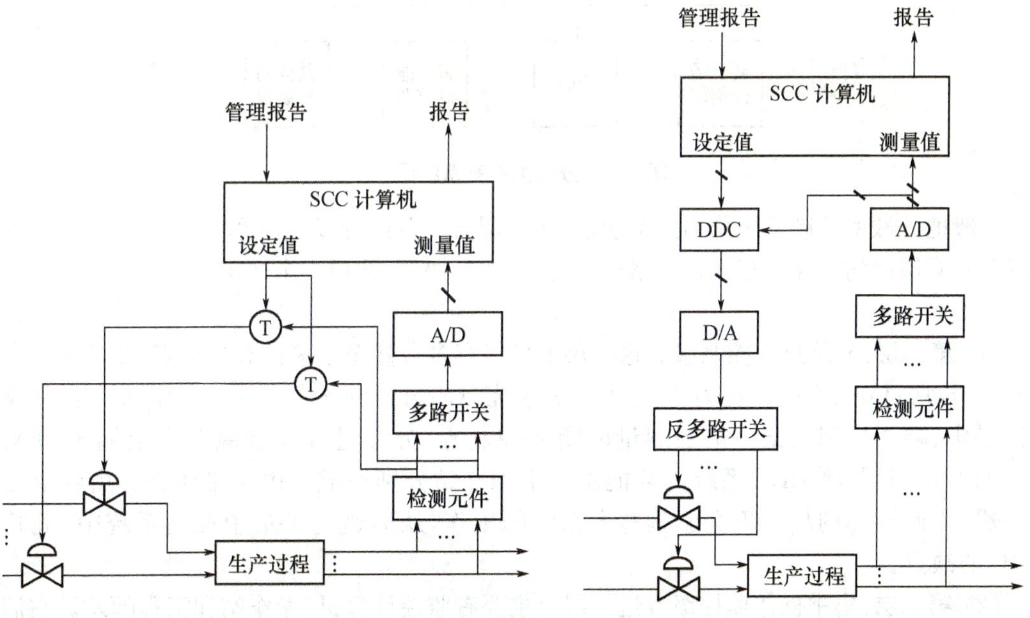

(a) SCC＋模拟调节器的控制系统　　(b) SCC＋DDC 的分级控制系统

图 1.6 监督控制系统 SCC

(2) SCC+DDC 的分级控制系统

本系统为两级计算机控制系统。一级为监督级 SCC，其作用与 SCC+模拟调节器中的 SCC 一样，用来计算最佳给定值。直接数字控制器用来把给定值与测量值进行比较，其偏差由 DDC 进行数字控制计算，然后经过 D/A 转换器对执行机构进行调节。与 SCC+模拟调节器系统相比，其控制规律可以改变，用起来更加灵活，而且一台 DDC 可以控制多个回路，系统比较简单。当系统中的模拟调节器或者 DDC 控制器出了故障时，可以用 SCC 系统代替调节器进行，大大提高了系统的可靠性。但是由于生产过程的复杂性，其数学模型的建立是比较困难的，所以此系统实现起来比较困难。

4) 分散型控制系统

分散型控制系统(DCS, Distributed Control System)是采用分散控制、集中操作、分级管理、分而自治和综合协调的设计原则，把系统从上到下分为分散过程控制级、集中操作监控级、综合信息管理级，形成分级分布式控制的系统，其结构如图 1.7 所示。

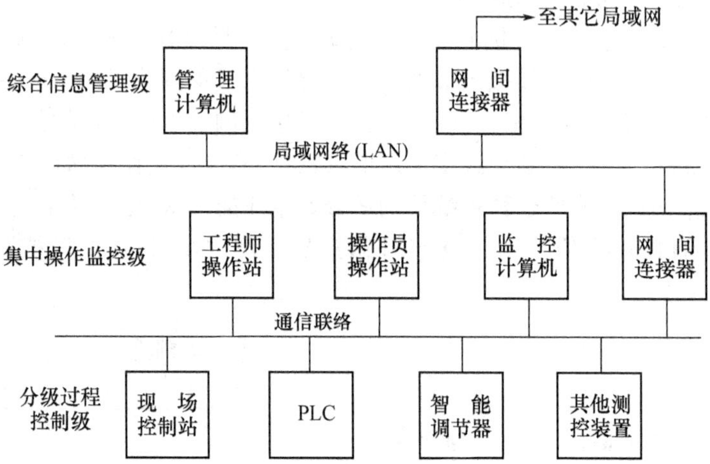

图 1.7 分散型控制系统图

一般把分散型控制系统分为三个层次，每一层有一台或者多台计算机，同一层次的计算机以及不同层次的计算机都通过网络进行通信，相互协调，构成一个严密的整体。每一层的功能大致如下：

(1) 第一层：分级过程控制级。这一层上可能有多台甚至很多计算机或者 PLC 或者专用控制器，它们分布在生产现场，类似于多级系统中的直接测控级，每个工作站分别完成数据采集、顺序控制或某一被控制量的闭环控制等，分散过程控制级基本上属于 DDC 系统的形式，只是将 DDC 系统的职能由各个工作站分别完成。由于工作任务由各个站来完成，因此局部的故障不会影响整个系统的工作，从而避免了集中控制系统中“危险集中”的缺点。

(2) 第二层：集中操作监控级。这一层上主要有监控计算机、操作站和工程师站。它们的任务是直接监视直接测控级中各站点的所有信息，集中显示，集中操作，并且实现各控制回路的组态、参数的设定和修改以及实现优化控制等。

(3) 第三层：综合信息管理级。这一层上工作的是生产管理计算机，它们主要是针对车间和工厂的生产向决策者提供各种信息，以便做出关于生产计划、调度和管理的方案，使计划协调，使生产管理处于最佳状态。

DCS实质上是利用计算机技术对生产过程进行集中监视、操作、管理和分散控制的一种新型控制技术。它是由计算机技术、信号处理技术、测量控制技术、通信网络技术和人机接口技术相互发展、渗透而产生的。DCS能够适应工业生产过程的各种需要，提高自动化水平和管理水平。

5）现场总线控制系统

现场总线控制系统（FCS，Fieldbus Control System）是新一代分布式控制结构。它是连接智能现场设备和自动化系统的数字式、双向传布、多分支结构的通信网络。现场总线控制系统将组成控制系统的各种传感器、执行器和控制器用现场总线连接起来，通过网络上的信息传输完成传输控制系统中需要硬件连接才能传递的信号，完成各设备的协调，实现自动化控制。

传统的DCS结构模式为："操作站—控制站—现场仪表"三层结构，系统成本较高，而且各厂商的DCS有各自的标准，不能互联。

FCS结构模式为："工作站—现场总线智能仪表"二层结构，FCS用二层结构完成了DCS中的三层结构功能，降低了成本，提高了可靠性，国际标准统一后，可实现真正的开放式互联系统结构。

现场总线控制系统有两个显著的特点，一是信号传输实现了全数字化，避免了传统系统中模拟信号传输过程中不可避免的信号衰减、精度下降和容易受到干扰等缺点，提高了信号传输的精度和可靠性；二是实现了控制的彻底分散，把控制功能分散到现场设备和仪表中，使现场设备和仪表成为具有综合功能的智能设备和智能仪表，它们经过统一组态，可以构成各种所需系统的控制系统，从而实现了彻底的分散控制，其结构如图1.8所示。

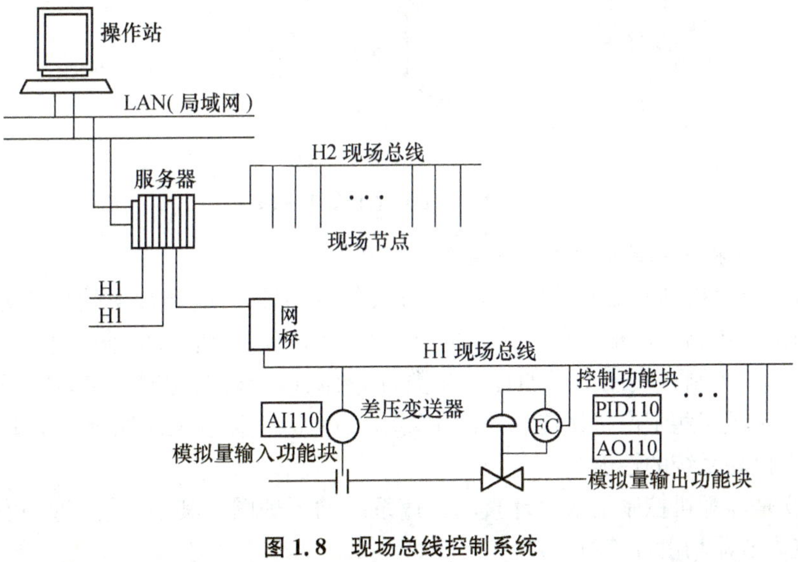

图1.8　现场总线控制系统

1.4　计算机控制系统举例

近几年计算机控制技术迅速发展，并且已经广泛应用于工业过程中，下面举例介绍典型的计算机控制系统。

1）计算机过程控制系统

用计算机对温度、压力、流量、液面、速度等过程参数进行测量与控制的系统称为计算机过程控制系统。图 1.9 介绍了工业炉计算机控制的典型情况，其燃料为燃料油或者煤气，为了保证燃料在炉膛内正常燃烧，必须保持燃料和空气的比值恒定。图中描述了燃料和空气的比值控制过程，它可以防止空气太多时，过剩空气带走大量热量；也可防止当空气太少时，由于燃料燃烧不完全而产生许多一氧化碳或炭黑。为了保持所需的炉温，将测得的炉温送入数字计算机计算，进而控制燃料和空气阀门的开度。为了保持炉膛压力恒定，避免在压力过低时从炉墙的缝隙处吸入大量过剩空气，或在压力过高时大量燃料通过缝隙逸出炉外，同时还采用了压力控制回路。将测得的炉膛压力送入计算机，进而控制烟道出口挡板的开度。此外，为了提高炉子的热效率，还需对炉子排出的废气进行分析，一般是用氧化锆传感器测量烟气中的微量氧，通过计算而得出其热效率，并用以指导燃烧调节。

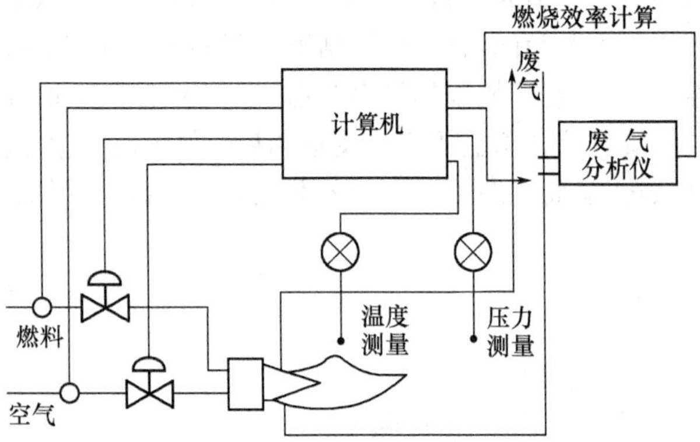

图 1.9　工业炉的计算机控制

2）微型计算机控制的电动机调速系统

由于微型计算机具有极好的快速运算、信息存储、逻辑判断和数据处理能力，电动机调速系统中的许多控制要求很容易在计算机中实现。例如，变流装置的非线性补偿，启动和调速时选用不同的控制方式或不同的控制参数，四象限运行时的逻辑切换，在 PWM 型逆变器、交—交变频或某些生产机械传动控制中要求的电压、电流基准曲线等。由于采用计算机控制，可大大提高系统的性能。

图 1.10 是计算机控制的双闭环直流调速系统的原理图。其中，晶闸管触发器，速度调节器和电流调节器均由计算机实现。

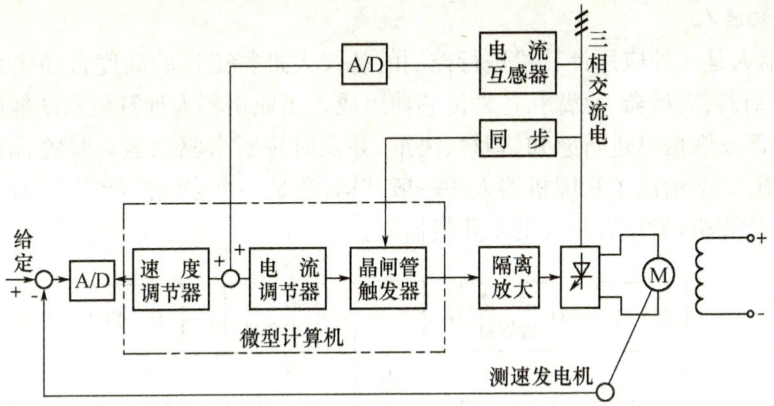

图 1.10 计算机控制的双闭环系统

3) 计算机数字程序控制系统

采用计算机来实现顺序控制和数字程序控制是计算机在自动控制领域中应用的一个重要方面。它广泛地应用于机床控制、生产自动线控制、运输机械控制和交通管理等许多工业自动控制系统中。

所谓顺序控制是使生产机械或生产过程按预先规定的时序(或现场输入条件等)而顺序动作的自动控制系统。目前这类系统中多采用微处理器构成的可编程序控制器(PC 或 PLC)。可编程序控制器使用方便,可靠性高,应用广泛。

所谓数字程序控制系统是指能根据输入的指令和数据,控制生产机械按规定的工作顺序、运动轨迹、运动距离和运动速度等规律而自动完成工作的自动控制系统。数字程序控制系统(通常简称数控)一般用于机床控制系统中,这类机床被称为数控机床。

目前数控系统多采用 16 位或 32 位工业控制微机系统或多微处理机系统控制。它按运动轨迹可以分为点位控制系统和轮廓(轨迹)控制系统。点位控制系统中,被控机构(如刀具)在移动中不进行加工,对运动轨迹没有具体要求,只要能准确定位即可,它适用于数控钻床、冲床等类机床的控制。轮廓控制系统中,被控机构按加工件的设计轮廓曲线连续地移动,并在移动中进行加工,最终将工件加工成所需的形状,它适用于数控铣床、车床、线切割机、绣花机等机床和生产机械的控制。

在图 1.11 中表示出一个在线、开环、实时的简单机床数字程序控制系统的构成框图。根据所使用的软件,该系统既可以设计成平面点位控制系统,又可设计成平面轮廓控制系统。图 1.11 中微型计算机是系统的核心部件,它完成程序和数据的输入、存储、加工轨迹计算和步进电动机控制程序、显示程序、故障诊断程序等控制程序的执行等。

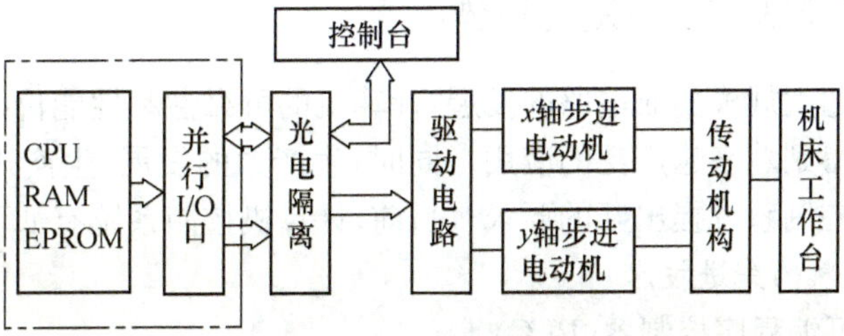

图 1.11 简单机床数字程序控制系统构成框图

4) 工业机器人

工业机器人是一种应用计算机进行控制的替代人进行工作的高度自动化系统，它主要由控制器、驱动器、夹持器、手臂和各种传感器组成。工业机器人计算机系统能够对力觉、触觉、视觉等外部反馈信息进行感知、理解、决策，并及时按要求驱动运动装置、语音系统完成相应任务。图 1.12 给出了智能机器人的一般结构，它是一个多级的计算机控制系统。可以这样说：没有计算机，就没有现代的工业机器人。

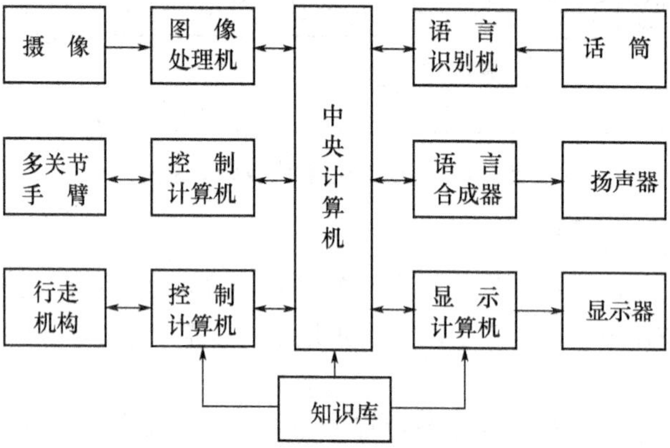

图 1.12　智能机器人的一般结构

1.5　计算机控制系统的发展概况及趋势

1946 年世界上第一台电子计算机正式使用以来，电子计算机在世界各国得到了极大的重视和迅速的发展。计算机控制技术的发展离不开自动控制理论和计算机技术的发展，本节回顾一下计算机控制系统的发展概况，并讨论计算机控制系统的发展趋势。

1.5.1　计算机控制系统的发展概况

计算机控制技术的发展，我们可按以下四个阶段来描述其发展过程：

(1) 开创时期(1955—1962 年)；

(2) 直接数字控制时期(1962—1967 年)；

(3) 小型计算机时期(1967—1972 年)；

(4) 微型计算机时期(1972 年至今)。

1.5.2　计算机控制系统的发展趋势

随着大规模及超大规模集成电路的发展，计算机的可靠性和性能价格比越来越高，这使得计算机控制系统得到越来越广泛的应用。同时，生产力的发展，生产规模的扩大，又使得人们不断对计算机控制系统提出新的要求。目前，计算机控制系统有如下几个发展趋势。

1) 推广应用成熟的先进技术

(1) 普及应用可编程序控制器(PLC)

工业用可编程逻辑控制器，是采用微型机芯片，根据工业生产的特点而发展起来的一种控制器，它具有可靠性高、编程灵活简单、易于扩展和价格低廉等许多优点。尤其是近年来，由于开发了具有智能的I/O模块，使得PLC除了具有逻辑运算、逻辑判断等功能外，还具有数据处理、故障自诊断、PID运算及联网等功能。从而大大扩大了PLC的应用范围。可以预料，进一步完善和系列化的PLC将作为下一代的通用设备，大量地应用在工业生产自动化系统中。

(2) 广泛使用智能调节器

智能调节器不仅可以接收4～20 mA的电流信号，而且还具有RS-232或RS-422/485异步串行通信接口，可以与上位机连成主从式测控系统。

(3) 采用新型的DCS和FCS

以发展一位总线、现场总线技术等先进网络通信技术为基础的DCS和FCS控制结构，并采用先进的控制策略，向低成本综合自动化系统的方向发展，实现计算机集成制造系统。特别是现场总线技术越来越受到人们的青睐，将成为今后微型机控制的发展方向。

2) 大力研究和发展智能控制系统

经典的反馈控制、现代控制和大系统理论在应用中遇到不少难题。首先，这些控制系统的设计和分析都是建立在精确的系统数学模型的基础上的，而实际系统一般无法获得精确的数学模型；其次，为了提高控制性能，整个控制系统变得极其复杂，增加了设备的投资，降低了系统的可靠性。人工智能的出现和发展，促进了自动控制向更高的层次，即智能控制发展。智能控制是一种无需人的干预就能够自主地驱动智能机器实现控制目标的过程，也是用机器模拟人类智能的又一重要领域。当前最流行的控制系统有：

(1) 分级递阶智能控制系统

分级递阶智能控制系统是在研究学习控制系统的基础上，并从工程控制论的角度，总结人工智能与自适应、自学习和自组织控制的关系之后而逐渐形成的。

由Saridis提出的分级递阶智能控制方法，作为一种认知和控制系统的统一方法论，其控制智能是根据分级管理系统中十分重要的"精度随智能提高而降低"的原理而分级分配的。这种分级递阶智能控制系统是由组织级、协调级和执行级3级组成的。

(2) 模糊控制系统

模糊控制是一种应用模糊集合理论的控制方法。一方面，模糊控制提供一种实现基于知识甚至语言描述的控制规律的新机理；另一方面，模糊控制提供了一种改进非线性控制理论处理的装置。模糊控制具有多种控制方案，包括PID模糊控制器、自组织模糊控制器、自校正模糊控制器、自学习模糊控制器、专家模糊控制器及神经模糊控制器等。

(3) 专家控制系统

专家控制系统所研究的问题一般都具有不确定性，是以模仿人类智能为基础的，工程控制理论与专家系统的结合，形成了专家控制系统。专家控制系统和模糊控制系统至少有一点是共同的，即两者都要建立人类经验和人类决策行为的模型。此外，两者都有知识库和推理机，而且其中大部分至今仍为基于规则的系统。因此，模糊逻辑控制器通常又称为模糊专家控制器。

(4) 学习控制系统

学习是人类的主要智能之一。用机器来代替人类从事体力和脑力劳动，就是用机器代替人的思维。学习控制系统是一个能在其运行过程中逐步获得被控对象及环境的非预知信息，积累控制经验，并在一定的评价标准下进行估值、分类、决策和不断改善品质的自动控制系统。

（5）神经控制系统

神经网络控制系统在本质上讲是由神经网络构成控制器的控制系统。这种控制系统最吸引人之处是在于控制器具有学习功能，从而可以对不明确的对象进行学习式控制，使对象的输出与给定值的偏差趋于无穷小。

随着多媒体计算机和人工智能计算机的发展，应用自动控制理论和智能控制技术来实现先进的计算机控制系统，必将大大推动科学技术的进步和提高工业自动化系统的水平。

思考题与习题 1

1.1 什么是计算机控制系统？它主要由哪几部分组成？各个部分的作用是什么？

1.2 计算机控制系统的典型形式有哪些？

1.3 什么是 DDC 控制系统？它和 SCC 控制系统有哪些区别？

1.4 什么是计算机控制系统的实时性？

1.5 计算机控制系统的发展趋势如何？

2 过程输入/输出通道

计算机要实现对生产机械、生产过程的控制，就必须采集现场控制对象的各种参量，这些参量分为两类：一类是模拟量，即时间上和数值上都连续变化的物理量，如温度、压力、流量、速度、位移等；另一类是数字量(或开关量)，即时间上和数值上都不连续的量。如表示开关闭合或断开两个状态的开关量，按一定编码的数字量和串行脉冲列等。同样，被控对象也要求得到模拟量(如电压、电流)或数字量两类控制量。但是计算机只能接收和发送并行的数字量。因此，需要过程输入/输出通道使计算机和被控对象之间联系起来，由它将从被控对象采集的参量变换成计算机所要求的数字量(或开关量)的形式并送入计算机。计算机按某种控制规律计算后，又将其结果以数字量形式或转换成模拟量形式输出至被控制对象。

过程通道按信息存在的种类分为模拟量通道和数字量通道，按信息传递的方向分为输入通道和输出通道。因此，过程通道分为四类：模拟量输入通道、模拟量输出通道、数字量输入通道和数字量输出通道。

本章主要介绍信号的采样和多路开关、过程通道、过程通道中的抗干扰措施及数字滤波技术。

2.1 信号的采样和多路开关

被控制的模拟量参数经过放大、滤波等一系列处理后，需要转换为数字量，才能进入计算机中。由于 A/D 转换过程需要一定的时间，为了保证 A/D 转换的精度，必须在 A/D 转换进行时保持待转换值不变，而在 A/D 转换结束后又能跟踪输入信号的变化。同时，在模拟量输出通道中，为了使各个输出通道得到一个平滑的模拟量输出，也必须保持一个恒定值。能够完成上述两项任务的器件叫采样—保持器。所以，要使工业过程中的被测参数送入计算机处理，首先要对被测参数进行采样。

在计算机测量及控制系统中，往往需要对多路或者多种参数进行采集和控制。由于微型计算机的工作速度很快，而被测参数的变化比较慢，一台计算机可以供十几到几十个回路使用，但是计算机在某一个时刻只能接收一个通道的信号，因此，必须通过多路模拟开关进行切换，使得各路参数分时进入计算机。此外，在模拟量输出通道中，为了实现多回路控制，需要通过多路开关控制量分配到各个支路上。

2.1.1 采样定理

计算机系统要把连续变化的量变成离散量后再进行处理。因此，计算机系统被称为离散系统，亦称采样数据系统。这种离散系统与连续系统的区别仅仅在于离散系统的信号是以采样信号为主要形式的，而连续系统则采用连续信号进行控制。由于两者的概念不同，所以研究问题的方法和使用的数学工具也不同。

离散系统的采样形式有以下几种：

(1) 周期采样　以相同的时间间隔进行采样，即 $t_{k+1}-t_k=$ 常量$(T)(k=0,1,2,\cdots)$。T 为采样周期。

(2) 多阶采样　在这种形式下，$t_{k+r}-t_k$ 是周期性的重复，即 $t_{k+r}-t_k=$ 常量，$r>1$。

(3) 随机采样　这种采样形式没有固定的采样周期，是根据需要选择采样时刻的。

上述几种采样形式中，以周期采样应用的最多。采样器可以形象地视为一个调制器，被调制的信号为模拟量输入信号，以采样开关的单位脉冲串作为调制频率，称为单位脉冲函数，如图 2.1 所示。

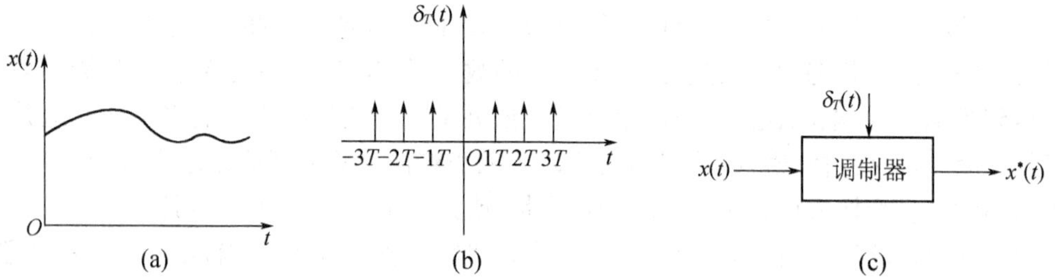

图 2.1　采样器原理图

由图 2.1 可以写出连续时间函数 $x(t)$ 经过等间隔理想采样后的离散信号数学表达式：

$$x^*(t)=x(t)\delta_T(t) \tag{2.1}$$

式中，$\delta_T(t)$ 为等间隔的脉冲序列，即

$$\delta_T(t)=\sum_{n=-\infty}^{\infty}\delta(t-nT)\quad(n\text{ 为整数}) \tag{2.2}$$

式中，$\dfrac{1}{T}=f$，称为采样频率。

利用频率卷积定理可以得到：

$$x^*(t)=x(t)\delta_T(t)\Leftrightarrow x(f)\Delta(f)$$

而

$$\begin{aligned}x(f)&=x(f)\frac{1}{T}\sum_{-\infty}^{+\infty}\delta(f-nf_s)=\frac{1}{T}\sum_{-\infty}^{+\infty}x(f)\delta(f-nf_s)\\&=\frac{1}{T}\sum_{-\infty}^{+\infty}x(f-nf_s)\end{aligned} \tag{2.3}$$

根据式(2.3)可以画出采样波形图，如图 2.2 所示。

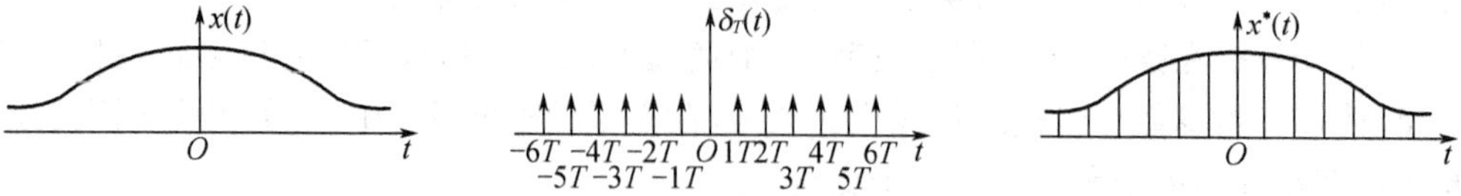

图 2.2　采样波形图

从图 2.2 可以看出，一个连续变化的信号，经过采样后形成一个脉冲序列。经验告诉我们，采样的频率越高，离散后的信号 $x^*(t)$ 越接近连续输入函数 $x(t)$。但是，如果采样频率太高，在实时控制系统中，将会花费很多时间用于采样，而失去了实时控制的机会。因此，如何确定采样频率，使得采样结果 $x^*(t)$ 既不失真于 $x(t)$，又不至于因为采样过于频繁而无谓地耗费计算机的计算时间，这就是香农定理。

香农定理：如果 $x(t)$ 是有限带宽信号，即 $|f|>f_{max}$（信号固有最大频率），$x(f)=0$，而 $x^*(t)$ 是 $x(t)$ 的理想采样信号，若采样频率 $f_s \geqslant 2f_{max}$，则由 $x^*(t)$ 可以完全地恢复出 $x(t)$。

应该指出，香农定理只是给出了实现采样信号完全恢复模拟信号的最小频率为 $f_s \geqslant 2f_{max}$。由于所有的信号并非都是“有限带宽”，所以在实际应用中，往往所取的实际采样频率 f_s 比两倍 f_{max} 大，一般而言，f_s 至少取 $4f_{max}$。实际上，采样频率为理论频率的 10 倍是很正常的。

由于采样定理自身条件所限，用理论计算的办法求出 f_s（或 T）是难以做到的。所以，在工程上，经常采用经验数据。

2.1.2　采样、量化与编码

由测量装置所测得的模拟信号，经采样、量化与编码，变成计算机内通用的数字信号。

1）采样过程

采样过程就是用采样开关将模拟信号按一定时间间隔抽样成离散模拟信号的过程，如图 2.3 所示。

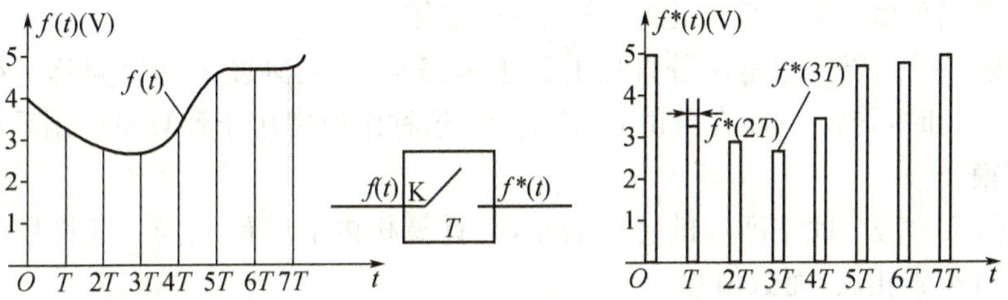

(a) 采样信号$f(t)$　(b) 采样信号$f^*(t)$

图 2.3　采样的过程

采样信号 $f^*(t)$ 是时间上离散、幅值上连续的脉冲信号。

T 为采样周期；K 为采样开关或采样器；τ 为采样宽度。

2）量化过程

采样信号不能直接进入数字计算机。采样信号经过量化后成为数字信号的过程称为整量化过程。为了说明整量化过程，举一个天平称物体重量的例子：砝码种类有：1 g，2 g，4 g，8 g，…，2^n g，如果物体重 10.4 g，0.4 g 被舍去，则称得结果是 10 g。这个例子说明了采样信号和数字信号的差别。例中 10.4 g 相当于采样信号，而 10 g 则是数字信号。如果要称的物体重量是 10.6 g，则可称得结果为 11 g。这样一种按照四舍五入的小数归整的过程，即为整量化，如图 2.4 所示。

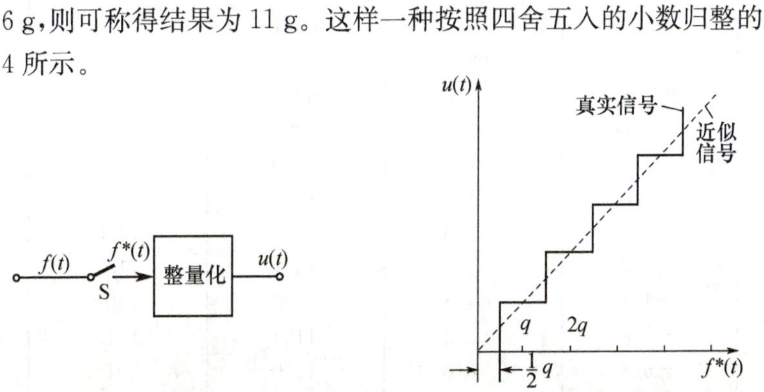

(a) 方块图　(b) 坐标表示

图 2.4　整量化过程

这样，数字信号和采样信号的差别，在于前者的幅值是断续的。若原始信号 $f(t)$ 幅值有微小变化，只要这个变化不超过量化单位的一半（本例的量化单位为 1 g），则整量化后的数字信号不变。所以，整量化过程可以视为“数值分层”的过程。

数字计算机中的信号是以二进制数的代码来表示的，任何值只能表示成二进制数的整数倍。量化单位 q 是 A/D 转换器最低位二进制位(LSB)所代表的物理量，量化误差为 $\pm\frac{1}{2}q$。在 A/D 转换器位数足够多的情况下，当经整量化而舍去的量足够小的时候，可以认为数字信号近似于采样信号。在这个假设下，对数字系统的分析，可以沿用采样系统理论来进行。

3）编码过程

在模拟量转换过程中，对双极性（有正、负）信息通常有三种表示方法。

(1) 符号—数值码　类似于原码表示法，增加一位符号位，其它数值与单极性一样。通常，数值为正时，符号位用 0 表示；数值为负时，符号位为 1。而改进的符号—数值码则相反，数值为正时，符号位为 1；数值为负时，符号位为 0。这种编码能保证精确的零输出，且在从小的正值变到负值或者相反变化时，变化的码位较少。

(2) 偏移二进制码　它是两种直接的二进制编码，用满刻度来加以偏移。符号位在正值（包括零在内）时，均为 1；而在负值时，均为 0。这种编码常用于计算机控制系统实现双极性模拟量转换。

(3) 补码表示法　此法即 2 的补码表示，与计算机内的补码相同。其符号位的特征正好与偏移二进制码相反，而数值相同。

表 2.1 列出了常用双极性编码法（三位加符号位）的代码。由于模拟信号要选择极性，故要正确建立代码与模拟信号之间的关系。“正基准”表示当数字值增加时，模拟信号向正方向增加；而“负基准”表示当数字值增加时，模拟信号向负满度方向减小。

表 2.1　常用的双极性编码

数	十进制分数		符号—数值	2 的补码	偏移二进制
	正基准	负基准			
+7	+7/8	−7/8	0111	0111	1111
+6	+6/8	−6/8	0110	0110	1110
+5	+5/8	−5/8	0101	0101	1101
+4	+4/8	−4/8	0100	0100	1100
+3	+3/8	−3/8	0011	0011	1011
+2	+2/8	−2/8	0010	0010	1010
+1	+1/8	−1/8	0001	0001	1001
0	0^+	0^-	0000	0000	1000
0	0^-	0^+	1000	(0000)	(1000)
−1	−1/8	+1/8	1001	1111	0111
−2	−2/8	+2/8	1010	1110	0110
−3	−3/8	+3/8	1011	1101	0101
−4	−4/8	+4/8	1100	1100	0100
−5	−5/8	+5/8	1101	1011	0011
−6	−6/8	+6/8	1110	1010	0010
−7	−7/8	+7/8	1111	1001	0001
−8	−8/8	+8/8		(1000)	(0000)

在 A/D 转换之后或 D/A 转换之前，可能要进行代码转换。表 2.2 列出了常用双极性代码之间的转换关系。

表 2.2　常用双极性代码的关系

将右列代码变换成下述代码	符号—数值	2 的补码	偏移二进制
符号—数值	不变	若最高位=1，其余各位取反，再加 00…01	最高位取反，若取反后最高位=1，则其余各位取反，再加 00…01
2 的补码	若最高位=1，则其余各位取反，再加 00…01	不变	最高位取反
偏移二进制	最高位取反，若取反以后最高位=0，则其余各位取反，再加 00…01	最高位取反	不变

2.1.3　多路开关

多路开关的主要用途是把多个模拟量参数分时地接通并送入 A/D 转换器，即完成多到一的转换，或者把经过计算机处理且由 D/A 转换器转换成的模拟信号按照一定的顺序输出到不同的控制回路（或外部设备）中，即完成一到多的转换。前者称为多路开关，后者叫做多路分配器，或者叫做反多路开关。这类器件中有的只能做一种用途，称为单向多路开关，如 AD7501(8 路)、AD7506(16 路)；有些则既能做多路开关，又能当多路分配器，称为双向多路开关，如 CD4051。从输入信号的连接方式来分，有的是单端输入，有的则允许双端输入（或差动输入）。如 CD4051 是单端 8 通道多路开关；CD4052 是双 4 通道模拟多路开关；CD4053 则是典型的三组二通道多路开关。还有的能实现多路输入/多路输出的矩阵功能，如 8816 等。下面介绍常用的多路开关 CD4051。

1）多路开关 CD4051

CD4051 为 16 脚、双列直插封装芯片，原理及引脚如图 2.5 所示。它由逻辑电平转换、二进制译码器及 8 个开关电路组成。

CD4051 有如下特性：直流供电电源为 $V_{DD}=+5\text{ V}\sim+15\text{ V}$，数字信号电位变化范围为 3～15 V，输入电压 $U_{IN}=0\sim V_{DD}$，模拟信号峰值为 15 V。接通电阻小，一般小于 80 Ω，断开电阻高，在 $V_{DD}\sim V_{EE}=10\text{ V}$ 时，通过泄漏电流为±10 nA。电源 V_{EE} 作为电平位移时使用，从而使得通常在单组电源供电条件下工作的 CMOS 电路所提供的数字信号能直接控制这种多路开关，并使这种多路开关可传输峰-峰值达 15 V 的交流信号。

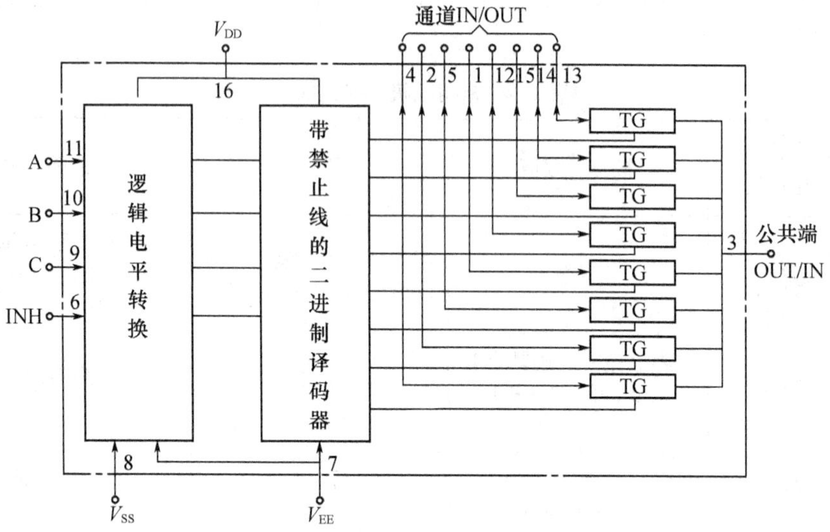

图 2.5 CD4051 原理图

CD4051 相当于一个单刀八掷开关，开关接通哪一通道，由输入的 3 位地址码 A、B、C 来决定的，其真值表见表 2.3 所示。其中“INH”是禁止端，当“INH”=1 时，各个通道均不接通。

表 2.3 CD4051 真值表

输入状态				接通通道
INH	C	B	A	
0	0	0	0	0
0	0	0	1	1
0	0	1	0	2
0	0	1	1	3
0	1	0	0	4
0	1	0	1	5
0	1	1	0	6
0	1	1	1	7
1	0 或 1	0 或 1	0 或 1	均不接通

2）多路开关的扩展

在实际应用中，往往由于被测参数多，使用一个多路开关不能满足通道数的要求。为此，可以把多路开关进行扩展。例如，用两个 8 通道多路开关构成 16 通道多路开关，用两个 16 通道开关构成 32 通道多路开关等。如果还不够，可以用增加译码器的方法，组成通道更多的多路开关。图 2.6 为用两个 8 通道多路开关构成 16 通道的多路开关。

由于两个多路开关只有两种状态，1＃多路开关工作，2＃必须停止，或者相反。所以，只用一根地址总线即可作为两个多路开关的允许控制端的选择信号，而两个多路开关的通道选择输入端共用一组地址(或数据)总线。

在图 2.6 中，改变数据总线 $D_2 \sim D_0$(也可以用地址总线 $A_2 \sim A_0$)的状态，即可得到分别选择 $IN_7 \sim IN_0$ 的 8 个通道之一。D_3 用来控制两个多路开关的 INH 输入端的电平。当 $D_3 = 0$，1＃CD4051 被选中。在这种前提下，无论 A、B、C 两端的状态如何，都只能选通 $IN_0 \sim IN_7$ 中的一个。当 $D_3 = 1$，经反相器变为低电平，2＃CD4051 被选中，此时，根据 D_2、D_1、D_0 三条线上的状态，可以使 $IN_8 \sim IN_{15}$ 之中的相应通道接通。

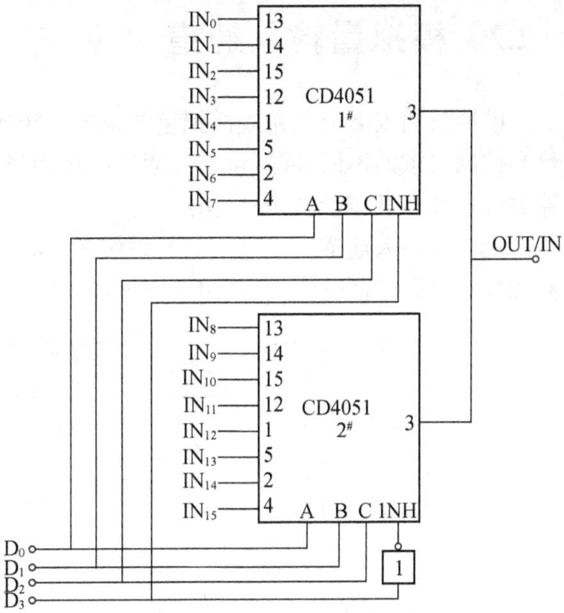

图 2.6　两个多路开关扩展

若需要通道数很多，两个多路开关扩展仍不能达到系统要求，此时，可以通过译码器控制 CD4051 的控制端 INH，把 4 个 CD4051 芯片组合起来，构成 32 个通道或 16 路差动输入系统。16 路差动输入系统如图 2.7 所示。当然，根据实际被控参数的多少，读者可以自行设计更多路通道的输入系统。

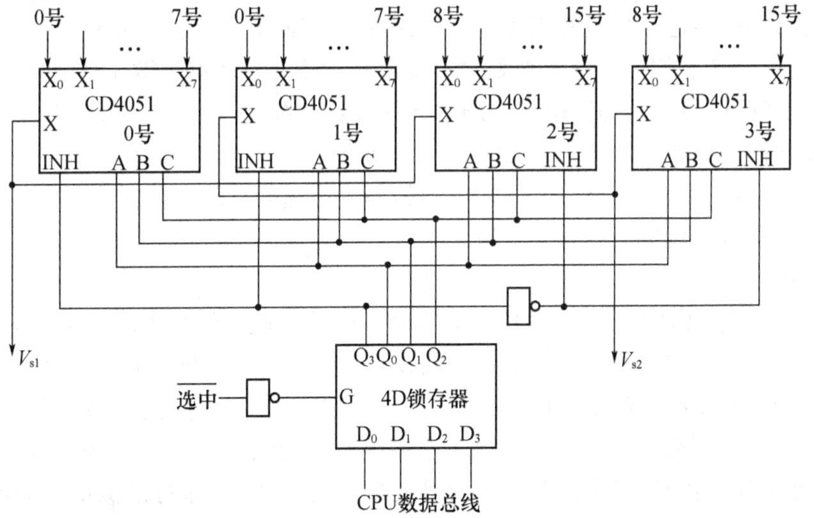

图 2.7　16 路差动输入系统

2.2 模拟量输入通道

模拟量输入通道是完成模拟量的采集并转换成数字量送入计算机的任务。根据被控参量和控制要求的不同,模拟量输入通道的结构形式不完全相同。目前普遍采用的是公用运算放大器和 A/D 转换器的结构形式。

模拟量输入通道主要由信号处理装置、采样单元、采样保持器、信号放大器、A/D 转换器和控制电路等部分组成,其组成方框图如图 2.8 所示。

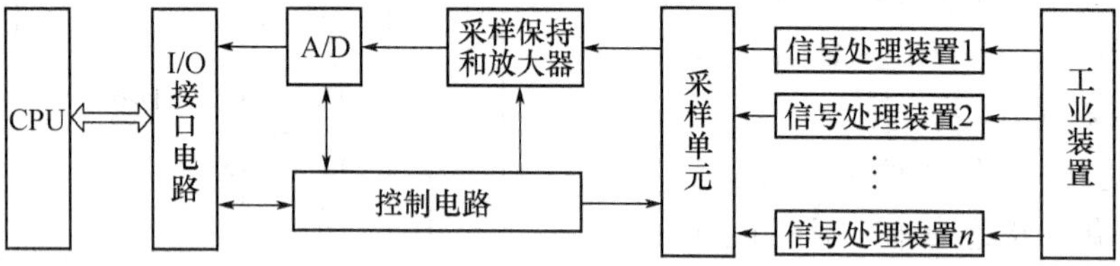

图 2.8　模拟量输入通道

1) 信号处理装置

信号处理装置一般包括敏感元件、传感器、滤波电路、线性化处理及电参量间的转换电路等。转换电路是把经由各种传感器所得到的不同种类和不同电平的被测模拟信号变换成统一的标准信号,为后端数据采集提供标准范围。

在生产现场,由于各种干扰源的存在,所采集的模拟信号中可能夹杂着干扰信号。如通常生产过程被测参量(如温度、流量等)的信号频率低(1 Hz 以下),却夹杂着许多高于 1 Hz 的干扰信号成分(如 50 Hz 的电源干扰),为此必须进行信号滤波。根据检测信号的频带范围,合理选择低通、高通或带通等无源滤波器或有源滤波器,以消除干扰信号。

另外,有些转换后的电信号与被测参量呈现非线性。如采用热敏元件测量温度,由于热敏元件存在非线性,所得到的温度—电压曲线就存在非线性特性,即所测电压值在某一段不能反映温度的线性变化。因此,应作适当处理,使之接近线性化。在硬件上可采用加负反馈放大器或采用线性化处理电路(如冷端补偿)的办法达到此目的。在软件上也可以用计算机进行分段线性化数字处理的办法来解决。

2) 采样保持器

A/D 转换器输出数字量应该对应于采样时刻的采样值。但是,A/D 转换器将模拟信号转换成数字量需要一定的时间,完成一次 A/D 转换所需的时间称为孔径时间。由于模拟量的变化,A/D 转换结束时刻的模拟值并不等于规定采样时刻的模拟值,两模拟值之差称为孔径误差。孔径时间和模拟信号的变化速率决定了孔径误差的大小。为了确保 A/D 转换的精确度,在无保持器时,必须限制模拟信号的最大变化速率,即对模拟信号的频率上限要有所限制。

为了在整个 A/D 转换期间使输入 A/D 转换器的模拟量不变,仍然是规定采样时刻的值。就需要有保持器;通常采样器与保持器是做成一体的,称为采样保持器。

采样保持器一般由模拟开关、储能元件(电容和缓冲放大器)组成,其原理组成电路如图 2.9所示。

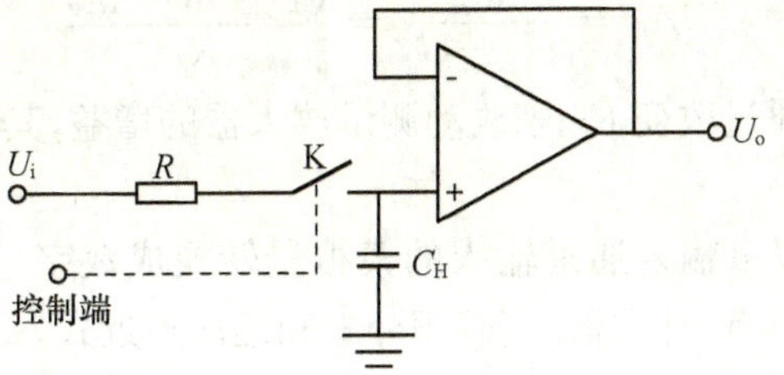

图 2.9 采样保持器

采样保持器的工作原理是：采样时采样开关 K 闭合，模拟输入信号 U_i 通过电阻只向电容 C_H 快速充电，使 U_o 快速跟随 U_i；保持时，K 断开，由于放大器的输入阻抗很大，电容 C_H 的泄漏电流很小，可以认为 C_H 上的电压不变，所以 $U_o = U_i$，此时，立即启动 A/D 转换器，A/D 转换期间保持器保证了转换输入的恒定。

常用的集成采样保持器有多种，例如 LF198/298/398、AD582/583 等。集成采样保持器 LF198 如图 2.10 所示。

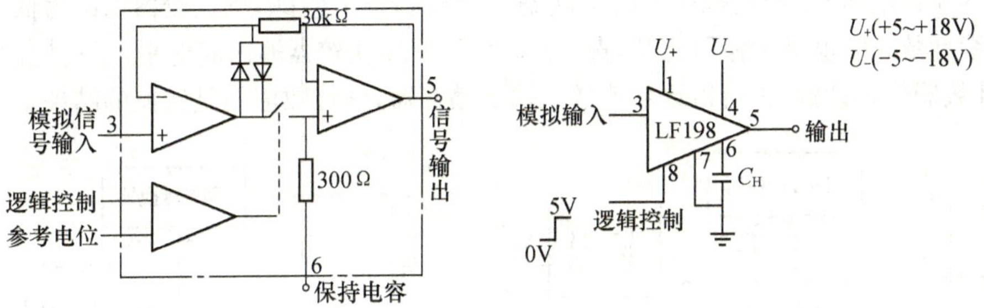

图 2.10 采样保持器 LF198

3）放大器

生产现场的传感器有时工作环境较为恶劣，传感器的输出包含各种噪声，共模干扰很大。当传感器的输出信号小，输出阻抗大时，一般的放大器就不能胜任，必须使用测量放大器对差动信号进行放大。

测量放大器是一种高性能放大器，它的输入失调电压和输入失调电流小，温度漂移小，共模抑制比大，适用于在大的共模电压下放大微小差动信号，常用于热电偶、应变电桥、流量计量及其他本质上是直流缓变的微弱差动信号的放大。

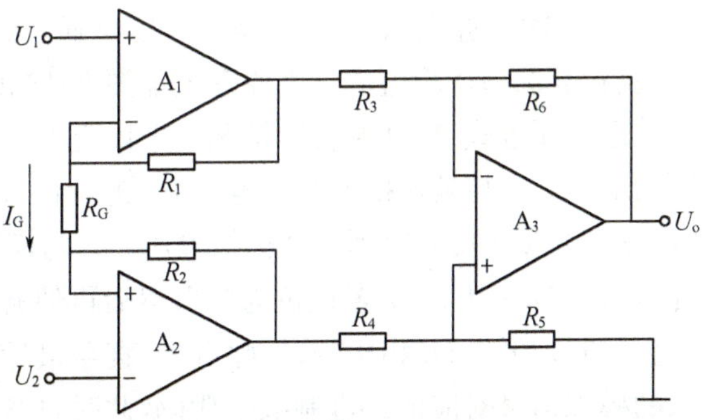

图 2.11 测量放大器原理图

测量放大器的原理图如图 2.11 所示。它由三个高性能运算放大器构成两级放大，第一级为两个同相放大，输入阻抗高；第二级为差动放大，把第一级双端输出变为总的单端输出。为提高共模抑制比和减小温度的影响，电路中要求采用对称结构，于是可取 $R_1 = R_2, R_3 = R_4, R_5 = R_6$，求取其放大倍数：

$$A_U = \frac{U_o}{U_1 - U_2} = \frac{(1 + 2R_1/R_G)}{R_2} \tag{2.4}$$

显然,可以方便地通过改变 R_G 来改动测量放大器的增益,其可调增益区间很宽。

4) A/D 转换器

A/D 转换器把模拟量输入通道输入的模拟量转换成数字量,通过 I/O 接口电路送入 CPU。常用 A/D 转换器有:计数器式、双积分式和逐次逼近式。

(1) A/D 转换器的工作原理

A/D 转换按工作原理可以分为直接比较和间接比较两种方式。前者是将输入采样信号直接与标准的基准电压相比较,得到可用数字编码的离散量或直接得到数字量,例如逐次逼近式等;后者是输入的采样信号不直接与基准电压比较,而是将两者都变成中间物理量(如时间、频率等)再进行比较,然后进行数字编码,例如双斜率积分式等。

① 计数器式 A/D 转换器。它由计数器、D/A 转换器及比较器组成。其原理图如图 2.12所示。

二进制计数器从零开始对时钟进行计数,与此同时,对计数器输出的值进行 D/A 转换,转换后的模拟电压 U_F 与模拟输入电压 U_i 进行比较,若 $U_F \leqslant U_i$,则比较器输出为低电平,计数器继续计数,U_F 也呈阶梯形上升,直到 $U_F > U_i$ 时,比较器输出高电平,通过控制逻辑电路,使计数器停止计数,将所得计数值送入输出锁存器,该计数值便是转换的结果。

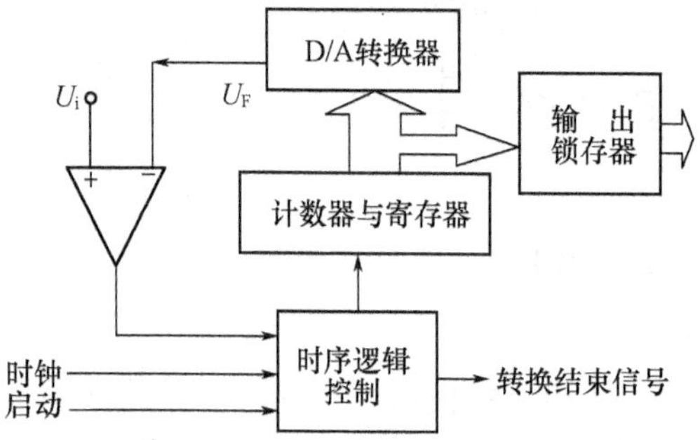

图 2.12　计数器式 A/D 转换器

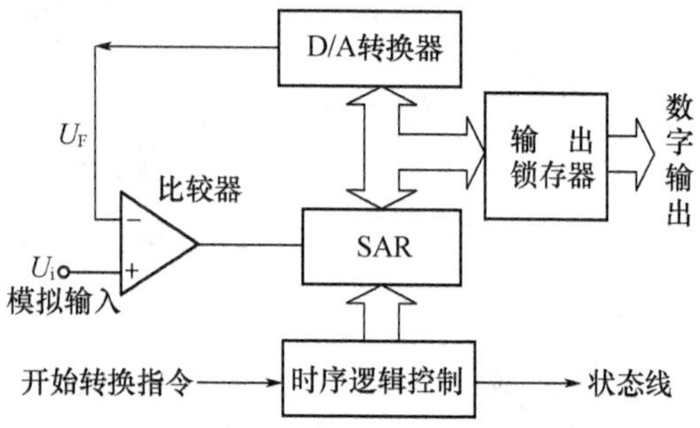

图 2.13　逐次逼近式 A/D 转换器

② 逐次逼近式 A/D 转换器。由逐次逼近寄存器 SAR、D/A 转换器、比较器、时序(时钟)及置数选择逻辑组成。其原理图如图 2.13 所示。

逐次逼近式 A/D 转换器是逐次把设定在 SAR 中的数字量通过 D/A 转换器转换成相应的电压 U_F,与被转换的模拟电压 U_i 进行比较。先使 SAR 的最高位为 1,其余所有位为 0,经过 D/A 转换后得到一个模拟电压 U_F,与模拟输入 U_i 相比较,若 $U_i \geqslant U_F$,则保留该位为"1",若 $U_i < U_F$,则置该位为"0";然后再使寄存器的下一位为"1",又进行 D/A 转换后得到新的 U_F,再与 U_i 相比较,如此重复,直至最后一位。这样,最后 SAR 中的内容就是与输入的模拟信号对应的二进制数字代码,此时将 SAR 中的数字送入输出锁存器。

逐次逼近式 A/D 转换器的转换能否准确逼近模拟信号,主要取决于 SAR 位数的多少。位数越多,就越能准确逼近模拟电压信号,但相应的转换时间也越长。这种 A/D 转换器的优点是精确度高,转换速度较快,转换所用的时间是固定的,一般在数个至数百微秒,它的缺点是抗干扰能力不够强。

③ 双斜率积分式 A/D 转换器。由积分器、比较器、控制逻辑、基准电压等组成。将模拟电压转换为与之成比例的时间间隔，然后将这一时间间隔转变成数字量。其结构原理如图 2.14 所示。

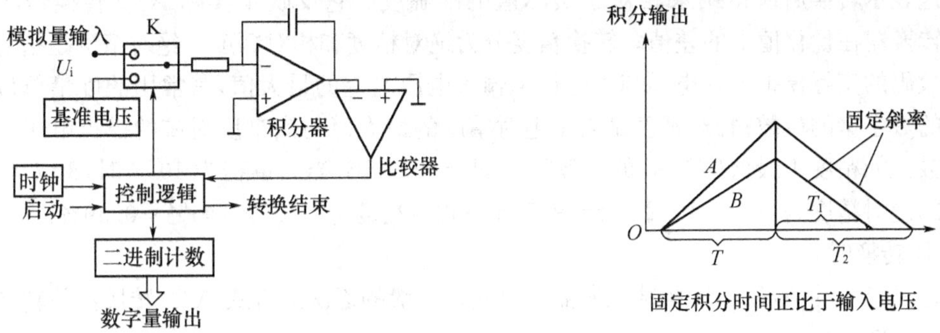

(a) 结构组成框图　　(b) 转换原理图

图 2.14　双斜率积分式 A/D 转换器

双斜率积分的原理是通过计数脉冲的个数来测量两个时段，一个是模拟输入电压在积分电容上充电时的固定时段 T；另一个是积分电容通过基准电压放电时的时段 T_2，因为充电时段固定，则充电电压正比于输入的模拟电压大小；又因为放电速度固定，则放电时段正比于充电电压，所以放电时段正比于输入的模拟电压。显然，其转换过程也就分为两个阶段：第一阶段，启动转换，开关 K 接通模拟信号 U_i，此时积分电容开始充电，当充电满 T 时段时（即时钟脉冲的计数达某个数值时就产生切换信号），控制逻辑就把模拟开关 K 切换到与 U_i 极性相反的基准电压上，于是积分电容开始放电，同时计数器也重新开始对时钟脉冲计数。当积分电容放电到零电平时，比较器输出翻转，控制逻辑电路产生过零脉冲，停止计数器计数并发出转换结束信号。设电容放电时段的计数值为 N，则 N 与 U_i 成比例关系。

由于固定时段充电反映的是在固定积分时间内输入电压 U_i 的平均值，因此双斜率积分的 A/D 转换器消除噪声的能力强而且转换精度高，缺点是转换速度慢。

这种转换器适用于信号变化较慢、转换精度要求较高、现场干扰严重、采样频率较低的场合。

(2) A/D 转换器的主要技术指标

A/D 转换器的主要技术指标主要有如下几个：

① 分辨率

这是能使转换后数字量变化 1 的最小模拟输入量。分辨率越高，转换时对输入模拟信号变化的反应就越灵敏。n 位二进制数最低位具有的权值就是它的分辨率。

设 ADC 的位数为 n，满量程为 FSR，则该 ADC 的分辨率为：

$$\text{分辨率} = \frac{\text{FSR}}{2^n} = \text{量化单位}$$

有时候也用相对分辨率来衡量，即分辨率与满量程 FSR 的百分比，其值为：

$$\text{相对分辨率} = \frac{\text{分辨率}}{\text{满量程}} \times 100\% = 2^{-n} \times 100\%$$

② 量程

这表示所能转换的电压范围。如 5 V、10 V 等。

③ 转换精度

这表示转换后所得结果相对于实际值的准确度。它反映了实际 A/D 转换器与理想 A/D转换器在量化值上的差值。转换精度分为绝对精度和相对精度。绝对精度是指对应于输出数码的实际模拟输入电压与理想模拟输入电压之差的最大值,其常用的度量单位是转换器的数字量的位数;相对精度是表示绝对精度的最大值与满刻度对应的模拟电压之比的百分数。如精度为最低位 LSB 的±1/2 位,即±1/2LSB,当满量程为 10 V 时,8 位 A/D 转换器的绝对精度为:$1/2\times10/2^8=\pm19.5$ mV;相对精度为:$1/2^8\times100\%\approx0.39\%$。

④ 转换时间

这是指启动 A/D 到转换结束所需的时间。一般的逐次逼近式 A/D 转换器的转换时间为 1.0～200 μs。

⑤ 工作温度范围

由于温度会对运算放大器和电阻网络产生影响,在一定温度范围内才能保证额定精度指标。较好的转换器件工作温度为－40～85 ℃,差的只有 0～70 ℃。

(3) 8 位 A/D 转换器 ADC0809 及接口

A/D 转换器是常用的芯片,当今也有很多公司生产出各种类型的 A/D 转换器,一般常用的是 8 位 A/D 转换器 ADC0809。

ADC0809 为典型的逐次逼近式 A/D 转换器,有 8 个模拟量输入通道,8 位数字量输出,转换时间为 100 μs 左右,温度范围为－40～＋85 ℃;线性误差为±1/2LSB,供电电压为 5 V,输入模拟信号的量程为 0～5 V,采用 28 引脚双列直插式封装,可直接与 CPU 连接;输出带锁存器;逻辑电平与 TTL 兼容。

① ADC0809 的组成

ADC0809 主要由转换器、多路开关、三态输出锁存器等组成。其中,转换器部分又由 D/A 转换、逐次逼近寄存器(SAR)、比较器等电路组成,其结构如图 2.15 所示。

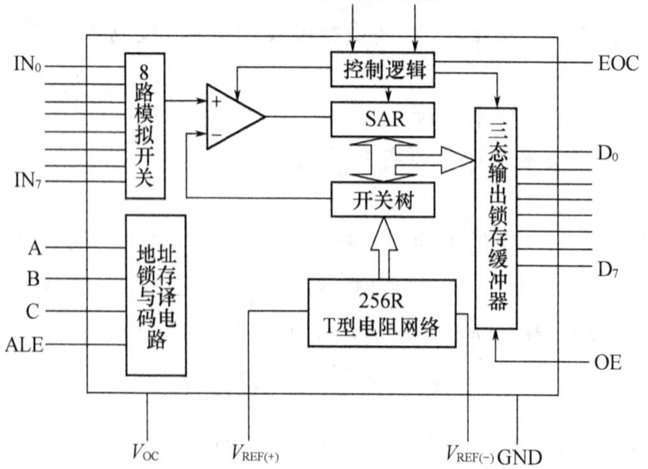

图 2.15 ADC0809 结构框图

② ADC0809 的引脚功能

ADC0809 的各个引脚的功能如下：

$IN_0 \sim IN_7$：8 个模拟电压输入端。电压范围为 0～+5 V，每一时刻只能转换一路输入，具体是哪一路由 C、B、A 三个引脚的输入来决定。

C、B、A（模拟输入通道）地址输入端。地址高位到低位顺序为 C、B、A，CBA 经译码后选择出 8 路模拟电压输入通道的其中 1 路。例如当 CBA=000 时，只选通模拟电压输入通道 IN_0；当 CBA=001 时，只选通模拟电压输入通道 IN_1，其他通道的选择可同理类推。

$D_0 \sim D_7$：8 位数据输出端，D_7 为最高位，D_0 为最低位。

ALE：地址锁存允许端。高电平时，允许输入 CBA 的值并译码接通 $IN_0 \sim IN_7$ 之一。当电平跳变成低电平时，锁存 CBA 的值，高电平宽度必须为 100～200 μs。

CLK：时钟脉冲输入端。时钟频率的上限是 640 kHz。

START：启动脉冲输入端。此端当收到一个完整的正脉冲信号时，脉冲的上升沿使转换器复位，下降沿启动 ADC 开始转换。在时钟脉冲为 640 kHz 时，START 脉冲宽度应不小于 100～200 μs。

EOC：转换结束信号端。A/D 转换期间，EOC=0（低电平），表示转换正在进行；EOC=1（高电平），表示转换已经完成，有数据等待输出。

OE：数据输出允许端。OE 端控制三态输出数据锁存缓冲器的三态门。当 OE=1 时，数据出现在 $D_0 \sim D_7$ 引脚；当 OE=0 时，$D_0 \sim D_7$ 引脚对外呈高阻抗状态。

GND：接地端。

V_{CC}：电源输入端，通常为+5 V。

$V_{REF(+)}$，$V_{REF(-)}$：基准电压输入端。它决定了输入模拟电压的最大值和最小值。基准电压输入必须满足如下条件：

$$V_{CC} \geqslant V_{REF(+)} > V_{REF(-)} \geqslant 0$$

$$V_{REF(+)} + V_{REF(-)} = V_{CC}$$

③ ADC0809 的接口

当 ADC0809 与 MCS-51 系列单片机 8031 相连时，ADC0809 的接口电路如图 2.16 所示。模/数转换的时钟信号由 8031 的 ALE 引脚提供；片选信号由 8031 的地址译码逻辑输出提供。它是 8031 分配给 ADC0809 的地址；地址输入端可直接连接到 8031 的地址总线输出口成复用数据总线低三位；ADC0809 的数据输出端有三态锁存器间直接连接到数据总线上。

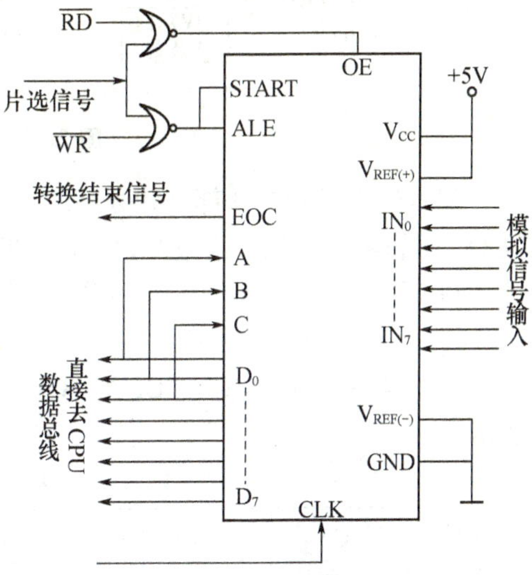

图 2.16 ADC0809 的接口电路

在 8031 通过数据总线的低三位向 ADC0809 写入通道选通信号也即 CBA 获得了相应的设置后，8031 发送正脉冲到启动脉冲输入端 START 上使转换开始，ADC0809 开始对由地址信号 CBA 选定的输入通道的信号进行转换，转换结果存入三态输出锁存缓冲器中，转换结束时 ADC0809 的结束信号输出端恢复高电平输出，告知 8031 已经转换完毕，可以读取数据了。

(4) 12 位 A/D 转换器 AD574 及接口

AD574 是美国 AD 公司生产的 12 位逐次逼近型 A/D 转换器，转换时间为 25 μs 转换精度≤0.05%。AD574 片内配有三态输出缓冲电路，因而可直接与各种类型的 8 位或 16 位微处理接口，且能与 CMOS 及 TTL 电平兼容，由于 AD574 片内包含高精度的参考电压源和时钟电路，从而使该芯片在不需要任何外加电路和时钟信号的情况下完成 A/D 转换，应用十分方便。

① AD574 的组成

它主要由转换器、控制逻辑、三态输出锁存缓冲器、10 V 基准电压源、时钟等组成。而转换器部分又由 12 位 D/A 转换器 AD565A、逐次逼近寄存器(SAR)、比较器等电路组成。其结构如图 2.17 所示。

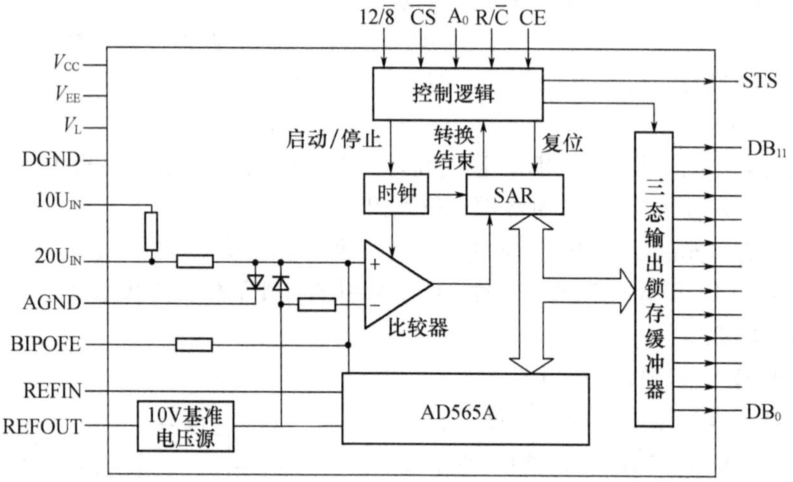

图 2.17　AD574 的原理框图

AD574 由模拟芯片部分和数字芯片部分混合集成。模拟芯片部分是 AD565A 快速 12 位 D/A 转换器、电压分配电路、10 V 基准电源等；数字芯片部分是高性能比较器、SAR、时钟、控制逻辑电路、三态输出锁存缓冲器等。

② AD574 的引脚功能

AD574 的工作状态由 CE、$\overline{CS}$、R/$\overline{C}$、12/$\overline{8}$、A_0 五个控制信号决定，其控制功能见表 2.4 所示。

表 2.4　AD574 各个输入控制引脚的功能

CE	$\overline{CS}$	R/$\overline{C}$	12/$\overline{8}$	A_0	功　能
0	×	×	×	×	不起作用
×	1	×	×	×	不起作用
1	0	0	×	0	启动 12 位转换
1	0	0	×	1	启动 8 位转换
1	0	1	接引脚 1(+5 V)	×	12 位数据并行输出
1	0	1	接引脚 15(0 V)	0	高 8 位数据并行输出
1	0	1	接引脚 15(0 V)	1	低 4 位数据并行输出

AD574 的一些引脚的功能说明如下：

DB_0～DB_{11}：12 位数据输出端。DB_{11} 为最高有效位，DB_0 为最低有效位。它们可由控制逻辑决定是输出数据还是对外呈高阻抗状态。

$12/\overline{8}$：数据读取方式选择输入端。当此引脚为高电平时，12 位数据并行输出；当此引脚为低电平时，与适当引脚配合，把 12 位数据分两次输出，见表 2.1。应该注意，此脚不与 TTL 电平兼容，若要求该引脚为高电平时，则应接引脚 1，若要求该引脚为低电平时，则应接引脚 15。

A_0：字节地址选择控制输入端。此引脚有两个功能，一个功能是决定方式是 12 位还是 8 位。若 $A_0=0$，进行全 12 位转换，转换时间为 25 μs；若 $A_0=1$，仅进行 8 位转换，转换时间为 16 μs。另一个功能是决定输出数据是高 8 位还是低 4 位。若 $A_0=0$，高 8 位数据有效；若 $A_0=1$，低 4 位有效，中间 4 位为“0”，高 4 位为高阻抗状态。因此，低 4 位数据读出时，应遵循左对齐原则(即高 8 位＋低 4 位＋中间 4 位的“0000”)。

$R/\overline{C}$：读取/转换控制输入端。当 $R/\overline{C}=1$(高电平)时，允许读取 A/D 转换数据，当 $R/\overline{C}=0$ 时，允许启动 A/D 转换。

CE：启动输入端。当 CE＝1 时，允许 A/D 转换或者读取数据，到底是转换还是读取数据由 $R/\overline{C}$ 决定。

$\overline{CS}$：芯片选择输入端。当 $\overline{CS}=0$ 时，AD574 被选中，否则 AD574 不进行任何操作。

STS：转换状态信号输出端。当 STS＝1 时，表示正在进行 A/D 转换。当转换结束时，此线由高电平变为低电平，表示 CPU 可以读取转换数据。

REF OUT：基准电压输入端，将该引脚通过电阻与“REFOUT”引脚相连，可以把“REFOUT”输出的基准电压引入 AD574 内部的 12 位 D/A 转换器 AD565A。

BIP OFF：双极性补偿端。若该引脚接模拟公共端，可以实现单极性输入；若该引脚接 10 V，可以实现双极性输入，此脚还可以用来调零。

$10U_{IN}$：10 V 量程模拟信号输入端。对单极性信号为 0～10 V 量程的模拟信号输入端，对双极性信号为－5～＋5 V 量程的模拟信号输入端。

$20U_{IN}$：20 V 量程模拟信号输入端。对单极性信号为 0～20 V 量程的模拟信号输入端，对双极性信号为－10～＋10 V 量程的模拟信号输入端。

AGND：模拟接地端。各个模拟器件(放大器、比较器、多路开关、采样保持器等)及“＋15 V”和“－15 V”的地。

DGND：数字接地端。各个数字电路(译码器、门电路、触发器等)及“＋15 V”电源地。

V_L：逻辑电路供电输入端，＋5 V。

V_{CC}：正供电电源引脚，$V_{CC}=+12\sim+15$ V。

V_{EE}：负供电电源引脚，$V_{EE}=-12\sim-5$ V。

③ AD574 的输入及接口

AD574 模拟量输入端有两个，它可以是单极性输入，也可以是双极性输入，这主要由 BIP OFF 信号控制。其电路外部连线如图 2.18 所示。

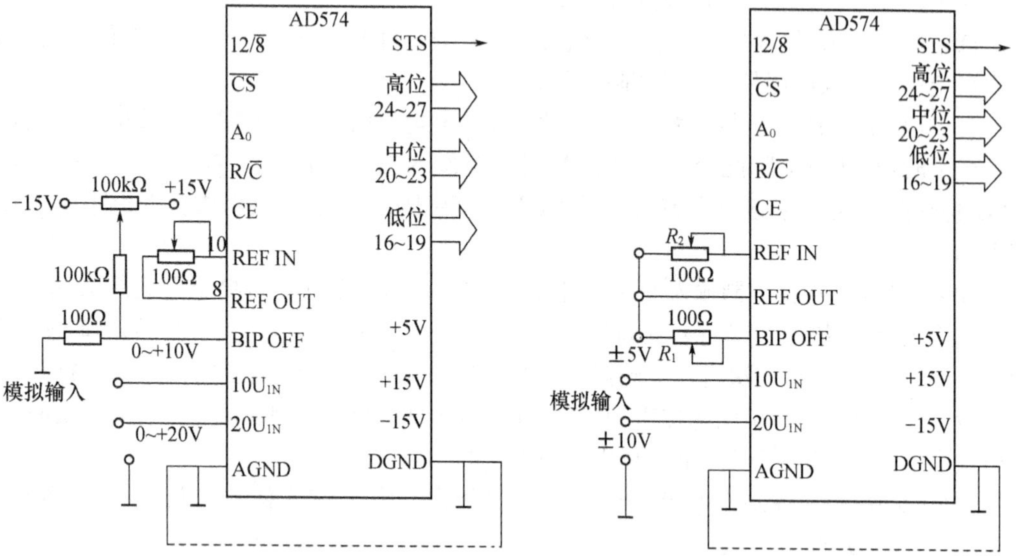

(a) AD574单极性输入电路　　(b) AD574双极性输入电路

图 2.18　AD574 的两种连接方式

AD574 的接口电路如图 2.19 所示。

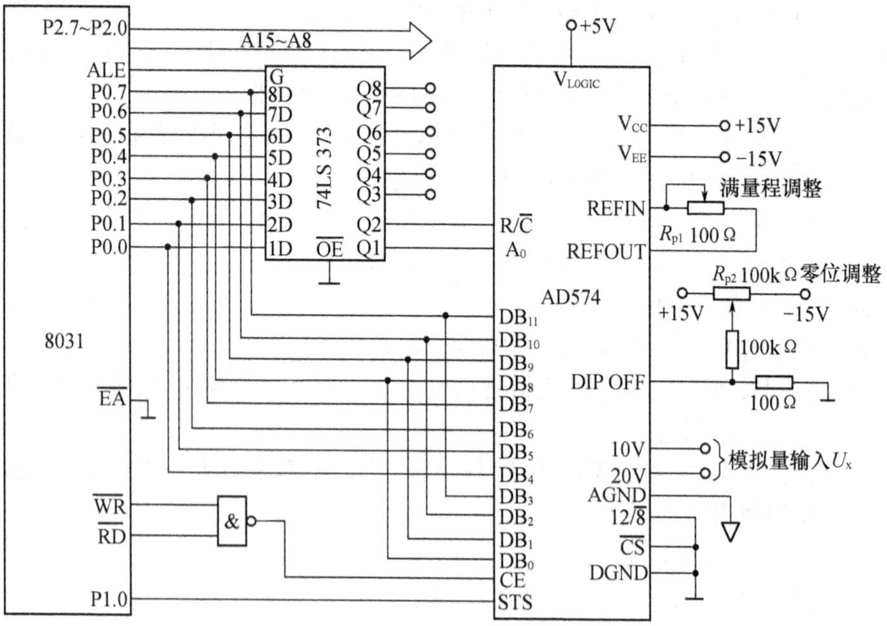

图 2.19　AD574 与单片机的接口

由于 AD574 内部含三态锁存器，所以可以直接与单片机数据总线接口连接。本例采用 12 位向左对齐输出格式，将低 4 位 $DB_3 \sim DB_0$ 接到高 4 位 $DB_{11} \sim DB_8$ 上。读出时，第一次读 $DB_{11} \sim DB_8$（高 8 位），第二次读 $DB_3 \sim DB_0$（低 4 位），此时，$DB_7 \sim DB_4$ 为 0000H。

设启动 A/D 的地址是 0FCH，读取高 8 位数据地址为 0FEH，读取低 4 位数据地址为

0FFH。查询方式的 A/D 转换程序如下：

```
        ORG     0200H
ATOD：  MOV     DPTR，#9000H        ;设置数据地址指针
        MOV     R0，#0FCH           ;设置启动 A/D 转换的地址
        MOVX    @R0，A              ;启动 A/D 转换
LOOP：  JB      P1.0，LOOP          ;检查 A/D 转换是否结束?
        INC     R0
        INC     R0
        MOVX    A，@R0              ;读取高 8 位数据
        MOVX    @DPTR，A            ;存高 8 位数据
        INC     R0                  ;求低 4 位数据的地址
        INC     DPTR                ;求存放低 4 位数据的 RAM 单元地址
        MOVX    A，@R0              ;读取低 4 位数据
        MOVX    @DPTR，A            ;存放低 4 位数据
HERE：  AJMP    HERE
```

2.3 模拟量输出通道

模拟量输出通道的任务是把计算机输出的数字量控制信息变换成执行机构所要求的模拟量信号形式。它一般由 D/A 转换器、多路开关、保持器、隔离放大器等器件组成。由于多路开关、保持器等器件在模拟量输入通道中已经介绍，本节将主要介绍 D/A 转换器的工作原理及其使用方法。当输出信号要求为模拟信号时，也需要将微机输出的数据信息进行 D/A 转换，而且还常要进行功率放大与信号隔离。

2.3.1 模拟量输出通道的两种基本结构形式

1）多个输出通路共用一个 D/A 转换器的结构形式

多个输出通路共用一个 D/A 转换器的结构如图 2.20 所示。

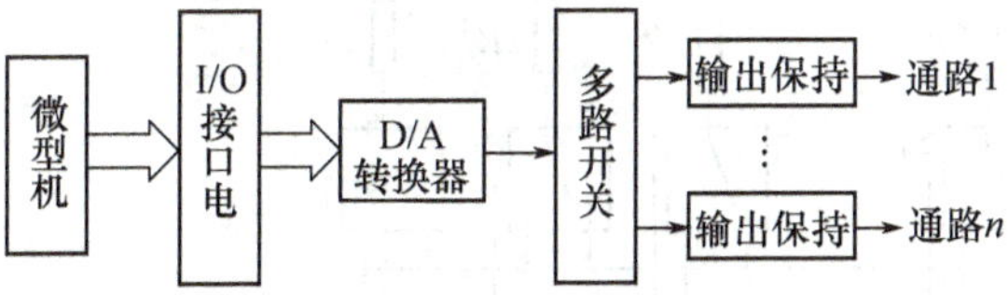

图 2.20　多个输出通路共用一个 D/A 转换器的结构形式

在这种结构形式中，其特点是：一个通路设置一个输出保持器，同时有一个多路切换开关。同时应注意，模拟量输出应该在时间上连续的，所以共享 D/A 转换器的模拟量因为分时转换的原因需要使用保持器。而当模拟量输出通道是每个输出的模拟量各有一个 D/A 转换器时，那么该模拟量输出通道上就不必设置保持器，因为在这种情况下，只要 D/A 转换器的输入不变，其输出也不会改变，起保持作用的器件实际是 D/A 转换器中的数字寄存器。

这种结构形式的优点是节省了 D/A 转换器。但因为分时工作，只适用于通路数量多且

速度要求不高的场合。它需要多路模拟开关,且要求输出采样保持器的保持时间与采样时间之比比较大。通常应用在监控和 DDC 的系统中。这种方案工作可靠性较差。若要求采集和控制是快速的,可以为每个模拟信号设置一个模拟通道,即各自设置 D/A 转换器,这样,各个通道可以同时进行数据转换,可靠性也更有保障。

2) 一个输出通路设置一个 D/A 转换器的结构形式

一个输出通路设置一个 D/A 转换器的结构如图 2.21 所示。

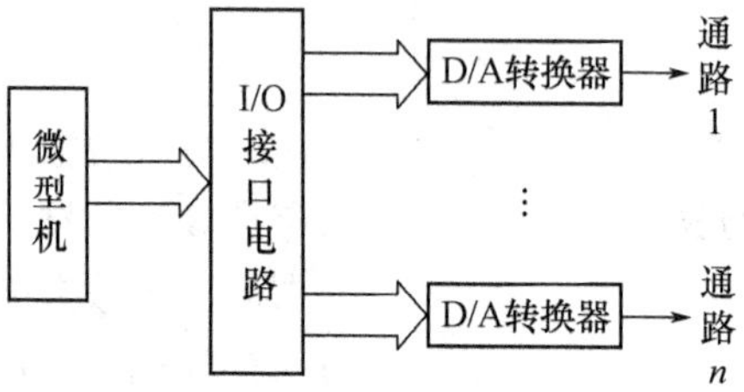

图 2.21　一个输出通路设置一个 D/A 转换器的结构形式

微机和通路之间通过独立的接口缓冲器传送信息,这是一种数字保持的方案。这种结构通常用于混合计算,测试自动化和模拟量显示的应用中,其特点是速度快、精度高、工作可靠,即使某一路 D/A 转换器有故障,也不会影响其他通路的工作。但是,如果输出通道的数量很多,将使用较多的 D/A 转换器,因此这种结构价格很高。当然,随着大规模集成电路技术的发展,D/A 转换器价格的下降,这种方案会得到广泛的应用。

2.3.2　D/A 转换器及接口

D/A 转换器是把数字量转换成模拟量的器件,是模拟量输出通道的重要组成部分。

1) D/A 转换器的工作原理

D/A 转换器由电阻网络和运算放大器组成。常用电阻网络有:权电阻网络和 T 型电阻网络。T 型电阻网络 D/A 转换器如图 2.22 所示。

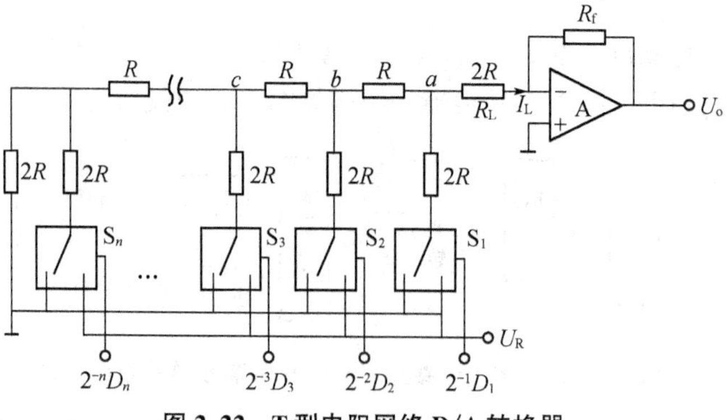

图 2.22　T 型电阻网络 D/A 转换器

运算放大器同相端接地,反相端输入电压 $U_{\sum} \approx 0$,

所以 $U_{\sum} - U_o = I_L R_f$, $-U_o \approx I_L R_f$

电路工作过程:输入信号为 0…01,负载电阻 R_L 上的电流:

$$I_L = \frac{I}{2}$$

输入的信号为 0…10,流过第 2 支路电流:

$$I=\frac{V_R}{3R}$$

流经 R_L 的电流: $I_L=\frac{I}{4}$,以次类推。

根据叠加原理,流经负载电阻的电流表达式为:

$$I_L=(2^{-1}D_1+2^{-2}D_2+\cdots+2^{-n}D_n)I=\frac{V_R}{3R}(2^{-1}D_1+2^{-2}D_2+\cdots+2^{-n}D_n) \quad (2.5)$$

取

$$R_f=3R$$

则

$$-U_o=I_LR_f=V_R(2^{-1}D_1+2^{-2}D_2+\cdots+2^{-n}D_n) \quad (2.6)$$

转换后的输出模拟电压与输入数字量成正比,实现了 D/A 转换。

2) D/A 转换器的性能指标

D/A 转换器的性能指标有以下几个:

(1) 分辨率　当输入数字量变化 1 时,输出模拟量变化的大小。反应了计算机数字量输出对执行部件控制的灵敏程度。

对于一个 N 位的 D/A 转换器其分辨率为:

$$分辨率=\frac{满刻度值}{2^N}$$

例如:对于满刻度值 5.12 V,8 位 D/A 转换器的分辨率为 5.12 V/2^8 = 20 mV;

(2) 稳定时间　数据变化量是满刻度时,达到终值±1/2LSB 时所需要的时间。

(3) 线性误差　在满刻度范围内,偏离理想转换特性的最大误差。这个误差用最低有效位 LSB 的分数来表示。一般为 0.01%~0.8%,图 2.23 表示出了线性误差。

(4) 工作温度范围　工作温度会对运算放大器加权电阻网络产生影响,只有在一定范内才能保证额定精度指标。较好的 D/A 转换器工作温度范围为-40~85 ℃,较差的为 0~70 ℃。

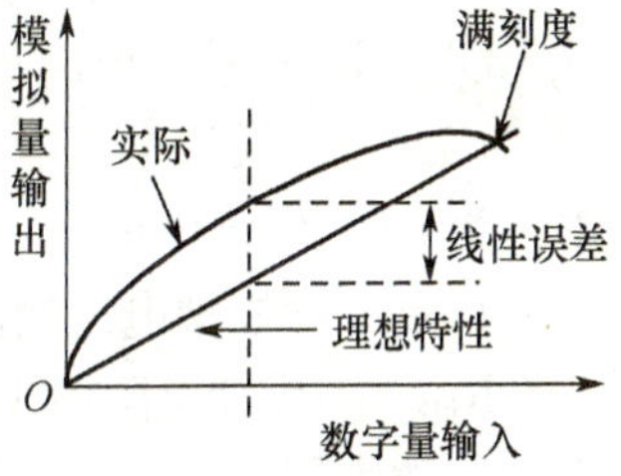

图 2.23　线性误差的表示

3) D/A 转换器芯片及其接口电路

D/A 转换器的种类繁多,这里我们只介绍比较典型的两种 D/A 转换器芯片。

(1) 8 位 DAC0832 及接口电路

DAC0832 是 20 引脚的双列直插式的集成电路芯片。其分辨率为 8 位,电流稳定时间为 1 μs,电流输出型,与 TTL 电平兼容;功耗为 20 mW。

① DAC0832 的结构

DAC0832 的结构框如图 2.24 所示。

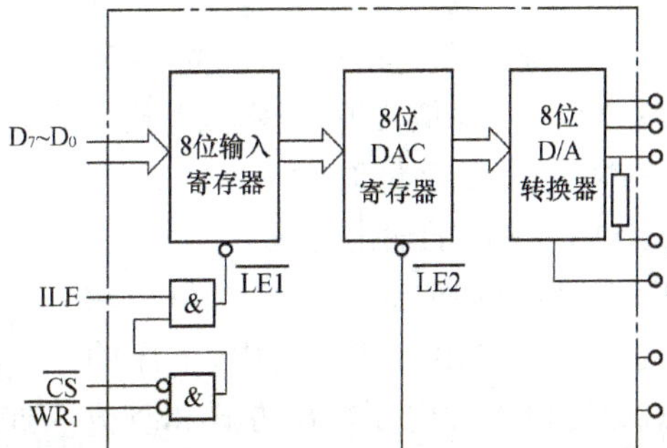

图 2.24　DAC0832 的结构框图

从图 2.24 中可见,在 DAC0832 中有两级锁存器,第一级锁存器称为输入寄存器，它的锁存信号为 ILE，第二级锁存器称为 DAC 寄存器，它的锁存信号也称为通道控制信号$\overline{XFER}$。因为有两级锁存器，所以 DAC0832 可以工作在双缓冲器方式，即在输出模拟信号的同时可以采集下一个数据。于是，可以有效地提高转换速度。另外，有了两级锁存器以后，可以在多个 D/A 转换器同时工作时，利用第二级锁存器的锁存信号来实现多个转换器的同时输出。当 ILE 为高电平，$\overline{CS}$和$\overline{WR1}$为低电平时，$\overline{LE1}$为 1，这种情况下，输入寄存器的输出随输入而变化。此后，当$\overline{WR1}$由低电平变高电平时，$\overline{LE1}$成为低电平。此时，数据被锁存到输入寄存器中，这样，输入寄存器的输出端不再随外部数据的变化而变化。对第二级锁存来说，$\overline{XFER}$和$\overline{WR2}$同时为低电平时，$\overline{LE2}$为高电平，这时，8 位的 DAC 寄存器的输出随输入而变化，此后，当$\overline{WR2}$由低电平变高电平时，$\overline{LE2}$变为低电平，于是，将输入寄存器的信息锁存到 DAC 寄存器中。

② DAC0832 的引脚功能

DAC0832 的各个引脚定义如下：

$\overline{CS}$——片选信号，它和允许输入锁存信号 ILE 合起来决定$\overline{WR1}$是否起作用。

ILE——允许锁存信号。

$\overline{WR1}$——写信号 1，它作为第一级锁存信号将输入数据锁存到输入寄存器中，$\overline{WR1}$必须和$\overline{CS}$、ILE 同时有效。

$\overline{WR2}$——写信号 2，它将锁存在输入寄存器中的数据送到 8 位 DAC 寄存器中进行锁存，此时，传送控制信号$\overline{XFER}$必须有效。

$\overline{XFER}$——传送控制信号，用来控制$\overline{WR2}$。

DI_7～DI_0——8 位的数据输入端，DI_7 为最高位。

I_{OUT1}——模拟电流输出端，当 DAC 寄存器中全为 1 时，输出电流最大，当 DAC 寄存器中全为 0 时，输出电流为 0。

I_{OUT2}——模拟电流输出端，I_{OUT2}为一个常数与 I_{OUT1}的差，即 $I_{OUT1}+I_{OUT2}=$常数。

R_{FB}——反馈电阻引出端，DAC0832 内部已经有反馈电阻，所以，R_{FB}端可以直接接到外部运算放大器的输出端，这样，相当于将一个反馈电阻接在运算放大器的输入端和输出端之间。

V_{REF}——参考电压输入端，此端可接一个正电压，也可接负电压，范围为(＋10～－10 V)。外部标准电压通过 V_{REF}与 T 形电阻网络相连。

V_{CC}——芯片供电电压，范围为(＋5～＋15 V)，最佳工作状态是＋15 V。

AGND——模拟量地，即模拟电路接地端。

DGND——数字量地。

③ DAC0832 的输出方式

DAC0832 的输出方式分为：电压输出方式和电流输出方式。其中，电压输出方式分为单极性电压输出方式和双极性电压输出方式。

单极性电压输出电路如图 2.25 所示。

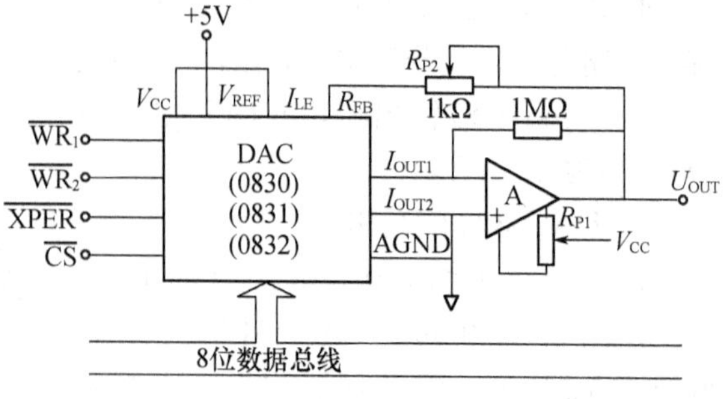

图 2.25 单极性电压输出电路

在图 2.25 中，DAC0832 的电流输出

端 I_{OUT1} 接到运算放大器的反相输入端，故输出电压 U_{OUT} 与参考电压 V_{REF} 极性相反。当 V_{REF} 接±5 V 或±10 V 时，D/A 转换器输出电压范围为−5 V/+5 V(或−10 V/+10 V)。

单极性输出信号转换代码应用最多的是二进制码，其转换关系是全零代码对应 0 V 电压输出；全 1 代码对应满刻度电压减去一个最小代码对应的电压值，这包含了转换器有限字长所引起的误差。转换代码也有使用补码二进制和 BCD 码的。

8 位单极性电压输出采用二进制代码时，数字量与模拟量之间的关系如表 2.5 所示。

表 2.5 单极性电压输出时数字量与模拟量之间的关系

输入数字量		输出模拟量
MSB	LSB	
1 1 1 1	1 1 1 1	$\pm V_{REF}\left(\frac{255}{256}\right)$
1 0 0 0	0 0 0 1	$\pm V_{REF}\left(\frac{129}{256}\right)$
1 0 0 0	0 0 0 0	$\pm V_{REF}\left(\frac{128}{256}\right)$
1 0 0 0	0 0 1 1	$\pm V_{REF}\left(\frac{127}{256}\right)$
0 0 0 0	0 0 0 0	$\pm V_{REF}\left(\frac{0}{256}\right)$

在随动系统中，由偏差产生的控制量不仅与其大小有关，而且与极性相关。在这种情况下，要求 D/A 转换器输出电压为双极性。双极性电压输出的 D/A 转换电路通常采用偏移二进制码、补码二进制码和符号-数值编码。只要在单极性电压输出的基础上再加一级电压放大器，并配以相关的电阻网络，就可以构成双极性电压输出。这种接法在效果上，相当于把数字量的最高位视为符号位。双极性电压输出电路如图 2.26 所示。

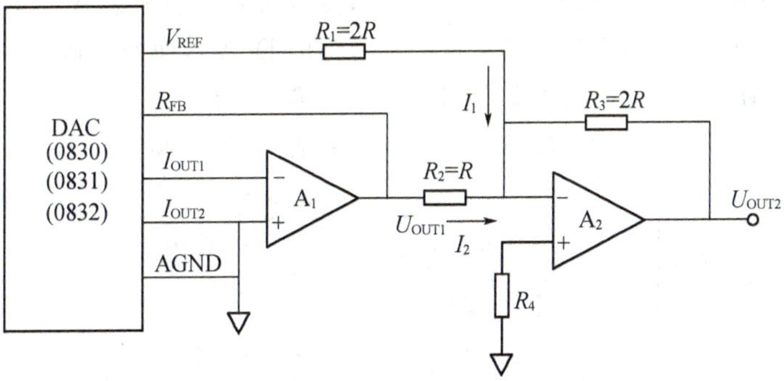

图 2.26 双极性电压输出电路

在图 2.26 中，运算放大器 A_2 的作用是把运算放大器 A_1 的单向输出电压转变为双向输出。其原理是将 A_2 的输入端通过电阻 R_1 与参考电源 V_{REF} 相连。V_{REF} 经 R_1 向 A_2 提供偏流 I_1。D/A 转换器的总输出电压：

$$U_{OUT2} = -R_3(I_1 + I_2) = -\left(\frac{R_3}{R_2}U_{OUT1} + \frac{R_3}{R_1}V_{REF}\right)$$

代入 R_1、R_2、R_3 的值，可得：

$$U_{OUT2}=-\left(\frac{2R}{R}U_{OUT1}+\frac{2R}{2R}V_{REF}\right)=-(2U_{OUT1}+V_{REF})$$

设 $V_{REF}=+5\text{ V}$,则由上式可以得出:

当 $U_{OUT1}=0\text{ V}$ 时,$U_{OUT2}=-5\text{ V}$;$U_{OUT1}=-2.5\text{ V}$ 时,$U_{OUT2}=0\text{ V}$;

$$U_{OUT1}=-5\text{ V 时},U_{OUT2}=+5\text{ V}$$

采用偏移二进制代码的双极性电压输出时,数字量与模拟量之间的关系如表 2.6 所示。

表 2.6 双极性输出时数字量与模拟量之间的关系

输入数字量		输出模拟量	
MSB	LSB	$+V_{REF}$	$-V_{RBF}$
1 1 1 1	1 1 1 1	$V_{REF}-1\text{LSB}$	$-\lvert V_{REF}\rvert+1\text{LSB}$
1 1 0 0	0 0 0 0	$\frac{V_{REF}}{2}$	$-\frac{V_{REF}}{2}$
1 0 0 0	0 0 0 0	0	0
0 1 1 1	1 1 1 1	-1LSB	$+1\text{LSB}$
0 0 1 1	1 1 1 1	$-\frac{V_{REF}}{2}-1\text{LSB}$	$\frac{V_{REF}}{2}+1\text{LSB}$
0 0 0 0	0 0 0 0	$-V_{REF}$	$+V_{REF}$

④ DAC0832 与单片机的接口

DAC0832 与单片机的连接如图 2.27 所示。在图中,D/A 转换器被视为 8031 的外部扩展存储器。设其第一级地址为 FDFFH,第二级地址为 FCFFH,则完成 D/A 转换的程序如下:

```
START:  MOV DPTR, #0FDFFH     ;建立 D/A 转换器地址指针
        MOV A, #nnH           ;待转换的数字量送 A
        MOVX @DPTR, A         ;输出 D/A 转换数字量
        MOV PTR, #OFCFFH      ;求第二级地址
        MOVX @DPTR, A         ;完成 D/A 转换
```

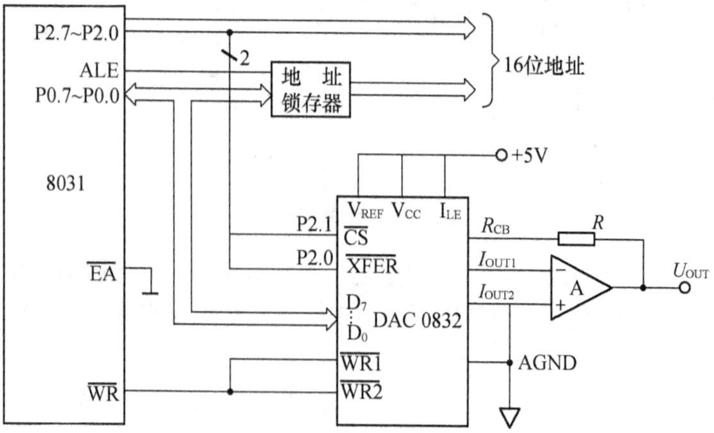

图 2.27 DAC0832 与单片机的连接

(2) 12 位 D/A 转换器 DAC 1210

DAC 1210(与 DAC 1208、DAC 1209 是一个系列)是双列直插式 24 引脚集成电路芯片。输入数字为 12 位二进制数字;分辨率为 12 位;电流建立时间为 1 μs;供电电源为+5～+15 V(单电源供电);基准电压 V_{REF} 范围为－10～+10 V。

① DACl210 的原理

DACl210 的特点是:线性规范只有零位和满量程调节;与所有的通用微处理机直接接口;单缓冲、双缓冲或直通数字数据输入;与 TTL 逻辑电平兼容;全四象限相乘输出。其原理如图 2.28 所示。

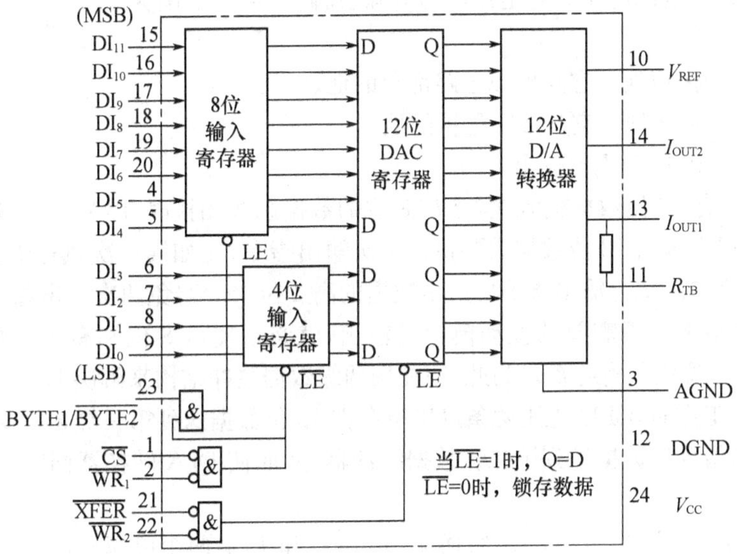

图 2.28 DAC1210 原理框图及引脚图

② DAC 1210 的引脚

DAC 1210 的引脚定义如下：

$\overline{CS}$——片选(低电平有效)。

$\overline{WR1}$——写入 1(低电平有效),$\overline{WR1}$用于将数字数据位(D1)送到输入锁存器。当$\overline{WR1}$为高电平时,输入锁存器中的数据被锁存。12 位输入锁存器分成 2 个锁存器,一个存放高 8 位的数据,而另一个存放低 4 位数据。Bytel/Byte2控制脚为高电平时选择两个锁存器,处于低电平时则改写 4 位输入锁存器。

BYTEl/$\overline{BYTE2}$——字节顺序控制。当此控制端为高电平时,输入锁存器中的 12 个单元都被使能。当为低电平时,只使能输入锁存器中的最低 4 位。

$\overline{WR2}$——写入 2(低电平有效)。

$\overline{XFER}$——传送控制信号(低电平有效)。该信号与$\overline{WR2}$结合时,能将输入锁存器中的 12 位数据转移到 DAC 寄存器中。

DI_0～DI_1——数据写入。DI_0 是最低有效位(LSB),DI_1 是最高有效位(MSB)。

I_{OUT1}——数模转换器电流输出。DAC 寄存器中所有数字码为全"1"时 I_{OUT1}为最大,为全"0"时 I_{OUT1}为零。

I_{OUT2}——数模转换器电流输出。I_{OUT2}与I_{OUT1}之和为常数，即：$I_{OUT1}+I_{OUT2}=$常量（固定基准电压），该电流等于$V_{REF}\times(1-1/4\ 096)$除以基准输入阻抗。

R_{FB}——反馈电阻。集成电路芯片中的反馈电阻用作为DAC提供输出电压的外部运算放大器的分流反馈电阻。芯片内部的电阻应当一直使用（不是外部电阻），因为它与芯片上的R—2RT形网络中的电阻相匹配，已在全温度范围内统调了这些电阻。

V_{REF}——基准输入电压。该输入端把外部精密电压源与内部的R—2RT形网络连接起来。V_{REF}的选择范围是$-10\sim+10$ V。在四象限乘法DAC应用中，也可以是模拟电压输入。

V_{CC}——数字电源电压。它是器件的电源引脚。V_{CC}的范围为5～15 V，工作电压的最佳值为15 V。

AGND——模拟地。它是模拟电路部分的地。

DGND——数字地。它是数字逻辑的地。

③ DAC 1210的输入与输出

DAC1210有12位数据输入线，当与8位的数据总线相接时，因为CPU输出数据是按字节操作的，那么送出12位数据需要执行两次输出指令，比如第一次执行输出指令送出数据的低8位，第二次执行输出指令再送出数据的高4位。为避免两次输出指令之间在D/A转换器的输出端出现不需要的扰动模拟量输出，就必须使低8位和高4位数据同时送入DAC1210的12位输入寄存器。为此，往往用两级数据缓冲结构来解决D/A转换器和总线的连接问题。工作时，CPU先用两条输出指令把12位数据送到第一级数据缓冲器，然后通过第三条输出指令把数据送到第二级数据缓冲器，从而使D/A转换器同时得到12位待转换的数据。

DAC1210是电流相加型D/A转换器，有I_{OUT2}和I_{OUT2}两个电流输出端，通常要求转换后的模拟量输出为电压信号，因此，外部应加运算放大器将其输出的电流信号转换为电压输出。加一个运算放大器可构成单极性电压输出电路，加两个运算放大器则可构成双极性电压输出电路。DAC1210单缓冲单极性电压输出电路原理图如图2.29所示。

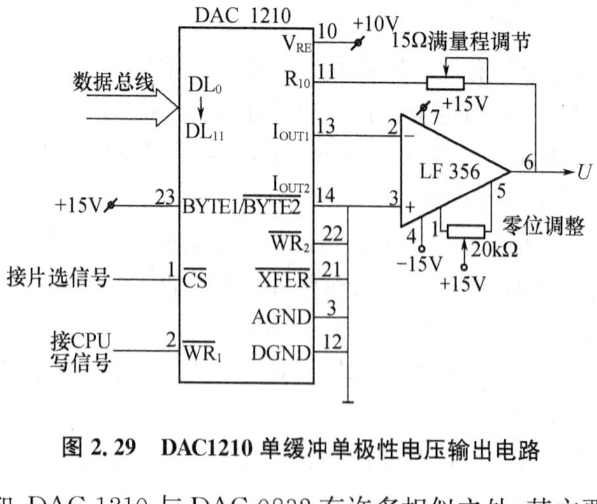

图 2.29　DAC1210 单缓冲单极性电压输出电路

由上面分析可知，DAC 1210与DAC 0832有许多相似之处，其主要差别在于分辨率不同，DAC 1210具有12位的分辨率，而DAC 0832只有8位分辨率。例如，若取$V_{REF}=$

10 V,按单极性输出方式,当 DAC0832 输入数字 0000、0001 时其输出电压约为 39.06 mV,而 DAC 1210 输入数字 0000、0000、0001 时,其输出电压约为 2.44 mV。可见,DAC1210 的分辨率比 DAC0832 的分辨率高 16 倍,因此转换精度更高。

2.4 数字量输入/输出通道

计算机控制技术中的数字量又称开关量,数字量输入/输出通道的作用就是把生产过程中双值逻辑的开关量转换成计算机能够接收的数字量。或把计算机输出的数字量转换成生产现场使用的双值逻辑开关量,同时要完成数字量和开关量之间的不同电平转换。数字信号分三类:编码数字、开关量和脉冲序列。

2.4.1 数字量输入/输出通道的一般结构

当输入信号为数字信号时,输入通道的任务就是将不同电平或频率的信号调整到微机 CPU 可以接收的电平,因此要进行电平转换和整形,有时也需要信号隔离。当输出信号为数字信号时,输出通道的任务通常是将微机输出的电平变换到开关器件所要求的电平,并且一般需要信号隔离。数字量输入/输出通道的一般组成如图 2.30 所示。

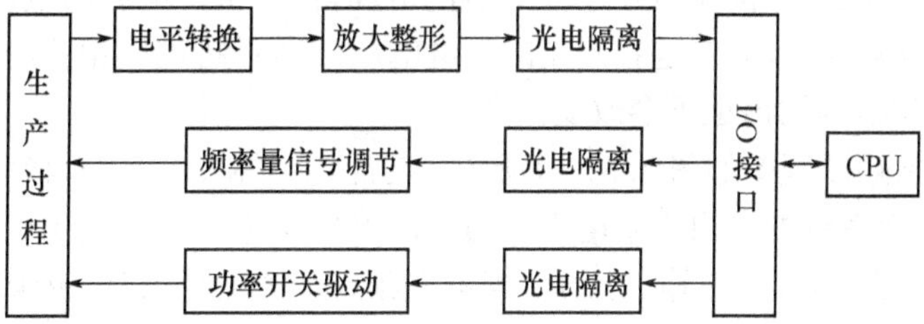

图 2.30 数字量输入/输出通道的一般结构

2.4.2 数字量输入通道

在计算机控制系统中,数字量输入的情况是很多的,如用编码器的位置检测和速度检测;用按钮或转换开关控制系统的启停或选择工作状态;在生产现场用行程开关反映生产设备的运行状态等。这些输入信号分为编码数字(二进制数)、开关量和脉冲列等三类,它们都属于数字信号,因此,计算机控制系统中应设立数字量输入通道。

输入数字信号的类型不同,数字量输入通道的结构也不同。

(1) 编码信号一般是 TTL 电平(或转换成 TTL 电平),可将 TTL 电平的编码数字直接接到并行接口电路的输入端口上。对于可靠性要求很高的场合,有时也加上光电隔离电路,输入数字信号经光电隔离后再接到接口上。

(2) 假定脉冲频率不高,则可采用软件计数的方法,将脉冲信号加到并行接口的一个输入端,用查询方式或中断方式对输入脉冲计数。假定脉冲频率高,软件计数来不及处理,则接口电路中需外加硬件计数器,如使用可编程定时/计数器 8253 就很方便,计数值可随时准确地读入 CPU,读取计数值时不影响计数器连续准确地计数。

(3) 开关信号来自操作台或控制箱的按钮、转换开关,拨码开关、继电器或来自现场的行程开关等的触点接通或断开的信号输入，首先必须经过电平转换电路，将触点的通断转换成高电平或低电平，同时要考虑滤波，防触头抖动以及采用光电隔离或继电器隔离等特殊措施。最后将一个个开关信号接到并行接口的输入端口上去。

在数字量输入通道中，整形电路和电平转换电路是非常重要的。整形电路可以将混有抖动信号或毛刺干扰的双值逻辑输入信号以及信号前后沿不合要求的输入信号整形成接近理想状态的方波或矩形波，而后再根据控制系统要求变换成相应形状的脉冲信号。电平转换电路可将输入的双值逻辑电平转换成能与计算机 CPU 兼容的逻辑电平。由于生产过程中的开关器件如按钮、拨动开关、限位开关、继电器和接触器等在闭合与断开时往往存在接触点的抖动问题，从而产生抖动信号。为此，带开关类器件的输入通道需用硬件或软件的方法消除抖动。

硬件方法通常采用 RC 滤波器或 RS 触发电路，以计算机控制系统的按键为例，其按键产生抖动的原因及消除方法如图 2.31 所示。

图 2.31(b)是一种常见的 RC 滤波电路。当按键按下时，电容两端电压为 0，此时反相器输出为 1，由于电容两端电压不能突变，即使在开关的触点接触过程中出现抖动，只要电容两端的充电电压不超过反相器的输入逻辑低电平最大值 U_{ILmax}（如 TTL 反相器的 U_{ILmax} 为 0.8 V)，反相器的输出就不会改变。于是通过适当选取 R1、R2 和 C 的数值可实现按键按下时的防抖动。同理，按键在断开过程中即使出现抖动，由于电容两端电压不能突变，要经过闭合回路的电阻放电，只要电容两端的放电电压波动不超过反相器的输入逻辑高电平最小值 U_{IHmin}，反相器的输出也不会改变。

双稳态消抖电路原理图如图 2.31(c)所示。与非门 A 和 B 组成双稳态触发器，平时触点 1、2 导通，此时触发器的输出为高电平 1，与非门 B 输出为 0，B 的输出引入到 A 的另一输入端，将与非门 A 锁住，固定其输出为 1。当键在触点 1、2 上抖动时，由于与非门 B 的输出为 0 不变，因此该输出引入 A 的输入端，锁定 A 的输出不发生变化。当按键按下时，触点 3、4 导通，与非门 B 的输入变为 0，其输出发生翻转变为 1，致使与非门 A 的输出翻转为 0，与非门 A 的输出 0 又将 B 的输出锁定为 1。因此，当键在触点 3、4 上抖动时，与非门 A 的输出不会发生改变，从而达到消除抖动的目的。

用软件方法消抖的原理是：程序在第一次检测到有键按下时，执行一段延时 10 ms 的子程序后再检测该按键，确认该按键电平是否保持为闭合状态的电平，如果仍保持闭合状态电平，则确认为真正有键按下，从而消除抖动。按键较多时采用软件的方法消除抖动较为方便。

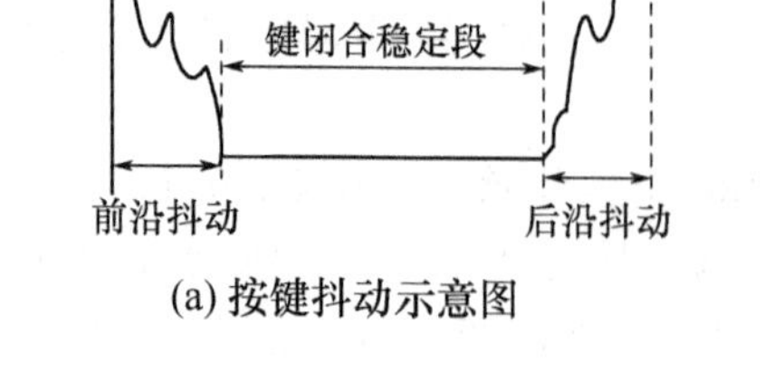

(a) 按键抖动示意图

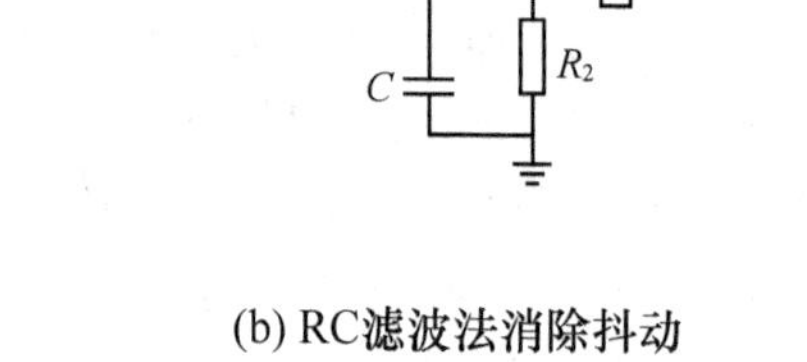

(b) RC滤波法消除抖动

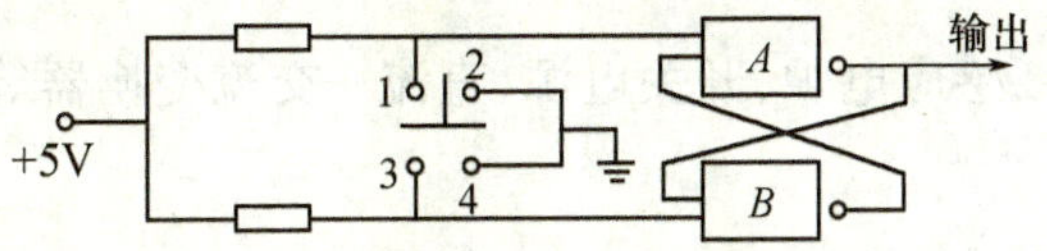

(c) 双稳态触发法消除抖动

图 2.31 按键抖动与消除的方法

2.4.3 数字量输出通道

数字量输出通道输出的数字信号有三类：二进制编码数字、“1”或“0”的开关信号和脉冲信号。计算机计算的设定值、控制量以及从现场采样的物理参量(经 A/D 转换后的数字量)等都是编码数字，常常要送出至操作面板上的数字显示器上显示；电动机启停、阀门开关等控制要求 CPU 送出“1”或“0”的开关控制信号；步进电动机控制要求送出脉冲序列。

编码数字可直接从 I/O 接口电路的输出端口送出，一般输出数据需要锁存。当编码数字送出的距离较长时，为节省传输线路和提高可靠性，可采用串行发送的方式，数据接收端再采用串—并转换电路(如 74LS164)将其转换成并行输出形式，供外部(如 LED 显示器)使用。

对于步进电动机这类要求输出脉冲列的对象，输出通道应加脉冲产生及其控制电路，如使用 8253 就很方便，让它工作于方波发生器的模式，输出脉冲的频率及个数都可通过程序设置来控制。

2.5 过程通道的抗干扰措施

计算机控制系统在现场往往是计算机的过程通道与被控对象、被测信号分布在下同的地方，也许它们之间会有很长的距离，因此，控制线与信号线就很长。而生产现场往往有各种强电设备，这些设备的启动、停止、工作都能产生很强的噪声源，如大功率电机、大功率高频炉等都将产生较强的电磁场；它们通过不同的途径通过电网传播到过程通道来，或沿着长长的信号线、电源线和地线传导到过程通道来。干扰信号除了传导进入计算机外，还有直接辐射途径进入计算机。例如，通过感性耦合或容性耦合把电磁场干扰源直接辐射进来。都将在信号回路中产生很强的噪声电压。由于被测信号又是十分微弱的低频信号，例如热电偶产生的热电势只是毫伏级。因此必须采取抗干扰措施，清除或尽量减少噪声电压，才能使计算机正常工作。

2.5.1 干扰信号的分类

计算机控制系统中的干扰种类很多，干扰信号的类型通常按照噪声产生的原因、噪声传导模式和噪声波形性质的不同进行划分。

1) 按噪声产生的原因分类

(1) 放电噪声

主要是雷电、静电、电动机的电刷跳动，大功率开关通断等放电产生的干扰。

(2) 高频振荡噪声

主要是中频电弧炉、感应电炉、开关电源、直流—交流变换器等在高频振荡时产生的噪声。

(3) 浪涌噪声

主要是交流系统中电动机的启动电流、电炉的合闸电流、开关调节器的导通电流以及晶闸管变流器等设备产生的噪声。

2) 按照计算机控制系统的干扰来源可分为

(1) 外部干扰　指那些与系统结构无关,由外部环境因素所决定的。

(2) 内部干扰　指那些由系统结构、制造工艺所决定的干扰。

3) 按照计算机控制系统按干扰的作用方式可分为

(1) 串模干扰

这是指叠加在被测信号上的干扰噪声,也称为常态干扰,被测信号是指有用的直流或缓慢变化的交流信号,其示意图如图 2.32 所示。当串模干扰的幅值为无用的变化较快的杂乱无章的交变信号。串模干扰信号与被测信号在回路中所处的地位是相同的,总是两者相加作为输入信号。产生串模干扰的原因主要是当两个电路之间存在分布电容或者磁环链现象时,一个回路中的信号就可能在另外一个回路中产生感应电动势,形成串模干扰信号,另外信号回路中元件参数的变化也是一种串模干扰信号。

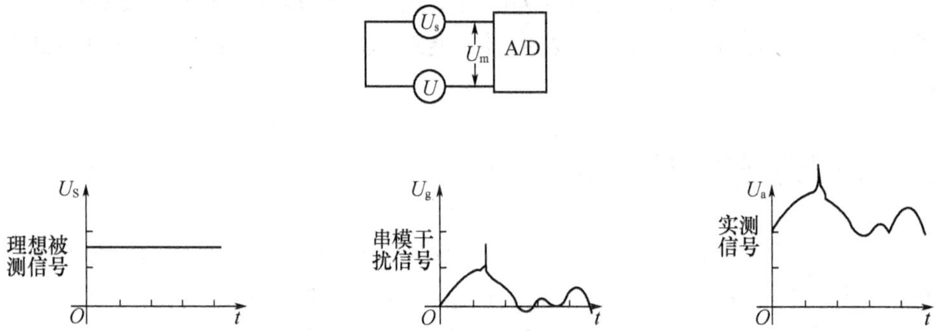

图 2.32　串模干扰示意图

(2) 共模干扰

这是模/数转换器两个输入端上公有的干扰电压,如图 2.33 所示。由于计算机的地、信号源放大器的地以及现场信号源的地,通常要相隔一段距离,当两个接地点之间流过电流时,尽管接地点之间的电阻极小,也会使对地电位发生变化,形成一个电位差 U_{cm},这个 U_{cm} 对放大器就产生共模干扰。

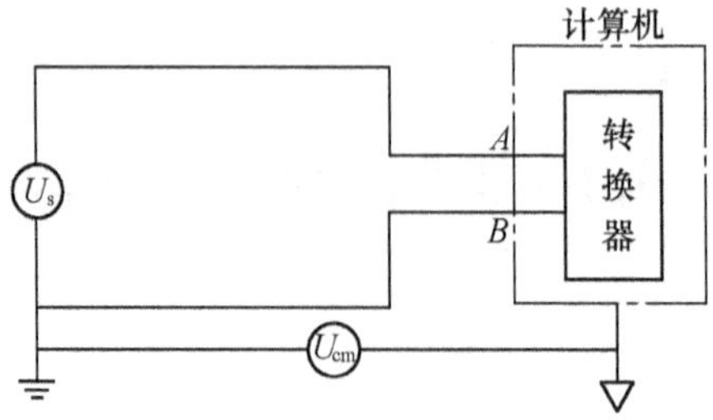

图 2.33　共模干扰示意图

2.5.2　干扰的抑制

干扰信号的类型不同，其抑制方法也不同。下面分别介绍串模和共模干扰的抑制方法。

1）抑制串模干扰的方法

（1）加输入滤波器。

（2）采用带屏蔽层的双绞线或同轴电缆连接一次仪表和转换设备，带屏蔽层良好接地，就可避免干扰从传输导线窜入检测回路。

（3）利用器件特性克服干扰。提高阈值电平可抑制低噪声干扰；采用低速逻辑器件或加电容器降低速度，可以抑制高频干扰。

（4）采用数字滤波技术。采用平均值法、中值法、一阶滤波法等算法。

2）抑制共模干扰的方法

（1）采用共模抑制比高的、双端输入运算放大器。

（2）采用光耦合器或变压器隔离，如图 2.34 所示。

（3）采用隔离放大器。

利用隔离放大器完成对测量的信号的放大及模拟信号与传输通道的隔离。

为了防止各种类型的干扰，除了上述采取的措施以外，I/O 接口和通道还应采取下述几种措施：

（1）尽量缩短信号线的长度。

（2）不用的输入端子不能悬空，必须通过负载电阻接到电源线上。

（3）为防止电磁感应，信号线应采用屏蔽线。

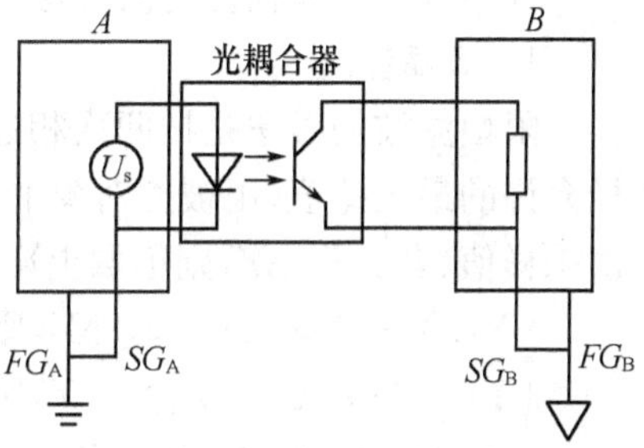

图 2.34　采用光耦合器抑制共模干扰

除此之外还应考虑：电源与供电系统，系统的接地等，这些方面都要采取抗干扰措施，才能更好地提高系统的可靠性。

2.6　数字滤波技术

在工业过程控制系统中，由于被控对象所处的环境比较恶劣，常常存在干扰源，如环境温度、电磁场等，使采样值偏离真实值。对于各种随机出现的干扰信号，在由微型计算机组成的自动检测系统中，常通过一定的计算程序，对多次采样信号构成的数据系列进行平滑加工，以提高其有用信号在采样值中所占的比例，减少乃至消除各种干扰及噪声，以保证系统工作的可靠性。

数字滤波器与模拟 RC 滤波器相比，具有如下优点：

（1）由于数字滤波器用程序来实现，不需增加硬件设备，所以系统可靠性高，不存在阻抗匹配问题。

（2）模拟滤波器通常是各通道专用的，而数字滤波器可以多通道共享，从而降低了成本。

（3）模拟滤波器由于受电容容量的限制，对低频信号的滤波受到一定的限制；而数字滤波器可以对低频信号进行滤波。

(4) 可以根据需要选择不同的滤波方法或改变滤波器的参数，所以数字滤波器使用灵活方便。

数字滤波的方法有很多种，可以根据不同的测量参数进行选择，下面介绍几种常用的数字滤波方法。

2.6.1　程序判断滤波

经验表明，许多物理量的变化都需要一定的时间，相邻两次采样值之间的变化有一定的限度。程序判断滤波的方法：根据生产经验，确定出相邻两次采样信号之间可能出现的最大偏差 ΔY，若超过此偏差值，则表明该输入信号是干扰信号，应该去掉；如小于此偏差值，则可将该信号作为本次采样值。

当采样信号由于随机干扰，如大功率用电设备的启动或停止，造成电流的尖峰干扰或错误检测，以及变送器不稳定而引起的严重失真等现象时，可采用程序判断法进行滤波。

程序判断滤波根据滤波方法的不同，可以分为限幅滤波和限速滤波。

1) 限幅滤波

限幅滤波的做法是把两次相邻的采样值相减，求出增量(以绝对值表示)，然后与两次采样允许的最大差值(由被控对象的实际情况决定)ΔY 进行比较，若小于或等于 ΔY，则取本次采样值；若大于 ΔY，则仍取上次采样值作为本次采样值，即：

$|Y(k)-Y(k-1)|\leqslant \Delta Y$，则 $Y(k)=Y(k)$，取本次采样值

$|Y(k)-Y(k-1)|> \Delta Y$，则 $Y(k)=Y(k-1)$，取上次采样值

式中，$Y(k)$ 为第 k 次采样值；$Y(k-1)$ 为第 $k-1$ 次采样值。

ΔY 为相邻两次采样值所允许的最大偏差，其大小取决于采样周期 T 及 Y 值的变化动态响应。

这种程序滤波方法，主要用于变化比较缓慢的参数，如温度、物位等测量系统。使用时，关键问题是最大允许误差 ΔY 的选取。ΔY 太大，各种干扰信号将乘机而入，使系统误差增大；ΔY 太小，又会使某些有用的信号被拒之门外，使计算机采样效率变低。因此，门限值 ΔY 的选取是非常重要的。

2) 限速滤波

限幅滤波用两次采样值来决定采样结果，而限速滤波则最多可用 3 次采样值来决定采样结果。其方法是：当 $|Y(2)-Y(1)|>\Delta Y$ 时，不像限幅滤波那样，用 $Y(1)$ 作为本次采样值，而是再采样一次，取得 $Y(3)$，然后根据 $|Y(3)-Y(2)|$ 与 ΔY 的大小关系来决定本次采样值。其具体判别式如下。

设顺序采样时刻 t_1,t_2,t_3 所采集的参数分别为 $Y(1)$，$Y(2)$，$Y(3)$，那么：

当 $|Y(2)-Y(1)|\leqslant \Delta Y$ 时，则取 $Y(2)$ 存入 RAM

当 $|Y(2)-Y(1)|> \Delta Y$ 时，则不采用 $Y(2)$，但仍保留，继续采样取得 $Y(3)$

当 $|Y(3)-Y(2)|\leqslant \Delta Y$ 时，则取 $Y(3)$ 存入 RAM

当 $|Y(3)-Y(2)|> \Delta Y$ 时，则取 $[Y(3)+Y(2)]/2$ 输入计算机

限速滤波是一种折中的方法，既照顾了采样的实时性，又顾及了采样值变化的连续性。但是这种方法也有明显的缺点：

(1) ΔY 的确定不够灵活，必须根据现场的情况不断更换新值；

(2) 不能反映采样点数 $N>3$ 时各采样值受干扰的情况。

因此,它的应用受到一定的限制。

在实际应用中,可用 $[|Y(1)-Y(2)|+|Y(2)-Y(3)|]/2$ 取代 ΔY,这样也可以基本保持限速滤波的特点,虽然增加一步运算,但是灵活性提高了。

限速滤波程序的流程图如图 2.35 所示。

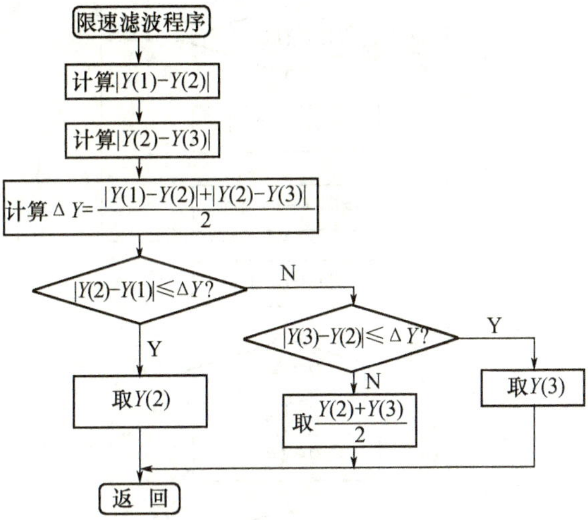

图 2.35 限速滤波的程序流程图

2.6.2 中值滤波

所谓中值滤波是对某一参数连续采样 n 次(一般 n 为奇数),然后把 n 次的采样值从小到大(或从大到小)排队,再取中间值作为本次采样值。

中值滤波对于去掉偶然因素引起的波动或采样器不稳定而造成的误差所引起的脉动干扰比较有效。若变量变化比较缓慢,则采用中值滤波效果比较好,但是对快速变化的参数,如流量,则不宜采用。

中值滤波程序设计的实质是:首先把 N 个采样值从小到大(或从大到小)进行排队,然后再取中间值。N 个数据按大小顺序排队的具体做法是两两比较,设 $R0$ 为存放数据区的首地址,先将 $(R0)$ 与 $((R0)+1)$ 进行比较,若是 $(R0)<((R0)+1)$,则不交换存放位置,否则将两数位置对调。继而再取 $((R0)+1)$ 与 $((R0)+2)$ 比较,判断方法同前,直至最大数沉底为止。然后再重新进行比较,把次大值放在 $N-1$ 位上… 如此做下去,则可将 N 个数从小到大顺序排列,其程序流程图如图 2.36 所示。

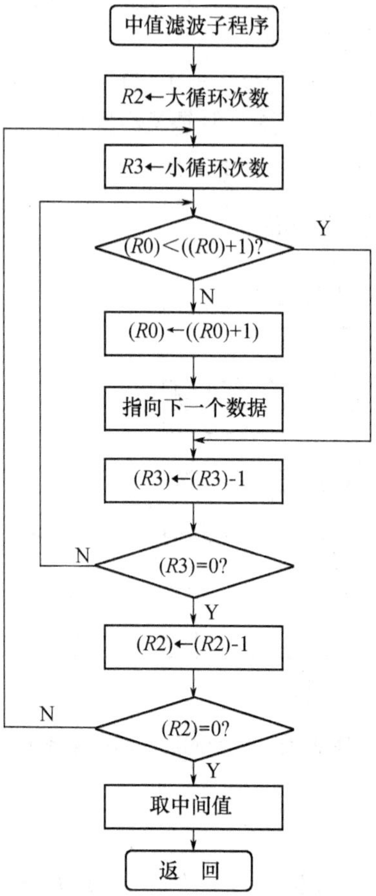

图 2.36　中值滤波程序流程图

2.6.3　算术平均值滤波

算术平均值滤波是要寻找一个 $Y(k)$，使该值与各采样值间误差的平方和为最小，即

$$S=\min\left[\sum_{i=1}^{N}e^2(i)\right]=\min\left[\sum_{i=1}^{N}[y(i)-x(i)]^2\right] \tag{2.7}$$

对式(2.7)求极值，得到：

$$\overline{Y}(k)=\frac{1}{N}\sum_{i=1}^{N}x(i) \tag{2.8}$$

式中，$\overline{Y}(k)$为第 k 次 N 个采样值的算术平均值；$x(i)$是第 i 次采样值；N 是采样次数。

式(2.8)就是算术平均值法数字滤波公式。由此可见，算术平均值法滤波的实质是把一个采样周期内的 N 次采样值相加，然后再把所得的和除以采样次数 N，得到该周期的采样值。

算术平均值滤波主要用于压力、流量等周期脉动参数的采样值进行平滑加工，但是对脉动性干扰的平滑作用尚不理想。因而它不适用于脉冲性干扰比较严重的场合。采样次数

N 的选取，取决于系统对参数平滑度和灵敏度的要求。随着 N 值的增大，平滑度将提高，灵敏度将降低。通常对流量参数滤波时，N 取 12 次；对压力滤波时，N 取 4 次；至于温度如无噪声干扰可不平均。

2.6.4 加权平均值滤波

在算式平均值滤波法中，对于 N 次以内所有的采样值来说，所占的比例是相同的。也就是说滤波结果取每次采样值的 $1/N$。但是有时为了提高滤波效果，将各采样值取不同的比例，然后再相加，此方法称为加权平均法。一个 n 项加权平均式为：

$$\bar{Y}(k) = \sum_{i=0}^{n-1} C_i X_{n-1} \tag{2.9}$$

式中，$C_0, C_1, \cdots, C_{n-1}$ 均为常数项，且应该满足下列关系：

$$\sum_{i=0}^{n-1} C_i = 1 \tag{2.10}$$

式中，$C_0, C_1, \cdots, C_{n-1}$ 为各次采样值的系数，它体现了各次采样值在平均值中所占的比例，可以根据具体情况决定。一般采样次数越靠后，取的比例越大，这样可以增加新的采样值在平均值中所占的比例。这种滤波方法可以根据需要突出信号的某一部分来抑制信号的另一部分。

2.6.5 滑动平均值滤波

不管是算术平均值滤波还是加权平均值滤波，都需要连续采样 N 个数据，然后求算术平均值或加权平均值。这种方法适合于有脉动式干扰的场合。但是由于必须采样 N 次，需要时间较长，故检测速度慢。为了克服这一缺点，可以采用滑动平均值滤波法。即先在 RAM 中建立一个数据缓冲区，依顺序存放 N 个采样数据，每采进一个新数据，就将最早采进的那个数据丢掉，而后求包括新数据在内的 N 个数据的算术平均值或加权平均值。这样，每进行一次采样，就可计算出一个新的平均值，从而加快了数据处理的速度。

这种滤波程序设计的关键是：每采样一次，移动一次数据块，然后求出新一组数据之和，再求平均值。滑动平均值滤波程序有两种，一种是滑动算术平均值滤波，另一种是滑动加权平均值滤波。

2.6.6 RC 低通数字滤波

前面讲的几种滤波方法基本上属于静态滤波，主要适用于变化过程比较快的参数，如压力、流量等；对于慢速随机变量则可采用短时间内连续采样求平均值的方法，但是其滤波效果往往不够理想。

为了提高滤波效果，可以仿照模拟系统 RC 低通滤波器的方法，用数字形式实现低通滤波，如图 2.37 所示。

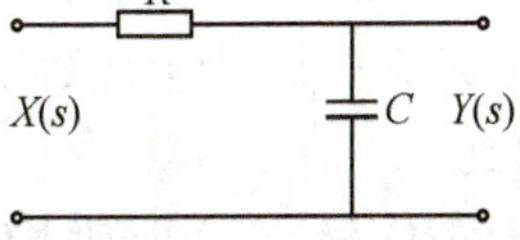

图 2.37 RC 低通滤波器

由图 2.37,我们可以写出模拟低通滤波器的传递函数,即

$$G(s)=\frac{Y(s)}{X(s)}=\frac{1}{\tau s+1} \tag{2.11}$$

其中,τ 为 RC 滤波器的时间常数,$\tau=RC$。由上式可以看出,RC 低通滤波器实际上是一个一阶滞后滤波系统。

将上式离散化后,得到:

$$Y(k)=(1-\alpha)Y(k-1)+\alpha X(k) \tag{2.12}$$

其中,$X(k)$ 为第 k 次采样值;$Y(k-1)$ 为第 $k-1$ 次滤波结果输出值;$Y(k)$ 为第 k 次滤波结果输出值;α 为滤波平滑系数,$\alpha=1-e^{-T/\tau}$;T 为采样周期。

对于一个确定的采样系统而言,T 为已知量,所以由 $\alpha=1-e^{-T/\tau}$ 可得

$$\tau=\frac{T}{\ln(1-\alpha)^{-1}} \tag{2.13}$$

当 $\alpha\ll 1$ 时,$\ln(1-\alpha)^{-1}=\alpha$,所以,$\tau=\dfrac{T}{\alpha}$。

2.6.7　复合数字滤波

为了进一步提高滤波效果,有时可以把两种或两种以上有不同滤波功能的数字滤波器组合起来,组成复合数字滤波器,或称为多级数字滤波器。

例如,前边讲的算术平均滤波或加权平均滤波,都只能对周期性的脉动采样值进行平滑加工,但对于随机的脉冲干扰,如电网的波动、变送器的临时故障等,则无法消除。然而,中值滤波却可以解决这个问题。因此,我们可以将两者组合起来,形成多功能的复合滤波。即把采样值先按从大到小的顺序排列起来,然后将最大值和最小值去掉,再把余下的部分求和并取其平均值。这种滤波方法的原理可以由下式表示。

若 $X(1)\leqslant X(2)\leqslant\cdots\leqslant X(N)$,$3\leqslant N\leqslant 14$

则

$$\begin{aligned}Y(k)&=\frac{[X(2)+X(3)+\cdots+X(N-1)]}{N-2}\\&=\frac{1}{N-2}\sum_{i=2}^{N-1}X(i)\end{aligned} \tag{2.14}$$

式(2.14)也称为防脉冲干扰的平均值滤波。

此外,也可以采用双重滤波的方法,即把采样值经过低通滤波后,再经过一次高通滤波,这样结果更接近理想值,这实际上相当于多级 RC 滤波器。

对于多级 RC 滤波,第一级滤波:

$$Y(k)=AY(k-1)+BX(k) \tag{2.15}$$

式中,A、B 均为与滤波环节的时间常数及采样时间有关的常数。

再进行一次滤波,则

$$Z(k)=AZ(k-1)+BY(k) \tag{2.16}$$

式中,$Z(k)$ 为数字滤波器的输出值;$Z(k-1)$ 为上次数字滤波器的输出值。

由式(2.15)和式(2.16)可以得到:

$$\begin{aligned}&Z(k)=AZ(k-1)+ABY(k-1)+B^2X(k)\\&\Rightarrow Z(k)=2AZ(k-1)-A^2Z(k-2)+B^2X(k)\end{aligned} \tag{2.17}$$

式(2.17)即为两级数字滤波公式。据此可以设计出一个采用 n 级数字滤波的一般原理图，如图 2.38 所示。

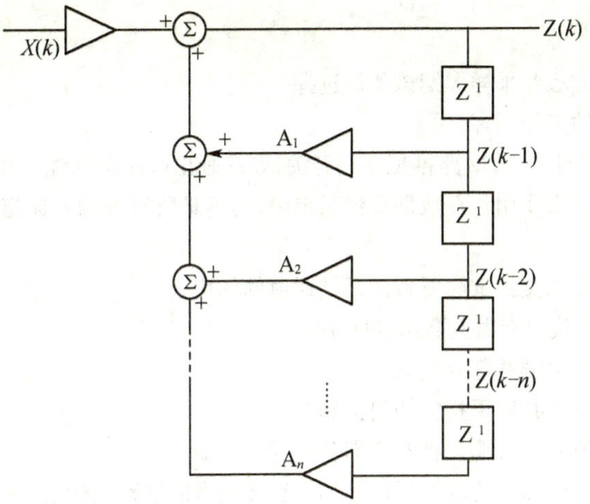

图 2.38 n 级数字滤波的一般形式

2.6.8 各种数字滤波性能的比较

以上介绍的几种数字滤波的方法，每种滤波方法都有自己的特点，应用时可以根据具体的测量参数进行合理的选择。下面从滤波效果和滤波时间两个方面来比较一下各种滤波方法。

1）滤波效果

一般说来，对于变化比较慢的参数，如温度，可以选择程序判断滤波及一阶滞后滤波方法。对那些变化比较快的脉冲参数，如压力、流量等，则可以选择算术平均和加权平均滤波法，特别是加权平均滤波法。至于要求比较高的系统，需要用复合滤波法。在算术平均滤波和加权平均滤波中，其滤波效果与所选择的采样次数 N 有关。N 越大，则滤波效果越好，但是花费的时间越长。高通及低通滤波程序是比较特殊的滤波程序，使用时一定要根据其特点选择。

2）滤波时间

在考虑滤波效果的前提下，应该尽量采用执行时间比较短的程序，若计算机计算时间允许，可以采用效果更好的复合滤波程序。

注意，数字滤波在热工和化工过程的 DDC 系统中并非一定需要，需要根据具体情况，经过分析、实验加以选用。不适当地应用数字滤波(例如，可能将待控制的偏差值滤掉)，反而会降低控制效果，甚至失控，因此必须给予重视。

思考题与习题 2

2.1 采样有哪几种方法？采样周期该如何选择？

2.2 简述多路开关的工作原理。

2.3 试用CD4051设计一个32路模拟多路开关，要求画出电路图并说明其工作原理。

2.4 采样保持器有什么作用？在数据采样系统中，是不是所有的输入通道都需要加采样保持器？为什么？

2.5 过程通道分为哪几类？试简要叙述每类通道的作用。

2.6 I/O通道与I/O接口有哪些联系和区别？

2.7 模拟量输入通道由哪些部分组成？

2.8 什么是串模干扰和共模干扰？如何抑制？

2.9 常用的数字滤波方法有哪几种？它们各有什么优缺点？

2.10 算术平均值滤波、加权滤波及滑动平均值滤波三者的区别是什么？

3 计算机控制系统分析

计算机控制系统可以看作采样控制系统，也可以看作时间离散控制系统。和连续控制系统类似，任何离散控制系统也必须工作于稳定状态，而且要满足稳态性能指标和动态性能指标的要求，控制系统还应该具有一定的抑制干扰信号的能力。如何分析控制系统是否达到稳态，如何确认系统是否满足稳态性能指标和动态性能指标的要求，这属于控制系统性能分析方面的工作。本章首先讨论计算机控制系统的数学描述方法，以此为基础，从离散控制系统的脉冲传递函数入手，从时域特性和频域特性两个方面来说明分析离散系统的稳定性、稳态性能和动态响应特性的方法。

3.1 计算机控制系统的数学描述

与连续控制系统类似，研究离散控制系统也首先要研究离散控制系统的数学模型。在连续控制系统的数学描述中，经常使用的是微分方程、传递函数等。在离散控制系统中，通常使用差分方程、脉冲传递函数等来描述系统的数学模型。

3.1.1 差分方程

1) *差分方程的定义*

假设线性离散控制系统的输出信号为 $y(kT)$，输入信号为 $r(kT)$，其输出与输入之间的关系可以表示为：

$$\begin{aligned}&y(kT)+a_1y(kT-T)+a_2y(kT-2T)+\cdots+a_{n-1}y(kT-nT-T)+a_ny(kT-nT)\\&=b_0r(kT)+b_1r(kT-T)+b_2r(kT-2T)+\cdots+b_{m-1}r(kT-mT-T)+b_mr(kT-mT)\end{aligned} \tag{3.1}$$

为了方便，经常把信号 $f(kT)$ 记为 $f(k)$，于是式(3.1)可以写为：

$$\begin{aligned}&y(k)+a_1y(k-1)+a_2y(k-2)+\cdots+a_{n-1}y(k-n-T)+a_ny(k-n)\\&=b_0r(k)+b_1r(k-1)+b_2r(k-2)+\cdots+b_{m-1}r(k-m-1)+b_mr(k-m)\end{aligned} \tag{3.2}$$

式(3.2)就是描述离散控制系统的差分方程，其中，n 为差分方程的阶次；m 是输入信号的阶次(一般 $m\leqslant n$)；a_i 和 b_i 是常数。

2) *差分方程的解法*

差分方程的解法有迭代法、变换法等。

(1) 迭代法

根据式(3.2)，一个单输入单输出的线性离散控制系统的差分方程式可以表示为：

$$y(k)=\sum_{i=0}^{m}b_ir(k-i)-\sum_{i=1}^{n}a_iy(k-i) \tag{3.3}$$

根据式(3.3)可知，如果已知差分方程和输入序列及给定输出序列的初始值，就可以利用迭代法逐步计算出所需要的输出序列。

【例 3.1】 已知差分方程

$$y(k)+2y(k-1)=r(k)+r(k-1)$$

且给定起始值 $y(0)=1, r(k)=k(k\geqslant 0)$，试用迭代法求解差分方程。

解 把 $k=1$ 带入差分方程，得到 $y(1)=-1$；

把 $k=2$ 带入差分方程，得到 $y(2)=5$；

把 $k=3$ 带入差分方程，得到 $y(2)=-5$；

⋮

依次类推，迭代下去就可以得到 k 为任意值的 $y(k)$。

(2) 变换法

在连续控制系统中，我们知道通过引入拉氏变换使得系统的求解非常方便，将难以求解的微分方程转换为容易求解的代数方程。在离散控制系统中，同样，可以引入 Z 变换使得求解差分方程十分容易，这将在下一节 Z 变换中进行说明。

3.1.2 Z 变换

在连续控制系统中，拉氏变换可以将控制系统的微分方程描述转化为代数方程描述，建立了以传递函数为基础的分析连续控制系统的方法，使得求解控制系统的输出响应变得简单化。在离散控制系统中，能否找到类似的方法比较容易地求得控制系统的响应呢？从上一节我们可以看到，差分方程可以用来描述线性离散系统，然后通过 Z 变换，可以将差分方程转化为代数方程，建立以脉冲传递函数为基础的离散控制系统分析方法，方便地分析离散系统的稳定性，稳态特性和动态特性。

1) Z 变换的定义

在线性连续控制系统中，连续时间函数 $y(t)$ 的拉氏变换为 $Y(s)$。同样在线性离散系统中，也可以对采样信号 $y^*(t)$ 作拉氏变换。

设采样后的离散信号为：

$$y^*(t)=\sum_{k=0}^{\infty} y(kT)\delta(t-kT) \tag{3.4}$$

对式(3.4)进行拉氏变换得：

$$Y^*(s)=L[y^*(t)]=\sum_{k=0}^{\infty} y(kT)e^{-kTs} \tag{3.5}$$

从式(3.5)可以看出，$y^*(s)$ 是 s 的超越函数，求解非常困难，因此引入一个新的复数变量“z”，$z=e^{Ts}\left(\text{或 } s=\frac{1}{T}\ln z\right)$，带入式(3.5)得到：

$$Y(z)=Y^*(s)\big|_{s=\frac{1}{T}\ln z}=\sum_{k=0}^{\infty} y(kT)z^{-k} \tag{3.6}$$

式(3.6)定义为离散信号 $y^*(t)$ 或者采样序列 $y(kT)$ 的 z 变换，通常表示为：

$$Y(z)=Z[y^*(t)]=\sum_{k=0}^{\infty} y(kT)z^{-k}=y(0)+y(T)z^{-1}+y(2T)z^{-2}+y(3T)z^{-3}+\cdots \tag{3.7}$$

从式(3.7)可以看出,$Y(z)$是z的无穷幂级数之和,其中$y(kT)$表示信号在kT时刻的采样值,z^{-k}表示相对于时间的起点,时间序列延迟了k个采样周期出现。因此,$Y(z)$既包含了信号的幅值信息,也包含了信号的时间信息,所以如果已知时间序列$y(kT)$,便可以求得$Y(z)$。

2) 常用的Z变换方法

(1) 级数求和法

利用Z变换的定义式(3.7),计算级数和,利用高等数学级数的知识可以将其写成闭合形式。

【例3.2】 试求单位阶跃时间序列$y(kT)=u(kT)$的Z变换。

解 因为$y(kT)=u(kT)$,所以在各个采样时刻的采样值为$y(0)=1$,$y(T)=1$,$y(2T)=1$,$y(3T)=1$,…,所以

$$Y(z)=1+z^{-1}+z^{-2}+z^{-3}+\cdots=\frac{1}{1-z^{-1}}=\frac{z}{z-1}$$

【例3.3】 试求指数序列$y(kT)=a^k$的Z变换。

解 因为$y(kT)=a^k$,所以在各个采样时刻的采样值为$y(0)=1$,$y(T)=a$,$y(2T)=a^2$,$y(3T)=a^3$,…,所以,

$$Y(z)=1+az^{-1}+a^2z^{-2}+a^3z^{-3}+\cdots=\frac{1}{1-az^{-1}}=\frac{z}{z-a}$$

(2) $Y(s)$的Z变换

求拉式变换$Y(s)$的Z变换通常是通过拉式反变换求得$y(t)$,然后对其进行采样,再根据Z变换的定义式进行求解,这样求Z变换非常麻烦,为此,通常采用两种方法进行Z变换,一种是部分分式法,一种是留数法。

① 部分分式法

如果时间连续函数$y(t)$的拉氏变换$Y(s)$为有理函数式且可以分解成几个简单的因式,每个简单的因式的Z变换是已知的,因而可以方便地求得$Y(z)$。

$Y(s)$的一般式为:

$$Y(s)=\frac{B(s)}{A(s)}=\frac{b_0s^m+b_1s^{m-1}+\cdots+b_{m-1}s+b_m}{s^n+a_1s^{n-1}+\cdots+a_{n-1}s+a_n} \tag{3.8}$$

当$A(s)=0$无重根时,则$Y(s)$可以写为n个分式之和,即

$$Y(s)=\frac{C_1}{s-s_1}+\frac{C_2}{s-s_2}+\cdots\frac{C_i}{s-s_i}+\cdots\frac{C_n}{s-s_n} \tag{3.9}$$

系数C_i可以按照下式求得,即

$$C_i=(s-s_i)Y(s)\big|_{s=s_i} \tag{3.10}$$

当$A(s)=0$有重根时,设s_1为r阶重根,s_{r+1},s_{r+2},…,s_n为单根,则$Y(s)$可以写成如下分式之和,即

$$Y(s)=\frac{C_r}{(s-s_1)^r}+\frac{C_{r-1}}{(s-s_1)^{r-1}}+\cdots\frac{C_1}{s-s_1}+\frac{C_{r+1}}{s-s_{r+1}}+\cdots+\frac{C_n}{s-s_n} \tag{3.11}$$

式中,C_{r+1},C_{r+2},…,C_n为单根部分分式的待定系数,可以按照式(3.10)计算,而重根项待定系数C_1,C_2,…,C_r的计算公式如下:

$$\begin{aligned}
&C_r=(s-s_1)^r Y(s)\big|_{s=s_1}\\
&C_{r-1}=\frac{\mathrm{d}}{\mathrm{d}s}[(s-s_1)^r Y(s)]\big|_{s=s_1}\\
&\vdots\\
&C_{r-j}=\frac{1}{j\,!}\frac{\mathrm{d}^j}{\mathrm{d}s^j}[(s-s_1)^r Y(s)]\big|_{s=s_1}\\
&\vdots\\
&C_1=\frac{1}{(r-1)\,!}\frac{\mathrm{d}^{r-1}}{\mathrm{d}s^{r-1}}[(s-s_1)^r Y(s)]\big|_{s=s_1}
\end{aligned}\tag{3.12}$$

【例 3.4】 试求 $Y(s)=\dfrac{1}{(s+1)(s+2)}$ 的 Z 变换。

解 将 $Y(s)$ 进行部分分式展开：

$$C_1=(s+1)\frac{1}{(s+1)(s+2)}\bigg|_{s=-1}=1\quad C_1=(s+2)\frac{1}{(s+1)(s+2)}\bigg|_{s=-2}=-1$$

所以 $Y(s)$ 可以展开为 $Y(s)=\dfrac{1}{(s+1)(s+2)}=\dfrac{1}{s+1}-\dfrac{1}{s+2}$

由于 $y_1(t)=L^{-1}\left[\dfrac{1}{s+1}\right]=\mathrm{e}^{-t}\quad y_2(t)=L^{-1}\left[\dfrac{1}{s+2}\right]=\mathrm{e}^{-2t}$

而且 $Y_1(z)=Z[\mathrm{e}^{-t}]=\dfrac{z}{z-\mathrm{e}^{-T}}\quad Y_2(z)=Z[\mathrm{e}^{-2t}]=\dfrac{z}{z-\mathrm{e}^{-2T}}$

所以 $Y(z)=Y_1(z)-Y_2(z)=\dfrac{z}{z-\mathrm{e}^{-T}}-\dfrac{z}{z-\mathrm{e}^{-2T}}=\dfrac{z(\mathrm{e}^{-T}-\mathrm{e}^{-2T})}{(z-\mathrm{e}^{-T})(z-\mathrm{e}^{-2T})}$

② 留数法

如果时间连续函数 $y(t)$ 的拉氏变换 $Y(s)$ 已知，$Y(s)$ 具有 N 个不同的极点，有 l 重极点（$l=1$，为单极点），则

$$Y(z)=\sum_{i=1}^{N}\left[\frac{1}{(l-1)\,!}\right]\frac{\mathrm{d}^{l-1}}{\mathrm{d}s^{l-1}}\left[(s+s_i)^l Y(s)\,\frac{z}{z-\mathrm{e}^{sT}}\right]\bigg|_{s=s_i}$$

【例 3.5】 试求 $Y(s)=\dfrac{1}{(s+1)(s+2)}$ 的 Z 变换。

解 $N=2,l=1,s_1=-1,s_2=-2$

$$Y(z)=\frac{(s+1)}{(s+1)(s+2)}\frac{z}{z-\mathrm{e}^{sT}}\bigg|_{s=-1}+\frac{(s+2)}{(s+1)(s+2)}\frac{z}{z-\mathrm{e}^{sT}}\bigg|_{s=-2}$$

$$=\frac{z}{z-\mathrm{e}^{-T}}-\frac{z}{z-\mathrm{e}^{-2T}}=\frac{z(\mathrm{e}^{-T}-\mathrm{e}^{-2T})}{(z-\mathrm{e}^{-T})(z-\mathrm{e}^{-2T})}$$

得到的结果和**【例 3.3】**相同。

【例 3.6】 试求 $Y(s)=\dfrac{1}{s^2}$ 的 Z 变换。

解 $N=1,l=2,s_1=0$

$$Y(z)=\frac{1}{(2-1)\,!}\frac{\mathrm{d}}{\mathrm{d}s}\left[s^2\,\frac{1}{s^2}\frac{z}{z-\mathrm{e}^{sT}}\right]\bigg|_{s=0}=\frac{Tz}{(z-1)^2}$$

【例 3.7】 试求 $Y(s)=\dfrac{1}{s^2(s+1)}$ 的 Z 变换。

解 $N=2,l_1=2,l_2=1,s_1=0,s_2=-1$

$$Y(z)=\frac{1}{(2-1)!}\frac{\mathrm{d}}{\mathrm{d}s}\left[s^2\frac{1}{s^2(s+1)}\frac{z}{z-\mathrm{e}^{sT}}\right]\Bigg|_{s=0}+\left[(s+1)\frac{1}{s^2(s+1)}\frac{z}{z-\mathrm{e}^{sT}}\right]\Bigg|_{s=-1}$$

$$=\frac{z(T+1-z)}{(z-1)^2}+\frac{z}{z-\mathrm{e}^{-T}}=\frac{z[(\mathrm{e}^{-T}+T-1)z+1-(T+1)\mathrm{e}^{-T}]}{(z-1)^2(z-\mathrm{e}^{-T})}$$

3) Z 变换性质和定理

类似于连续控制系统中的拉式变换，离散控制系统中的 Z 变换也有相应的性质和定理，可以利用这些性质和定理方便地求出某些函数的 Z 变换或者根据 Z 变换求出原函数。下面介绍几种常用的性质和定理。

(1) 线性性质

设 $Z[y_1(kT)]=Y_1(z)$，$Z[y_2(kT)]=Y_2(z)$，a_1 和 a_2 是常数，则有

$$Z[a_1y_1(kT)\pm a_2y_2(kT)]=a_1Y_1(z)\pm a_2Y_2(z) \tag{3.13}$$

【例 3.8】 设序列 $y(kT)=\begin{cases}1, k\text{ 为偶数},\\0, k\text{ 为奇数},\end{cases}$ 求其 Z 变换 $Y(Z)$。

解 序列 $y(kT)$ 可以看作单位阶跃序列 $u(kT)$ 和交错序列之和，即

$$y(kT)=\frac{1}{2}u(kT)+\frac{1}{2}(-1)^k$$

根据 Z 变换的线性性质可以得到：

$$Y(z)=Z[y(kT)]=Z\left[\frac{1}{2}u(kT)+\frac{1}{2}(-1)^k\right]=\frac{z}{2(z-1)}+\frac{z}{2(z+1)}=\frac{z^2}{z^2-1}$$

(2) 滞后定理

设 $Z[y(kT)]=Y(z)$，则有：

$$Z[y(kT-nT)]=z^{-n}Y(z) \tag{3.14}$$

z^{-n} 表示滞后环节，即把输出信号滞后 n 个采样周期。

【例 3.9】 已知 $y(kT)=u(kT-T)$，求它的 Z 变换。

解 由于单位阶跃序列 $u(kT)$ 的 Z 变换为：

$$Z[u(kT)]=\frac{z}{z-1}$$

根据滞后定理，可以得到：

$$Y(z)=Z[u(kT-T)]=z^{-1}\frac{z}{z-1}=\frac{1}{z-1}$$

(3) 超前定理

设 $Z[y(kT)]=Y(z)$，则有：

$$Z[y(kT+nT)]=z^nY(z)-\sum_{j=0}^{n-1}z^{n-j}y(jT) \tag{3.15}$$

z^n 表示超前环节，即把输出信号超前 n 个采样周期。

【例 3.10】 已知 $y(kT)=u(kT+T)$，其初始值 $y(0)=1$，求它的 Z 变换。

解 由于单位阶跃序列 $u(kT)$ 的 Z 变换为：

$$Z[u(kT)]=\frac{z}{z-1}$$

根据超前定理，可以得到：

$$Y(z)=Z[u(kT+T)]=z\frac{z}{z-1}-zy(0)=z\frac{z}{z-1}-z=\frac{z}{z-1}$$

(4) 初值定理

设 $Z[y(kT)]=Y(z)$，并存在极限 $\lim\limits_{z\to\infty}Y(z)$，则

$$y(0)=\lim_{k\to 0}y(kT)=\lim_{z\to\infty}Y(z) \tag{3.16}$$

【例 3.11】 求单位速度序列 $y(kT)=kT$ 的初值 $y(0)$。

解 因为
$$Z[y(kT)]=\frac{Tz}{(z-1)^2}$$

根据初值定理，可以得到：

$$y(0)=\lim_{z\to\infty}Y(z)=\lim_{z\to\infty}\frac{Tz}{(z-1)^2}=0$$

(5) 终值定理

设 $Z[y(kT)]=Y(z)$，则

$$y(\infty)=\lim_{k\to\infty}y(kT)=\lim_{z\to 1}(z-1)Y(z)$$

【例 3.12】 求单位阶跃序列 $u(kT)$ 的终值 $u(\infty)$。

解 因为
$$Z[u(kT)]=\frac{z}{z-1}$$

根据终值定理，可以得到：

$$y(\infty)=\lim_{z\to 1}(z-1)\frac{z}{z-1}=1$$

【例 3.13】 已知 $Y(z)=\dfrac{(1-e^{-T})z^{-1}}{(1-z^{-1})(1-e^{-T}z^{-1})}$，试确定 $y(0)$ 和 $y(\infty)$。

解 根据初值定理，可以得到：

$$y(0)=\lim_{z\to\infty}Y(z)=\lim_{z\to\infty}\frac{(1-e^{-T})z^{-1}}{(1-z^{-1})(1-e^{-T}z^{-1})}=0$$

根据终值定理，可以得到：

$$y(\infty)=\lim_{z\to 1}(z-1)\frac{(1-e^{-T})z^{-1}}{(1-z^{-1})(1-e^{-T}z^{-1})}=1$$

(6) 复数位移定理

设 $Z[y(kT)]=Y(z)$，则

$$Z[e^{\pm akT}y(kT)]=Y(e^{\mp aT}z)$$

【例 3.14】 已知 $y(kT)=e^{-bkT}\sin\omega kT$，求它的 Z 变换。

解 因为
$$Z[\sin\omega kT]=\frac{z\sin\omega T}{z^2-(2\cos\omega T)z+1}$$

根据复数位移定理有：

$$Y(z)=Z[e^{-bkT}\sin\omega kT]=\frac{ze^{-bT}\sin\omega T}{z^2-2e^{-bT}z\cos\omega T+e^{-2bT}}$$

3.1.3 Z 反变换

在离散控制系统中，通过一系列的 Z 变换求得控制系统的脉冲传递函数，然后进行分析和计算，但是往往在 z 域中进行计算后得到的结果，需要变换为时域中可以确定的结果，

这就是 Z 反变换，即把 Z 域函数 $Y(z)$ 转换为相应时域离散函数序列 $y(kT)$ 的过程，记作

$$y(kT)=Z^{-1}[Y(z)]$$

常用的 Z 反变换有部分分式法、长除法和留数法。

1）部分分式法

若 $Y(z)$ 比较复杂，首先进行部分分式展开成比较简单的分式之和，而且简单的分式可以很容易通过查表获得。

当 $Y(z)$ 的所有极点是一阶单极点时，则展开式如下：

$$\frac{Y(z)}{z}=\frac{A_1}{z-z_1}+\frac{A_2}{z-z_2}+\cdots+\frac{A_n}{z-z_n} \tag{3.17}$$

式中，$z_i(i=1,2,\cdots,n)$ 是 $Y(z)$ 的极点，系数 A_i 可以由下式求得：

$$A_i=(z-z_i)\frac{Y(z)}{z}\bigg|_{z=z_i}$$

式(3.17)可以变换为：

$$Y(z)=\frac{A_1 z}{z-z_1}+\frac{A_2 z}{z-z_2}+\cdots+\frac{A_n z}{z-z_n} \tag{3.18}$$

式(3.18)中每个分式都是较为简单的而且容易求得其 Z 反变换，因此可以得到 $y(kT)$

$$y(kT)=Z^{-1}[Y(z)]=A_1 z_1^k+A_2 z_2^k+\cdots+A_n z_n^k=\sum_{i=1}^{n}A_i z_i^k$$

进而可以得到：

$$y^*(t)=\sum_{k=0}^{\infty}\sum_{i=1}^{n}A_i z_i^k\delta(t-kT)$$

当 $Y(z)$ 有重根时，部分分式形式及系数的计算见式(3.11)和式(3.12)。

【例 3.15】 已知 $Y(z)=\dfrac{z}{z^2-3z+2}$，求其 Z 反变换。

解

$$\frac{Y(z)}{z}=\frac{1}{z^2-3z+2}=\frac{A_1}{z-2}+\frac{A_2}{z-1}$$

$$A_1=(z-2)\frac{1}{z^2-3z+2}\bigg|_{z=2}=1,\quad A_2=(z-1)\frac{1}{z^2-3z+2}\bigg|_{z=1}=-1$$

$$Y(z)=\frac{z}{z-2}-\frac{z}{z-1}$$

$$y(kT)=Z^{-1}[Y(z)]=2^k-1$$

2）幂级数法

根据 Z 变换的定义，如果 Z 变换式用幂级数表示，则 z^{-k} 前的加权系数即为采样时刻的值。基于此，可以通过长除法将函数的 Z 变换表达式展开成按 z^{-1} 升幂排列的幂级数，然后与 Z 变换定义式对照求出原函数的脉冲序列。

$Y(z)$ 的一般形式可以表示为：

$$Y(z)=\frac{b_0 z^m+b_1 z^{m-1}+\cdots b_m}{a_0 z^n+a_1 z^{n-1}+\cdots a_n}$$

用长除法，可以得到：

$$Y(z)=y_0+y_1 z^{-1}+y_2 z^{-2}+\cdots y_k z^{-k}+\cdots$$

根据 Z 变换的定义可以得到：

$$y(0)=y_0, y(T)=y_1, y(2T)=y_2, y(3T)=y_3, \cdots y(kT)=y_k, \cdots$$

进而可以得到：

$$y^*(t)=\sum_{k=0}^{\infty} y_k\delta(t-kT)$$

【例 3.16】 已知 $Y(z)=\dfrac{z}{z^2-3z+2}$，求其 Z 反变换。

解 用长除法

$$\begin{array}{r|l} & z^{-1}+3z^{-2}+7z^{-3}+\cdots \\ \hline z^2-3z+2 & z \\ & z-3+2z^{-1} \\ \hline & 3-2z^{-1} \\ & 3-9z^{-1}+6z^{-2} \\ \hline & 7z^{-1}-6z^{-2} \\ & 7z^{-1}-21z^{-2}+14z^{-3} \\ \hline & \vdots \end{array}$$

可以得到：$$Y(z)=z^{-1}+3z^{-2}+7z^{-3}+15z^{-4}+\cdots$$

则 $$y(0)=0, y(T)=1, y(2T)=3, y(3T)=7, y(4T)=15, \cdots$$

与**【例 3.15】**比较结果一致。

3）留数法

在离散控制系统中，Z 反变换与 Z 变换是互逆的过程，Z 变换中可以用留数法进行求解，同样，在 Z 反变换中，也可以通过留数法进行求解。其求解公式如下式：

$$y(kT)=Z^{-1}[Y(z)]=\sum_{i=1}^{n}\mathrm{Res}[Y(s)z^{k-1}]\big|_{z=p_i} \tag{3.19}$$

式中：n——极点数；

p_i——第 i 个极点。

因为 $$\mathrm{Res}Y(z)z^{k-1}\big|_{z\to p_i}=\lim_{z\to p_i}[(z-p_i)Y(z)z^{k-1}]$$

所以 $$y(kT)=\sum_{i=1}^{n}\lim_{z\to p_i}[(z-p_i)Y(z)z^{k-1}] \tag{3.20}$$

当 $Y(z)$ 具有重极点 p_j 时，设重极点阶数为 l，则

$$y(kT)=\sum_{i=1}^{n}\lim_{z\to p_i}[(z-p_i)Y(z)z^{k-1}]+\lim_{z\to p_j}\frac{1}{(l-1)!}\frac{d^{l-1}}{dz^{l-1}}[(z-p_j)^lY(z)z^{k-1}] \tag{3.21}$$

【例 3.17】 已知 $Y(z)=\dfrac{z}{z^2-3z+2}$，求其 Z 反变换。

解 用留数法， $n=2, p_1=1, p_1=2$

根据公式(3.20)可以得到：

$$\begin{aligned} y(kT)&=(z-1)\frac{z}{z^2-3z+2}z^{k-1}\Big|_{z=1}+(z-2)\frac{z}{z^2-3z+2}z^{k-1}\Big|_{z=2} \\ &=-1+2\times2^{k-1} \\ &=2^k-1 \end{aligned}$$

与**【例 3.16】**比较结果一致。

【例 3.18】 求 $Y(z)=\dfrac{z}{(z-1)(z-2)^2}$ 的 Z 反变换。

解

$$n=3,p_1=1,p_2=2,l=2$$

$$Y(kT)=\frac{z^k(z-1)}{(z-1)(z-2)^2}\Bigg|_{z=1}+\lim_{z\to 2}\frac{\mathrm{d}}{\mathrm{d}z}\frac{z^k(z-2)^2}{(z-1)(z-2)^2}$$

$$=\frac{1}{(1-2)^2}+\lim_{z\to 2}\left[\frac{kz^{k-1}}{z-1}-\frac{z^k}{(z-1)^2}\right]$$

$$=1+k\times 2^{k-1}-2^k$$

$$=1+(k-2)\times 2^{k-1}$$

3.1.4　脉冲传递函数

通过前几节的介绍可知，连续控制系统和离散控制系统之间存在密切的联系，在连续控制系统中，描述控制系统主要的数学模型是传递函数，也是以此为研究控制系统的基础；同样，在离散控制系统中描述控制系统的主要的数学模型是脉冲传递函数，这也是研究离散控制系统稳态性能和动态性能的基础。

类似于传递函数的定义，在离散控制系统中，脉冲传递函数定义为：

在零初始条件下，一个环节或系统的输出信号的 Z 变换 $Y(z)$ 与输入信号的 Z 变换 $R(z)$ 之比称为该环节或系统的脉冲传递函数 $G(z)$，即

$$G(z)=\frac{Z[y(kT)]}{Z[r(kT)]}=\frac{Y(z)}{R(z)}$$

脉冲传递函数 $G(z)$ 描述了离散控制系统的中环节或者系统的输出信号和输入信号之间的关系，它反映了环节或者系统的物理特性。

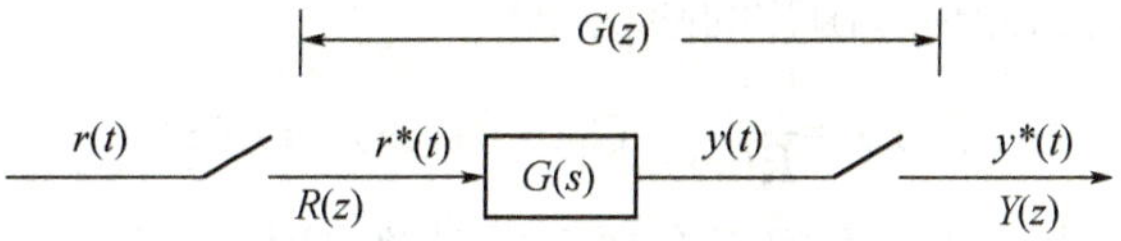

图 3.1　脉冲传递函数

1）脉冲传递函数与差分方程

脉冲传递函数与差分方程都是描述离散控制系统的方法，那么这两种方法之间如何转换呢或者存在什么关系呢？

已知差分方程为：

$$y(k)+a_1y(k-1)+a_2y(k-2)+\cdots+a_ny(k-n)=b_0r(k)+b_1r(k-1)+\cdots+b_mr(k-m) \tag{3.22}$$

设初始条件为零。对式(3.22)两端进行 Z 变换，可以得到：

$$Y(z)+a_1z^{-1}Y(z)+a_2z^{-2}Y(z)+\cdots+a_nz^{-n}Y(z)=b_0R(z)+b_1z^{-1}R(k)+\cdots+b_mz^{-m}R(z)$$

即：　$(1+a_1z^{-1}+a_2z^{-2}+\cdots+a_nz^{-n})Y(z)=(b_0+b_1z^{-1}+\cdots+b_mz^{-m})R(z)$

所以脉冲传递函数为：

$$G(z)=\frac{Y(z)}{R(z)}=\frac{b_0+b_1z^{-1}+\cdots+b_mz^{-m}}{1+a_1z^{-1}+a_2z^{-2}+\cdots+a_nz^{-n}}$$

2）串联环节的脉冲传递函数

当两个环节串联时，如图 3.2 所示。

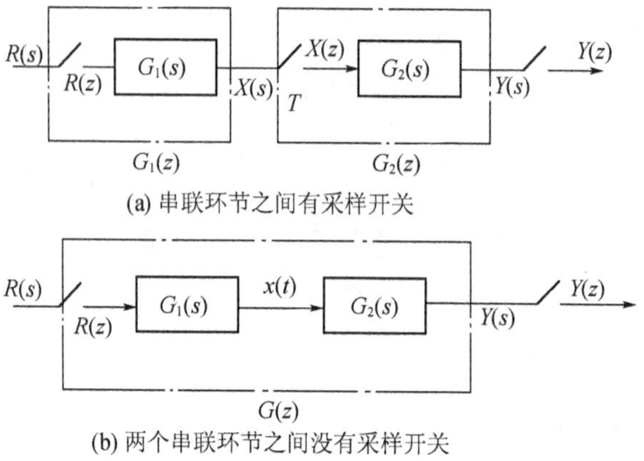

图 3.2 串联环节

图 3.2(a)中，两个串联环节之间存在采样开关，根据脉冲传递函数的定义得

$$X(z)=G_1(z)R(z)$$

所以两个环节串联后的输出为：

$$Y(z)=G_2(z)X(z)=G_2(z)G_1(z)R(z)$$

两个环节串联后的脉冲传递函数为：

$$G(z)=\frac{Y(s)}{R(s)}=G_1(z)G_2(z) \tag{3.23}$$

从式(3.23)中可以看出，当两个串联环节之间存在采样开关时，其等效的脉冲传递函数就等于这两个环节各自脉冲传递函数的乘积。类似地，如果有 n 个环节相串联，其脉冲传递函数为 n 个环节格子的脉冲传递函数的乘积，即

$$G(z)=\frac{Y(s)}{R(s)}=G_1(z)G_2(z)\cdots G_n(z)$$

图 3.2(b)中，两个串联环节之间不存在采样开关，这样在输入与输出两个采样开关之间的连续函数为 $G(s)=G_1(s)G_2(s)$，其脉冲传递函数为：

$$G(z)=Z[G(s)]=Z[G_1(s)G_2(s)]=G_1G_2(z) \tag{3.24}$$

很多情况下 $G_1(z)G_2(z)\neq G_1G_2(z)$

【例 3.19】 求图 3.3 所示两种串联连接系统的脉冲传递函数。

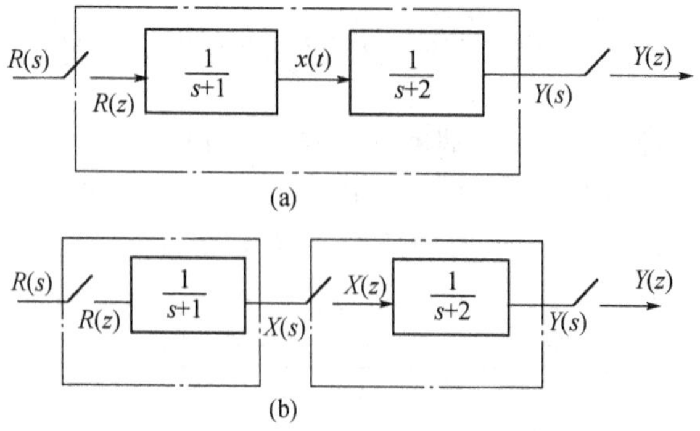

图 3.3 串联环节

解 对于图 3.3(a)，根据式(3.23)可得：

$$G(z)=G_1(z)G_2(z)=Z\left[\frac{1}{s+1}\right]Z\left[\frac{1}{s+2}\right]=\left(\frac{z}{z-e^{-T}}\right)\left(\frac{z}{z-e^{-2T}}\right)=\frac{z^2}{(z-e^{-T})(z-e^{-2T})}$$

对于图 3.3(b)，根据式(3.24)可得：

$$G(z)=G_1G_2(z)=Z\left[\frac{1}{s+1}\frac{1}{s+2}\right]=Z\left[\frac{1}{s+1}-\frac{1}{s+2}\right]=\frac{z}{z-e^{-T}}-\frac{z}{z-e^{-2T}}=\frac{z(e^{-T}-e^{-2T})}{(z-e^{-T})(z-e^{-2T})}$$

从上面的结果明显看到，两者的结果不相同。

3）并联环节的脉冲传递函数

两个环节并联如图 3.4 所示。

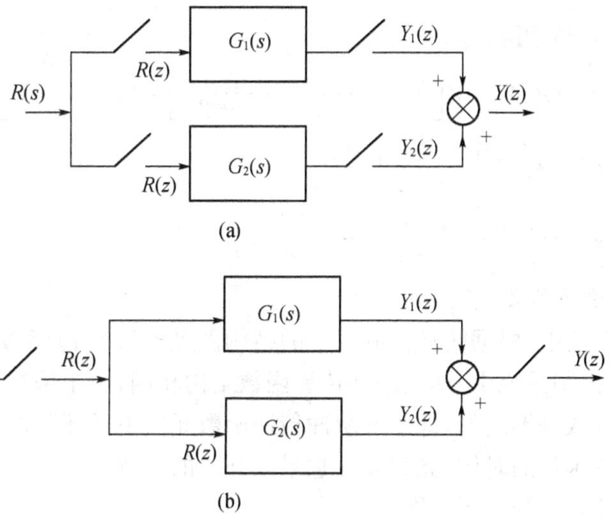

图 3.4 并联环节的脉冲传递函数

在图 3.4 中的两种并联结构图中，并联环节的脉冲传递函数为：

$$G(z)=\frac{Y(z)}{R(z)}=G_1(z)+G_2(z)=Z[G_1(s)]+Z[G_2(s)]$$

4）带有零阶保持器的脉冲传递函数

典型的计算机控制系统中，计算机输出的控制指令经过零阶保持器加到系统的被控对象上，零阶保持器和被控对象共同求 Z 变换构成广义对象的脉冲传递函数。具有零阶保持器的开环离散系统如图 3.5 所示。

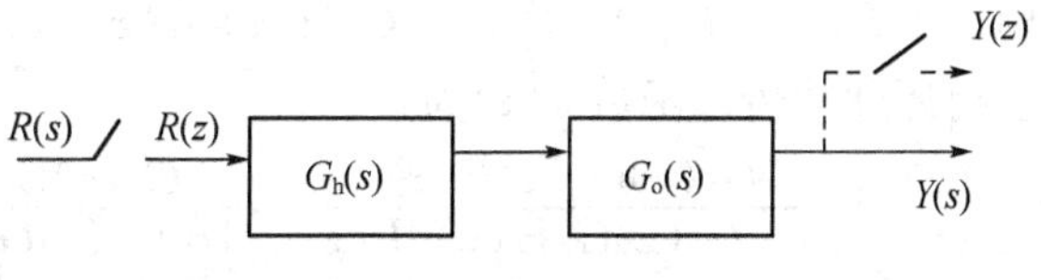

图 3.5 带有零阶保持器的脉冲传递函数

图 3.5 中 $G_h(s)$ 为零阶保持器，$G_0(s)$ 为被控对象，且 $G_h(s)=\dfrac{1-e^{-Ts}}{s}$，其脉冲传递函数为：

$$G(z)=Z[G_h(s)G(s)]=Z\left[\frac{1-e^{-Ts}}{s}G_0(s)\right]=Z\left[\frac{1}{s}G_0(s)-\frac{e^{-Ts}}{s}G_0(s)\right]$$

$$=Z\left[\frac{1}{s}G_0(s)\right]-z^{-1}Z\left[\frac{1}{s}G_0(s)\right]=(1-z^{-1})Z\left[\frac{1}{s}G_0(s)\right] \quad (3.25)$$

【例 3.20】 求图 3.6 所示的脉冲传递函数。

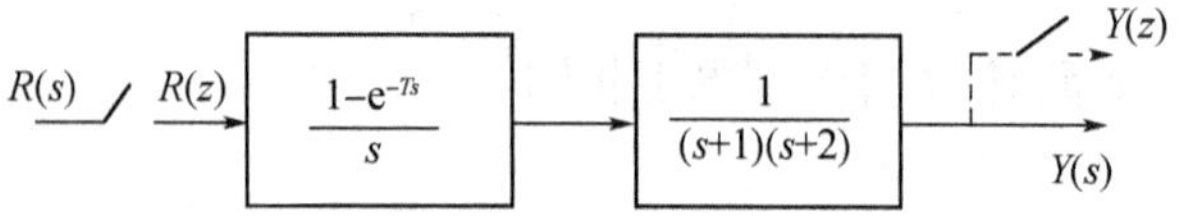

图 3.6　带零阶保持器的系统图

解　根据式(3.25)可得：

$$G(z)=Z[G_h(s)G(s)]=Z\left[\frac{1-e^{-Ts}}{s}\frac{1}{(s+1)(s+2)}\right]=(1-z^{-1})Z\left[\frac{1}{s(s+1)(s+2)}\right]$$

$$=(1-z^{-1})Z\left[\frac{0.5}{s}-\frac{1}{s+1}+\frac{0.5}{s+2}\right]$$

$$=(1-z^{-1})\left(\frac{0.5z}{z-1}-\frac{z}{z-e^{-T}}+\frac{0.5z}{z-e^{-2T}}\right)$$

5）闭环脉冲传递函数

在连续控制系统中，根据闭环控制系统的结构图及开环传递函数可以确定出闭环传递函数，但是在离散控制系统中，即使闭环传递函数结构相同，由于采样开关位置的不同，得到的闭环脉冲传递函数是不同的，即闭环脉冲传递函数无法由开环脉冲传递函数确定。因此，在求闭环脉冲传递函数的时候，尤其要注意采样开关的位置。

典型的离散控制系统框图如图 3.7 所示。

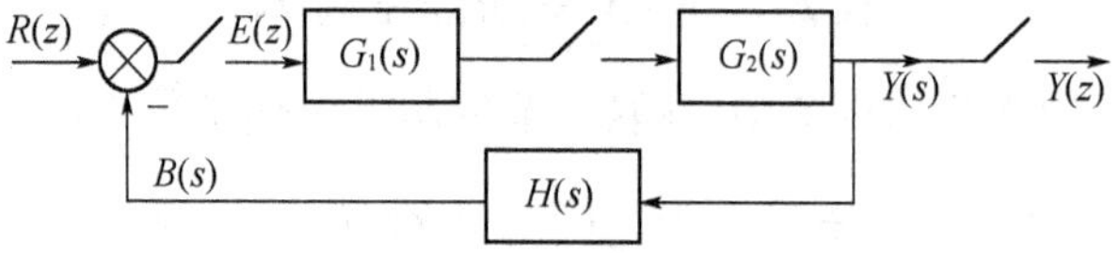

图 3.7　离散闭环控制系统框图

由图 3.7 可知：

$$E(z)=R(z)-B(z)$$

$$B(z)=Z[H(s)Y(s)]=Z[H(s)G_2(s)G_1(z)E(z)]=G_2H(z)G_1(z)E(z)$$

所以

$$E(z)=R(z)-B(z)=R(z)-G_2H(z)G_1(z)E(z)$$

可以得到离散系统闭环脉冲传递函数 $\varphi(z)$ 为：

$$\varphi(z)=\frac{Y(z)}{R(z)}=\frac{G_1(z)G_2(z)E(z)}{[1+G_1(z)G_2H(z)]E(z)}=\frac{G_1(z)G_2(z)}{1+G_1(z)G_2H(z)} \quad (3.26)$$

离散控制系统的闭环脉冲传递函数的求法和连续控制系统的闭环传递函数的求法类似，要注意的问题是，求系统中的前向通道和反馈通道的脉冲传递函数的时候，要使用独立环节的脉冲传递函数。所谓独立环节，是指在两个采样开关之间的环节。尤其要注意的问题是，输入信号 $R(s)$ 也作为一个连续环节看待，只有 $R(z)$ 存在，可以写出系统的脉冲传递函数，否则无法得到其脉冲传递函数。

总结规律，可以发现离散控制系统的闭环脉冲传递函数为：

$$\varphi(z)=\frac{Y(z)}{R(z)}=\frac{A(z)}{1+B(z)}$$

其中，$A(z)$为前向通道上，从输入信号开始，依次写出各个传递函数相应的代号字母（不带s），当遇到采样开关时，填上$\varphi(z)$；$B(s)$为从离反馈点最近的采样开关之后，依次将各个传递函数相应的代号字母写出，遇到采样开关时，填上$\varphi(z)$，循环一周即可。

表3.1列出了一些常用的采样系统结构图及输出表达式，同学们可以根据一般采样控制系统的脉冲传递函数的求法进行推导求解。

表 3.1 常用离散控制系统的结构图及输出表达式

序号	结构图	$Y(z)$
1	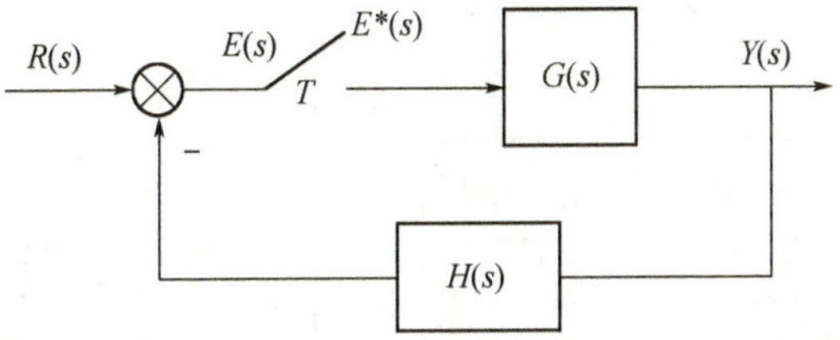	$Y(z)=\frac{G(z)R(z)}{1+GH(z)}$
2	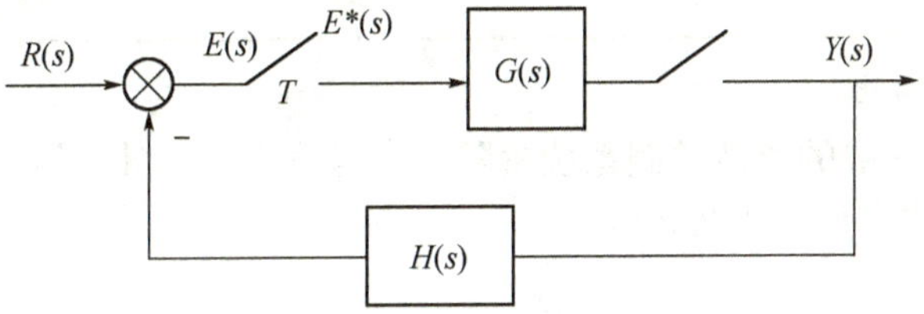	$Y(z)=\frac{G(z)R(z)}{1+G(z)H(z)}$
3	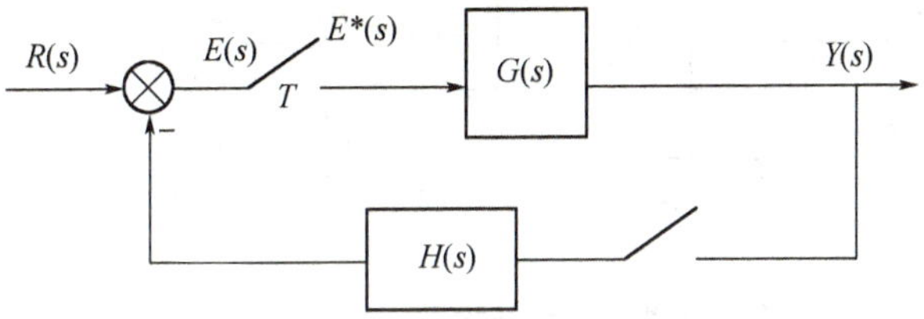	$Y(z)=\frac{G(z)R(z)}{1+G(z)H(z)}$
4	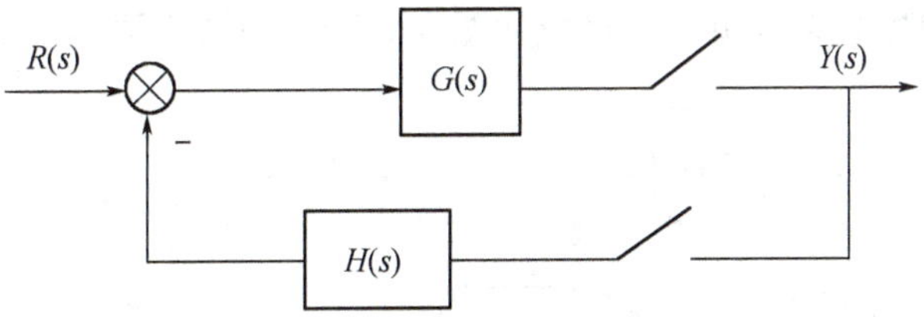	$Y(z)=\frac{G(z)R(z)}{1+HG(z)}$
5	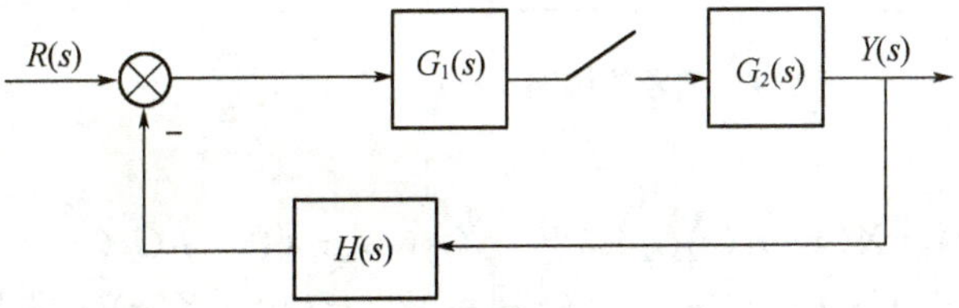	$Y(z)=\frac{G_2(z)G_1R(z)}{1+G_1G_2H(z)}$

续表 3.1

序号	结构图	Y(z)
6	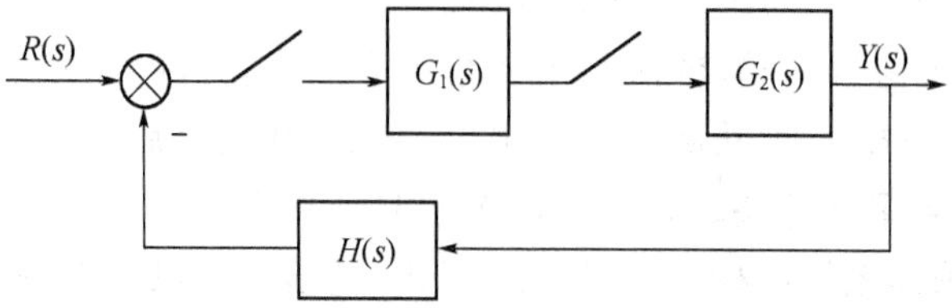	$Y(z)=\dfrac{G_1(z)G_2(z)R(z)}{1+G_1(z)G_2H(z)}$
7	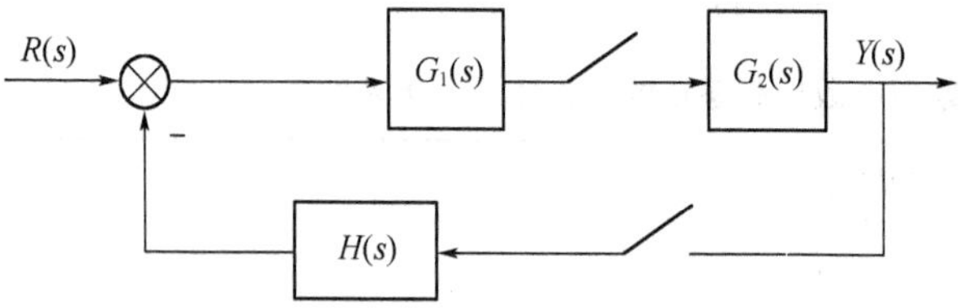	$Y(z)=\dfrac{G_2(z)G_1R(z)}{1+G_2(z)G_1H(z)}$
8	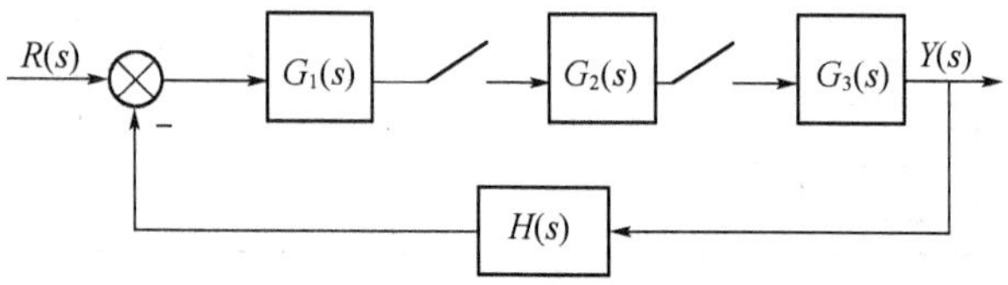	$Y(z)=\dfrac{G_2(z)G_3(z)G_1R(z)}{1+G_2(z)G_1G_3H(z)}$

6）扰动作用下系统的离散输出

与连续控制系统分析类似，一般的离散控制系统中除了参考输入信号外，通常还存在扰动信号作用。带有扰动的系统结构图如图 3.8 所示。

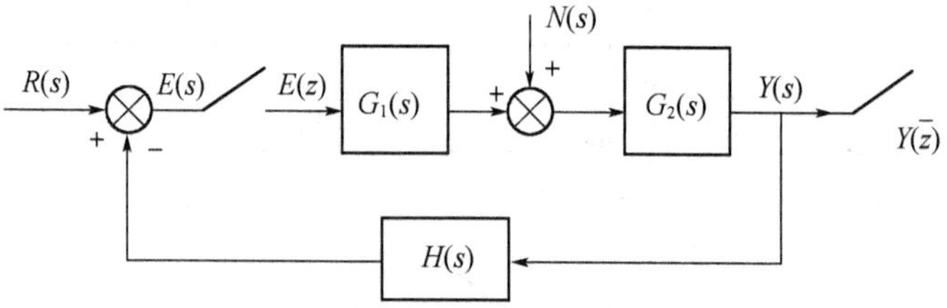

图 3.8　带有扰动的系统结构图

当输入信号 $R(s)=0$ 时，则控制系统可以变换成如图 3.9 所示的结构图。

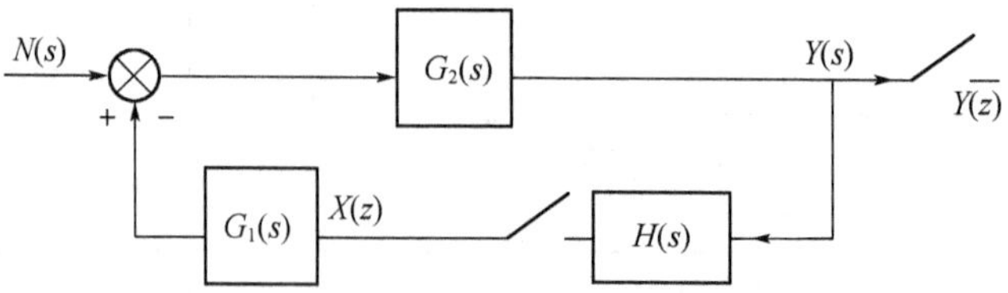

图 3.9　等效结构图

由图 3.9 可以得到：

$$Y(z)=Z[N(s)G_2(s)-X(z)G_1(s)G_2(s)]=NG_2(z)-X(z)G_1G_2(z)$$

$$X(z)=Z[H(s)G_2(s)N(s)-H(s)G_2(s)G_1(s)X(z)]=NG_2H(z)-X(z)G_1G_2H(z)$$

所以
$$X(z)=\frac{NG_2H(z)}{1+G_1G_2H(z)}$$
$$Y(z)=NG_2(z)-\frac{NG_2H(z)G_1G_2(z)}{1+G_1G_2H(z)}$$

由于扰动作用在连续环节 $G_2(s)$ 的输入端，所以只能得到输出量的 Z 变换式，而不能得到输出对扰动的 Z 传递函数，这和连续系统是不同的。

3.2 计算机控制系统的稳定性分析

在连续控制系统中，我们知道判断连续控制系统的稳定性的充要条件是闭环系统极点全部位于 S 平面的左半平面，进而可以通过劳斯稳定判据进行分析，在离散控制系统中，如何来判断系统的稳定性呢？劳斯判据还能适用吗？这一节我们来分析离散控制系统的稳定性及判断方法。

3.2.1 S 平面和 Z 平面之间的映射关系

我们知道，Z 变换是基于拉式变换的，$z=e^{Ts}$，而连续控制系统是否稳定和其极点在 S 平面的分布有直接的关系，那么 Z 平面和 S 平面之间有什么关系呢？

因为 $z=e^{Ts}$，s、z 都是复数变量；T 为采样周期。

设 $s=\sigma+j\omega$，σ 是 s 的实部，ω 是 s 的虚部，则
$$z=e^{Ts}=e^{(\sigma+j\omega)T}=e^{\sigma T}e^{j\omega T}$$

z 的模是 $|z|=e^{\sigma T}$，z 的相角为 ωT。

当 $\sigma=0$ 时，$|z|=1$，即 S 平面上的虚轴映射到 Z 平面上是以原点为圆心的单位圆周。

当 $\sigma<0$ 时，$|z|<1$，即 S 平面的左半平面映射到 Z 平面上是以原点为圆心的单位圆内。

当 $\sigma>0$ 时，$|z|>1$，即 S 平面的左半平面映射到 Z 平面上是以原点为圆心的单位圆外。

S 平面和 Z 平面之间的映射关系如图 3.10 所示。

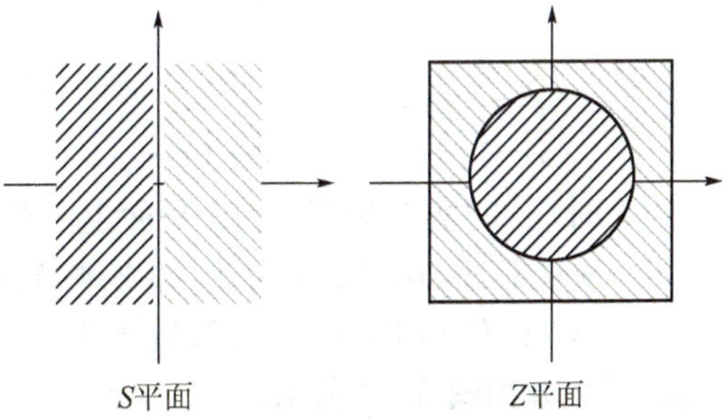

图 3.10 S 平面和 Z 平面之间的映射关系

z 的相角为 $\arg z=\omega T=\frac{2\pi\omega}{\omega_s}$。可以看出，当 $j\omega$ 轴上的点由 $\omega=-\frac{1}{2}\omega_s$ 移动到 $\omega=\frac{1}{2}\omega_s$ 时，其在 Z 平面上的映射为 $|z|=1$，相角从 $-\pi$ 逆时针变化到 π，恰好是一个单位圆的圆周。

当 jω 轴上的点由 $\omega=\frac{1}{2}\omega_s$ 移动到 $\omega=\frac{3}{2}\omega_s$ 时，其在 Z 平面上又以逆时针方向沿着单位圆走了一周。所以，z 是采样角频率 ω_s 的周期函数，当 S 平面上 σ 不变，角频率 ω 由 0 变化到无穷时，z 的模不变，只是相角作周期性变化。$\omega=-\frac{1}{2}\omega_s\sim\frac{1}{2}\omega_s$ 为主频区，其余部分为辅频区，其周期特性如图 3.11 所示。

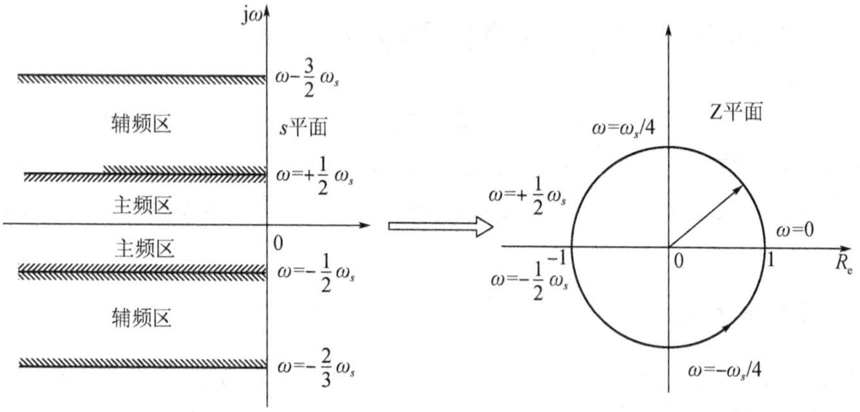

图 3.11　$z-w_s$ 的周期特性

3.2.2　离散控制系统稳定判据

在连续控制系统中，劳斯稳定判据是常用的判断系统稳定的一种代数判据，其判断方法简单，因此应用比较广泛。对于离散控制系统来说，是否可以应用劳斯稳定判据呢？我们从上一节知道，离散系统的 Z 平面和连续系统的 S 平面之间存在一定的映射关系，我们可以通过一种新的变换来应用 S 平面中的劳斯稳定判据。根据 Z 平面和 S 平面之间的映射关系，我们寻求一种新的变换，即 W 变换。

W 变换公式为：

$$z=\frac{w+1}{w-1}\text{或 }w=\frac{z+1}{z-1} \tag{3.27}$$

令 $z=x+\mathrm{j}y$，则

$$w=\frac{(x^2+y^2)-1}{(x-1)^2+y^2}-\mathrm{j}\,\frac{2y}{(x-1)^2+y^2}$$

所以，当 $|z|^2=x^2+y^2>1$ 时，w 的实部为正，即 Z 平面上单位圆外的部分，映射到 W 平面的右半平面；当 $|z|^2=x^2+y^2<1$ 时，w 的实部为负，即 Z 平面上单位圆内的部分，映射到 W 平面的左半平面；当 $|z|^2=x^2+y^2=1$ 时，w 的实部为 0，即 Z 平面上单位圆上的部分，映射到 W 平面的虚轴。其映射关系如图 3.12 所示。

从上面的 Z 平面和 W 平面之间的关系来看，如果我们把离散控制系统的特征方程通过 W 变换变换为 W 平面中的特征方程，就可以直接应用劳斯稳定判据。如果变换后的 W 平面内的特征方程的根都在 W 平面的左半平面，那么此离散控制系统就是稳定的，否则不稳定。

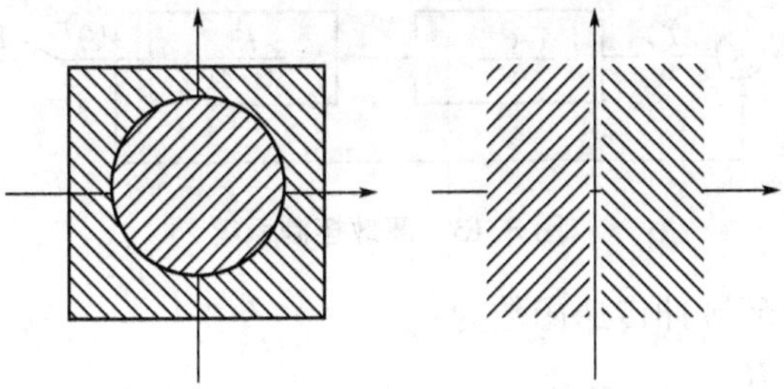

图 3.12 Z 平面与 W 平面之间的映射关系

设离散控制系统的特征方程为：

$$A_n z^n + A_{n-1} z^{n-1} + A_{n-2} z^{n-2} + \cdots + A_0 = 0$$

经过 W 变换，可以得到相应的代数方程为：

$$a_n w^n + a_{n-1} w^{n-1} + a_{n-2} w^{n-2} + \cdots + a_0 = 0$$

变换后得到的特征方程可以直接应用劳斯稳定判据。

劳斯稳定判据内容为：

(1) 特征方程 $a_n w^n + a_{n-1} w^{n-1} + a_{n-2} w^{n-2} + \cdots + a_0 = 0$，若其系数的符号不相同，则系统不稳定。

(2) 若特征方程的系数符号相同，建立劳斯表

$$\begin{array}{cccccc}
w^n & a_n & a_{n-2} & a_{n-4} & a_{n-6} & \cdots \\
w^{n-1} & a_{n-1} & a_{n-3} & a_{n-5} & a_{n-7} & \cdots \\
w^{n-2} & b_1 & b_2 & b_3 & b_4 & \cdots \\
w^{n-3} & c_1 & c_2 & c_3 & c_4 & \cdots \\
w^{n-4} & d_1 & d_2 & d_3 & d_4 & \cdots \\
\vdots & \vdots & \vdots & \vdots & \vdots & \cdots
\end{array}$$

$$b_1 = \frac{-1}{a_{n-1}} \begin{vmatrix} a_n & a_{n-2} \\ a_{n-1} & a_{n-3} \end{vmatrix}; b_2 = \frac{-1}{a_{n-1}} \begin{vmatrix} a_n & a_{n-4} \\ a_{n-1} & a_{n-5} \end{vmatrix}; b_3 = \frac{-1}{a_{n-1}} \begin{vmatrix} a_n & a_{n-6} \\ a_{n-1} & a_{n-7} \end{vmatrix}; \cdots$$

$$c_1 = \frac{-1}{b_1} \begin{vmatrix} a_{n-1} & a_{n-3} \\ b_1 & b_2 \end{vmatrix}; c_2 = \frac{-1}{b_1} \begin{vmatrix} a_{n-1} & a_{n-5} \\ b_1 & b_3 \end{vmatrix}; c_3 = \frac{-1}{b_1} \begin{vmatrix} a_{n-1} & a_{n-7} \\ b_1 & b_4 \end{vmatrix}; \cdots$$

$$d_1 = \frac{-1}{c_1} \begin{vmatrix} b_1 & b_2 \\ c_1 & c_2 \end{vmatrix}; d_2 = \frac{-1}{c_1} \begin{vmatrix} b_1 & b_3 \\ c_1 & c_3 \end{vmatrix}; d_3 = \frac{-1}{c_1} \begin{vmatrix} b_1 & b_4 \\ c_1 & c_4 \end{vmatrix}; \cdots$$

(3) 若劳斯表第一列各元素均为正，则所有特征根均分布在左半平面，系统稳定。

(4) 若劳斯表第一列出现负数，系统不稳定，第一列元素符号变化的次数为右半平面上特征根的个数。

【例 3.21】 求图 3.13 所示的控制系统，当采样周期 $T=1$ s 时，试求使控制系统稳定的 K 的范围。

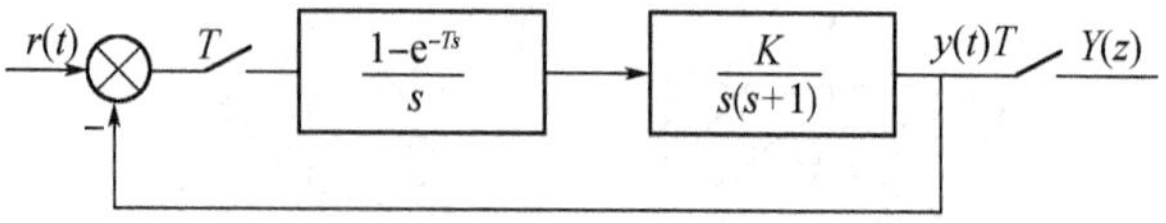

图 3.13　离散控制系统

解　控制系统的开环脉冲传递函数为：

$$G(z)=Z\left[\frac{1-e^{-Ts}}{s}\frac{K}{s(s+1)}\right]=K(1-z^{-1})Z\left[\frac{1}{s^2(s+1)}\right]=K(1-z^{-1})Z\left[\frac{1}{s^2}+\frac{1}{s+1}-\frac{1}{s}\right]$$

$$=K(1-z^{-1})\left[\frac{Tz}{(z-1)^2}+\frac{z}{z-e^{-T}}-\frac{z}{z-1}\right]=\frac{K[(T-1+e^{-T})z+1-(T+1)e^{-T}]}{(z-1)(z-e^{-T})}$$

系统的特征方程为：

$$(z-1)(z-e^{-T})+K[(T-1+e^{-T})z+1-(T+1)e^{-T}]=0$$

将 $T=1$ s 带入特征方程可以得到：

$$z^2+(0.368K-1.368)z+0.264K+0.368=0$$

令 $z=\frac{w+1}{w-1}$，得到：

$$0.632Kw^2+(1.264-0.528K)w+(2.736-0.104K)=0$$

劳斯表为：

$$\begin{array}{lll} w^2 & 0.632K & 2.736-0.104K \\ w^1 & 1.264-0.528K & 0 \\ w^0 & 2.736-0.104K & \end{array}$$

如果系统稳定，劳斯表中的第一列各元素必须为正，所以，

$$\begin{cases}2.736-0.104K>0,\\ 1.264-0.528K>0,\\ 0.632K>0\end{cases}\text{可得}\begin{cases}K<26.3,\\ K<2.4,\\ K>0。\end{cases}$$

所以系统稳定的 K 的范围为 $0<K<2.4$。

3.2.3　离散控制系统稳态误差分析

在连续控制系统中，我们知道稳态误差是衡量控制系统精度的一个重要的性能指标，而且稳态误差的计算与输入信号的形式和系统的类型有关。同样，稳态误差也是衡量离散控制系统的一个重要指标；离散控制系统的稳态误差的大小也与系统的类型、开环放大系数和输入信号有关。这一节主要分析稳态误差的计算及总结其规律。

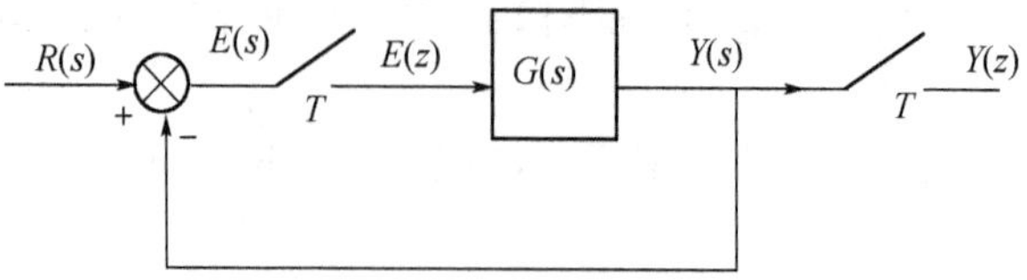

图 3.14　离散控制系统

对于图 3.14 的离散控制系统，其误差脉冲传递函数为：

$$G_e(z)=\frac{E(z)}{R(z)}=\frac{R(z)-Y(z)}{R(z)}=1-G_c(z)$$

所以

$$E(z)=G_e(z)R(z)=\frac{1}{1+G(z)}R(z)=e(0)+e(T)z^{-1}+e(2T)z^{-2}+\cdots+e(kT)z^{-k}+\cdots \tag{3.28}$$

由式(3.28)可以看出：系统的误差不仅与系统的结构有关，还与系统的输入信号有关；系统在 kT 时刻的误差值可以由 $E(z)$ 的展开式获得；根据 $e(kT)$ 也可以分析控制系统的动态特性；当 $k\to\infty$ 时，可以得到系统的稳态特性，也可以根据终值定理求得系统的稳态误差。既然系统的稳态误差和输入信号的类型及系统的结构有关，那么我们研究几种典型输入信号作用下的稳态误差。

1）单位阶跃输入信号作用

根据第一节的内容我们知道，单位阶跃输入信号的 Z 变换为 $R(z)=\frac{z}{z-1}$，稳态误差为：

$$e_{ss}=e(\infty)=\lim_{z\to1}(z-1)E(z)=\lim_{z\to1}(z-1)\frac{1}{1+G(z)}\frac{z}{z-1}=\frac{1}{1+\lim\limits_{z\to1}G(z)}=\frac{1}{K_s}$$

$K_s=\lim\limits_{z\to1}[1+G(z)]=1+\lim\limits_{z\to1}G(z)$，$K_s$ 为静态位置误差系数，它与开环脉冲传递函数有直接关系，当开环脉冲传递函数有 1 个以上 $z=1$ 的极点时，

$$K_s=\lim_{z\to1}[1+G(z)]=1+\lim_{z\to1}G(z)=\infty$$

所以离散控制系统的稳态误差为零。

2）单位速度输入信号作用

单位速度输入信号的 Z 变换为 $R(z)=\frac{Tz}{(z-1)^2}$，稳态误差为：

$$e_{ss}=e(\infty)=\lim_{z\to1}(z-1)E(z)=\lim_{z\to1}(z-1)\frac{1}{1+G(z)}\frac{Tz}{(z-1)^2}=\lim_{z\to1}\frac{T}{(z-1)[1+G(z)]}=\frac{T}{K_v}$$

$K_v=\lim\limits_{z\to1}(z-1)[1+G(z)]$，$K_v$ 为静态速度误差系数，当开环脉冲传递函数具有 2 个以上 $z=1$ 的极点时，$K_v=\lim\limits_{z\to1}(z-1)[1+G(z)]=\infty$，此时离散控制系统的稳态误差为零。

3）单位加速度输入信号作用

单位加速度输入信号的 Z 变换为 $R(z)=\frac{T^2z(z+1)}{2(z-1)^3}$，稳态误差为：

$$e_{ss}=e(\infty)=\lim_{z\to1}(z-1)E(z)=\lim_{z\to1}(z-1)\frac{1}{1+G(z)}\frac{T^2z(z+1)}{2(z-1)^3}=\lim_{z\to1}\frac{T^2}{(z-1)^2[1+G(z)]}=\frac{T^2}{K_a}$$

$K_a=\lim\limits_{z\to1}(z-1)^2[1+G(z)]$，$K_a$ 为静态加速度误差系数，当开环脉冲传递函数具有 3 个以上 $z=1$ 的极点时，$K_a=\lim\limits_{z\to1}(z-1)^2[1+G(z)]=\infty$，此时离散控制系统的稳态误差为零。

由上述分析可以看出系统的稳态误差不仅与输入信号的类型有关，还与系统的开环脉冲传递函数 $G(z)$ 中 $z=1$ 的极点的个数有关。根据 Z 平面与 S 平面之间的映射关系，可以知道 $z=1$ 的极点对应于 S 平面上 $s=0$ 的极点，即纯积分环节。在连续控制系统中，对应于开环传递函数中纯积分环节的个数 $v=0,1,2,3\cdots$ 分别称为 0 型、Ⅰ型、Ⅱ型，Ⅲ型，…。同样，对于离散控制系统，可以把开环脉冲传递函数中含有 $z=1$ 的极点的个数 $v=0,1,2,3\cdots$

分别称为 0 型、Ⅰ型、Ⅱ型，Ⅲ型，…。即：

如果离散控制系统开环脉冲传递函数 $G(z)$ 具有 v 个 $z=1$ 的极点，则称为 v 型系统，其脉冲传递函数表达式为：

$$G(z)=\frac{K\prod_{i=1}^{m}(z+z_i)}{(z-1)^v\prod_{j=1}^{n-v}(z+p_j)}$$

其中，$z_i(i=1,2,3,\cdots,m)$ 是开环脉冲传递函数的零点；$p_j(j=1,2,3,\cdots,n-v)$ 为开环脉冲传递函数的极点，而且 $n\geqslant m$。

根据以上稳态误差的计算，我们可以得到三种典型的输入信号时的稳态误差，如表 3.2 所示。

表 3.2 不同输入时各种类型系统的稳态误差

系统类型	位置误差 $r(kT)=1(kT)$	速度误差 $r(kT)=kT$	加速度误差 $r(kT)=(kT)^2/2$
0 型	$\frac{1}{K_s}$	∞	∞
Ⅰ型	0	$\frac{T}{K_v}$	∞
Ⅱ型	0	0	$\frac{T^2}{K_a}$
Ⅲ型	0	0	0

【例 3.22】 图 3.15 所示的离散控制系统，采样周期 $T=1$ s，当输入信号为单位阶跃、单位速度和单位加速度时，求系统的稳态误差。

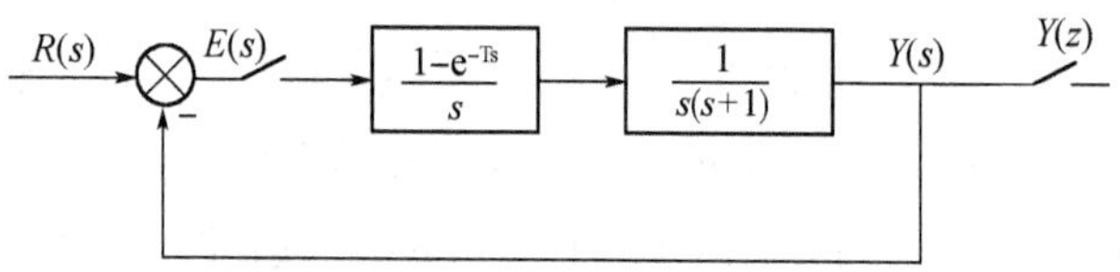

图 3.15 离散控制系统

解 图 3.15 的离散控制系统，开环脉冲传递函数，

$$G(z)=Z\left[\frac{1-e^{-Ts}}{s}\frac{1}{s(s+1)}\right]=(1-z^{-1})Z\left[\frac{1}{s^2(s+1)}\right]=K(1-z^{-1})Z\left[\frac{1}{s^2}+\frac{1}{s+1}-\frac{1}{s}\right]$$

$$=(1-z^{-1})\left[\frac{Tz}{(z-1)^2}+\frac{z}{z-e^{-T}}-\frac{z}{z-1}\right]=\frac{(e^{-1}z+1-2e^{-1})}{(z-1)(z-e^{-1})}$$

$$=\frac{0.368z+0.264}{(z-1)(z-0.368)}$$

闭环脉冲传递函数为：

$$\Phi(z)=\frac{G(z)}{1+G(z)}=\frac{0.368z+0.264}{(z-1)(z-0.368)+0.368z+0.264}=\frac{0.368z+0.264}{z^2-z+0.632}$$

系统的误差脉冲传递函数为：

$$\Phi_e(z)=1-\Phi(z)=\frac{z^2-1.368z+0.368}{z^2-z+0.632}$$

误差信号的 z 变换为：

$$E(z)=\Phi_e(z)R(z)=\frac{z^2-1.368z+0.368}{z^2-z+0.632}R(z)$$

当输入信号为单位阶跃信号时，稳态误差为：

$$e_{ss}=e(\infty)=\lim_{z\to1}(z-1)E(z)=\lim_{z\to1}(z-1)\frac{z^2-1.368z+0.368}{z^2-z+0.632}\frac{z}{z-1}=0$$

当输入信号为单位速度信号时，稳态误差为：

$$e_{ss}=e(\infty)=\lim_{z\to1}(z-1)E(z)=\lim_{z\to1}(z-1)\frac{z^2-1.368z+0.368}{z^2-z+0.632}\frac{z}{(z-1)^2}$$

$$=\lim_{z\to1}\frac{\frac{\mathrm{d}}{\mathrm{d}z}(z^2-1.368z+0.368)z}{\frac{\mathrm{d}}{\mathrm{d}z}[(z^2-z+0.632)(z-1)]}$$

$$=\lim_{z\to1}\frac{3z^2-2.736z+0.368}{3z^2-4z+1.632}=1$$

当输入信号为单位加速度信号时，稳态误差为：

$$e_{ss}=e(\infty)=\lim_{z\to1}(z-1)E(z)=\lim_{z\to1}(z-1)\frac{z^2-1.368z+0.368}{z^2-z+0.632}\frac{z(z+1)}{2(z-1)^3}$$

$$=\lim_{z\to1}\frac{\frac{\mathrm{d}}{\mathrm{d}z}(z^2-1.368z+0.368)z(z+1)}{\frac{\mathrm{d}}{\mathrm{d}z}[2(z^2-z+0.632)(z-1)^2]}=\infty$$

此离散控制系统的稳态误差也可以根据表 3.2 来求出。

由于此离散控制系统的开环脉冲传递函数为：

$$G(z)=\frac{0.368z+0.264}{(z-1)(z-0.368)}$$

可以看出，此开环脉冲传递函数为Ⅰ型系统，根据表 3.2 可知

当输入信号为单位阶跃信号时，稳态误差 $e_{ss}=0$。

当输入信号为单位速度信号时，稳态误差

$$e_{ss}=\frac{T}{K_v}=\frac{1}{K_v},K_v=\lim_{z\to1}(z-1)\left[1+\frac{0.368z+0.264}{(z-1)(z-0.368)}\right]=1$$

所以 $$e_{ss}=\frac{1}{K_v}=1。$$

当输入信号为单位加速度信号时，稳态误差 $e_{ss}=\infty$。

可见，两种方法得到的结果是一致的。

3.3 离散控制系统动态特性分析

前面一节我们分析了离散控制系统的稳定判据及稳态误差的计算，对于设计的离散控制系统，不仅要求其稳态性能达到要求，还经常要求其动态性能达到一定的指标，如何来分析离散控制系统的动态性能，这一节我们来主要分析用脉冲传递函数来分析离散控制系统的过渡过程及闭环脉冲传递函数零点和极点的分布对离散控制系统的动态性能的影响。

3.3.1　脉冲传递函数分析离散控制系统的过渡过程

在连续控制系统中，可以用传递函数分析控制系统的过渡过程，在离散控制系统一样，也可以通过脉冲传递函数来分析离散控制系统的过渡过程。

因为离散控制系统的输出为：

$$Y(z)=\Phi(z)R(z)$$

如果已知系统的输出信号及闭环脉冲传递函数，可以根据上式计算出 $Y(z)$。根据长除法，可以求出 $Y(z)=Y(0)+Y(T)z^{-1}+Y(2T)z^{-2}+\cdots+Y(nT)z^{-n}$。

在已知采样系统结构和参数情况下，应用 Z 变换法分析系统动态性能时，通常假定外作用为单位阶跃函数。这样可以求出输出信号的脉冲序列 $y(kT)$。根据 Z 变换的定义式可知，$y(kT)$代表离散控制系统在输入信号的作用下在 kT 时刻的输出值。可以根据 kT 时刻的输出幅值 $y(kT)$ 方便地分析离散控制系统的动态性能。

【例 3.23】 离散控制系统如图 3.15 所示，其中采样周期 $T=1$ s，输入信号为单位阶跃信号，试分析此离散控制系统的动态性能。

解　根据**【例 3.21】**可知，此离散控制系统的开环脉冲传递函数为：

$$G(z)=\frac{0.368z+0.264}{(z-1)(z-0.368)}$$

闭环脉冲传递函数为：

$$\Phi(z)=\frac{0.368z+0.264}{z^2-z+0.632}$$

系统的输出信号为：

$$\begin{aligned}Y(z)=\Phi(z)R(z)&=\frac{0.368z+0.264}{z^2-z+0.632}\frac{z}{z-1}\\&=0.368z^{-1}+z^{-2}+1.4z^{-3}+1.4z^{-4}+1.147z^{-5}+0.895z^{-6}+0.802z^{-7}\\&\quad+0.868z^{-8}+0.993z^{-9}+1.077z^{-10}+1.081z^{-11}+1.032z^{-12}+\cdots\end{aligned}$$

从输出信号的 Z 变换可以看出，输出信号的序列为：

$$y(0)=0;y(T)=0.368;y(2T)=1;y(3T)=1.4;$$
$$y(4T)=1.4;y(5T)=1.147;y(6T)=0.895;$$
$$y(7T)=0.802;y(8T)=0.868;y(9T)=0.993;$$
$$y(10T)=1.077;y(11T)=1.081;y(12T)=1.032z^{-12}\cdots$$

根据输出信号在 KT 时刻的幅值，可以绘制出离散控制系统的单位阶跃响应如图 3.16 所示。

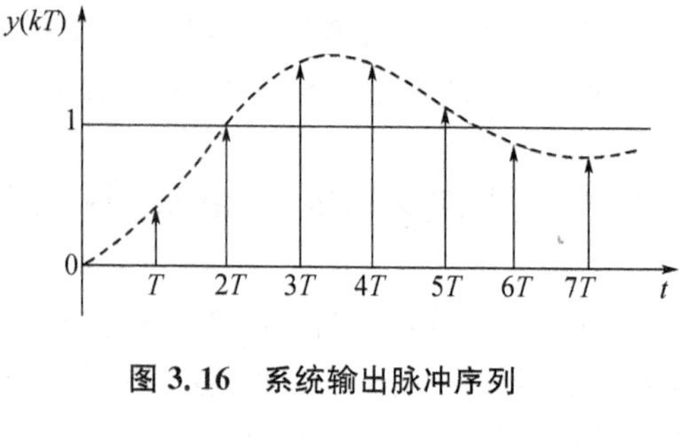

图 3.16　系统输出脉冲序列

从图 3.16 可以看出，离散控制系统在单位阶跃输入作用下，调节时间约为 $12T$，超调量约为 40%，峰值时间约为 3 s，稳态误差为零。同学们可以自行分析此离散控制系统在输入信号为单位速度信号和单位加速度信号时，系统的输出过程。

3.3.2 零极点分布与动态性能之间的关系

在连续控制系统中，我们知道系统的动态性能与系统的闭环传递函数的零极点在 S 平面的分布有很大的关系，而离散控制系统与连续控制系统之间也有一定的关系，S 平面和 Z 平面之间也有一定的映射关系，所以，可以预测离散控制系统的动态特性与系统闭环脉冲传递函数的零极点在 z 平面上的分布有直接的关系。这一节主要分析离散控制系统零极点分布与动态性能之间的关系。

设离散控制系统的闭环脉冲传递函数：

$$\Phi(z)=\frac{Y(z)}{R(z)}=K\frac{B(z)}{A(z)}=K\frac{\prod_{i=1}^{m}(z-z_i)}{\prod_{j=1}^{n}(z-p_j)} \tag{3.29}$$

式中，$z_i(i=1,2,3,\cdots,m)$是闭环脉冲传递函数的零点；$p_j(j=1,2,3,\cdots,n)$为闭环脉冲传递函数的极点，通常 $n\geqslant m$ 并假定系统无重极点而且有 n_1 个单极点，n_2 对共轭复数极点。

当输入信号为单位阶跃信号时，输出信号为：

$$Y(z)=\Phi(z)R(z)=K\frac{B(z)}{A(z)}\frac{z}{z-1}=K\frac{B(1)}{A(1)}\frac{z}{z-1}+\sum_{l=1}^{n}\frac{c_l z}{z-p_l}$$

由于共轭复数极点是成对出现的，即 p_r、p_{r+1}，所以 p_r、p_{r+1}所对应的系数 c_r、c_{r+1}也是共轭的，即

$$c_r, c_{r+1}=|c_r|\cdot e^{\pm j\varphi_r}$$

极点 p_r、p_{r+1}所对应的瞬时分量为：

$$\begin{aligned}Z^{-1}\left[\frac{c_r z}{z-p_r}+\frac{c_{r+1}z}{z-p_{r+1}}\right]&=c_r p_r^k+c_{r+1}p_{r+1}^k\\&=|c_r|e^{j\varphi_r}\cdot|p_r|^k e^{jk\theta_r}+|c_r|e^{-j\varphi_r}\cdot|p_r|^k e^{-jk\theta_r}\\&=|c_r||p_r|^k\left[e^{j(k\theta_r+\varphi_r)}+e^{-j(k\theta_r+\varphi_r)}\right]\\&=2|c_r||p_r|^k\cos(k\theta_r+\varphi_r)\end{aligned}$$

所以对 $Y(z)$求 Z 反变换，可以得到：

$$y(kT)=K\frac{B(1)}{A(1)}+\sum_{l=1}^{n_1}c_l(p_l)^k+\sum_{r=1}^{n_2}2\mid c_r\mid\mid p_r\mid^k\cos(k\theta_r+\varphi_r)$$

从上式可以看出，$y(kT)$由三部分组成：

(1) $K\frac{B(1)}{A(1)}$是由输入信号的极点产生的，为常数项，是控制系统输出的稳态分量。

(2) $\sum_{l=1}^{n_1}c_l(p_l)^k$ 是对应于系统闭环脉冲传递函数实数极点所产生的系统输出。当 $p_l>1$ 时，所对应的输出分量是发散的序列；当 $p_l=1$ 时，所对应的输出分量是等幅的序列；当 $0<p_l<1$ 时，所对应的输出分量是单调衰减的序列；当$-1<p_l<0$ 时，所对应的输出分量是交替变号的衰减序列；当 $p_l=-1$ 时，所对应的输出分量是交替变号的等幅序列；当 $p_l<-1$ 时，所对应的输出分量是交替变号的发散序列。

(3) $\sum_{r=1}^{n_2}2\mid c_r\mid\mid p_r\mid^k\cos(k\theta_r+\varphi_r)$ 是对应于系统闭环脉冲传递函数共轭复数极点所产

生的系统输出。当$|p_r|>1$时，输出分量是发散振荡的；当$|p_r|=1$时，输出分量是等幅振荡的；当$|p_r|<1$时，输出分量是衰减振荡的。

闭环脉冲传递函数的几种极点对系统输出性能的影响如图 3.17 所示。

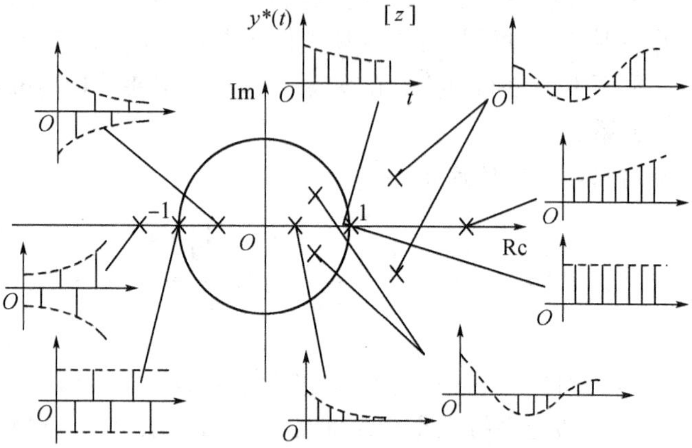

图 3.17　极点对系统输出性能的影响

综上所述，可以看出离散控制系统的闭环脉冲传递函数极点对系统输出的过渡过程有如下影响：

(1) 当极点分布在 Z 平面的单位圆外时，所对应的输出分量是发散的。这对应于连续控制系统中闭环极点位于 S 平面的右半平面，系统不稳定。

(2) 当极点分布在 Z 平面的单位圆上时，所对应的输出分量是等幅的。这对应于连续控制系统中闭环极点位于 S 平面的虚轴上，系统临界稳定。

(3) 当极点分布在 Z 平面的单位圆内时，所对应的输出分量是衰减的。这对应于连续控制系统中闭环极点位于 S 平面的左半平面，系统稳定。极点越接近于 Z 平面的原点，输出衰减就越快，系统的动态过程越快；反之，极点越接近于单位圆周，输出衰减越慢，系统的过渡时间越长。这对应于连续控制系统中闭环极点越远离虚轴时，系统衰减的越快，系统的动态过程就越快。

(4) 当极点分布在 Z 平面的单位圆内的左半平面时，虽然输出分量是衰减，但是由于交替变号，过渡特性不好，因此，一般选择极点在 Z 平面的右半平面。

思考题与习题 3

3.1　求下列函数的 Z 变换：

(1) $y(kT)=2kT$　(2) $y(kT)=2(kT)^2$　(3) $y(kT)=\mathrm{e}^{-kT}$

(4) $y(kT)=\sin\omega kT$　(5) $y(kT)=\mathrm{e}^{-akT}\sin\omega kT$　(6) $y(kT)=(kT)\mathrm{e}^{-kT}$

3.2　求下列函数的 Z 变换：

(1) $G(s)=\dfrac{1}{s^2}$　(2) $G(s)=\dfrac{1}{s^2(s+1)}$　(3) $G(s)=\dfrac{1}{s(s+1)}$

(4) $G(s)=\dfrac{1}{s(s+1)(s+2)}$　(5) $G(s)=\dfrac{1}{s^2(s+1)(s+2)}$

3.3 求下列函数的 Z 反变换：

(1) $G(z)=\dfrac{z}{z-1}$　　(2) $G(z)=\dfrac{z}{(z-1)(z-2)}$

(3) $G(z)=\dfrac{z+1}{z^2+1}$　　(4) $G(z)=\dfrac{z}{(z-1)(z-2)^2}$

3.4 求出如习题图所示系统的输出变量的 Z 变换 $Y(z)$。

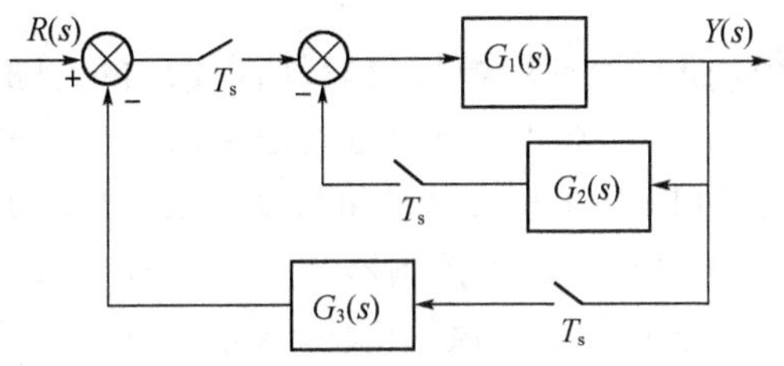

题 4 图

3.5 如题图所示离散控制系统，试求系统的开环脉冲传递函数、闭环脉冲传递函数。

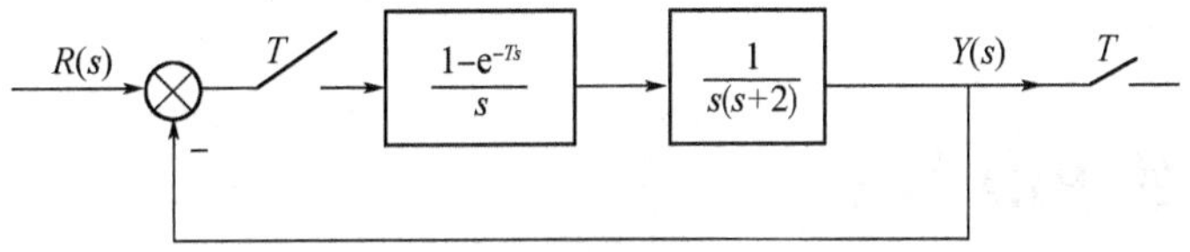

题 5 图

3.6 已知对象的传递函数为 $G(s)$，试求广义对象的 Z 传递函数 $HG(z)$。

(1) $G(s)=\dfrac{K}{s(s+a)}$　　(2) $G(s)=\dfrac{K}{s(s+a)(s+b)}$

(3) $G(s)=\dfrac{K}{s^2(s+a)}$　　(4) $G(s)=\dfrac{K}{s^2(s+a)(s+b)}$

3.7 试根据下列离散系统的闭环特征方程式，用劳斯稳定判据判断系统的稳定性，并指出不稳定的极点数。

(1) $z^3+2z^2+2z+1=0$　　(2) $z^4+2z^3+z^2+z+1=0$

(3) $z^3+2z+1=0$　　(4) $z^5+z^4+z^3+2z+1=0$

3.8 已知离散控制系统如图所示，试求离散控制系统的开环脉冲传递函数，闭环脉冲传递函数并用劳斯稳定判据判断使离散控制系统稳定的 K 值的范围。其中采样周期 $T=1$ s。

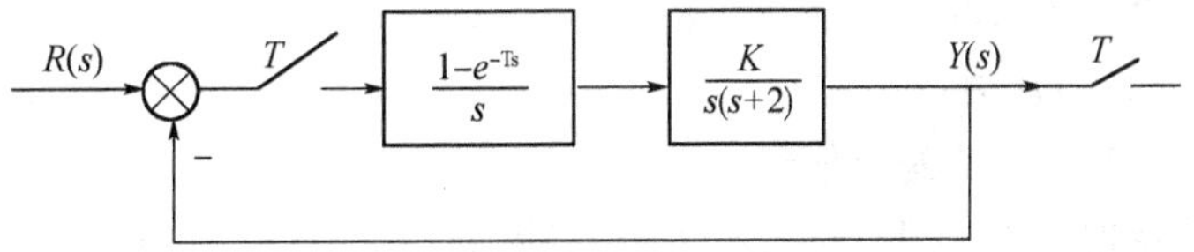

题 8 图

3.9 如题图 5 所示的离散控制系统，采样周期 $T=0.5$ s，试求输入信号分别为单位阶跃信号、单位速度信号和单位加速度信号时，系统的稳态误差并分析系统的动态性能。

4 数字PID控制算法

工业过程中,模拟 PID 控制器是用模拟仪表硬件实现的。随着计算机技术的飞速发展,由计算机实现的数字 PID 控制器正在逐渐取代由模拟仪表构成的 PID 控制器。

在模拟控制系统中,其过程控制方法就是将被测参数,如温度、压力、流量、成分、液位等,由传感器变换成统一的标准信号送入控制器。在控制器中,此信号与给定值进行比较,比较出的差值信号经过 PID 运算后送入执行机构,从而达到自动调节的目的。

在数字控制系统中,则是用数字控制器来代替模拟控制器的。其调节过程是首先把过程参数进行采样,并通过模拟量输入通道将模拟量变成数字量。这些数字量由计算机按一定控制算法进行运算处理,运算结果由模拟量输出通道输出,并通过执行机构去控制生产,以达到调节的目的。

4.1 标准的 PID 算法

PID 即:Proportional(比例)、Integral(积分)、Differential(微分)的缩写。顾名思义,PID 控制算法是结合比例、积分和微分三种环节于一体的控制算法,它是连续系统中技术最为成熟、应用最为广泛的一种控制算法,该控制算法出现于 20 世纪 30 至 40 年代,适用于对被控对象模型了解不清楚的场合。实际运行的经验和理论的分析都表明,运用这种控制规律对许多工业过程进行控制时,都能得到比较满意的效果。PID 控制的实质就是根据输入的偏差值,按照比例、积分、微分的函数关系进行运算,运算结果用以控制输出。

在工业过程中,一般采用图 4.1 所示的 PID 控制系统,连续控制系统的理想 PID 控制规律为:

$$u(t) = K_P\left(e(t) + \frac{1}{T_I}\int_0^t e(t)\mathrm{d}t + T_D\frac{\mathrm{d}e(t)}{\mathrm{d}t}\right) \tag{4.1}$$

式中:K_P—— 比例增益,K_P 与比例度 δ 成倒数关系,即:$K_P = 1/\delta$;

T_I—— 积分时间常数;

T_D—— 微分时间常数;

$u(t)$——PID 控制器的输出信号;

$e(t)$—— 给定值 $r(t)$ 与测量值 $y(t)$ 之差(即 $e(t) = r(t) - y(t)$)。

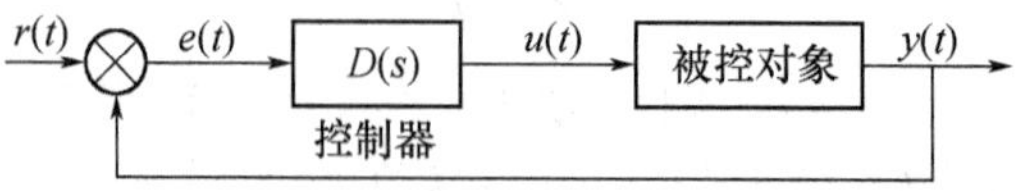

图 4.1 PID 控制系统结构图

对式(4.1)进行拉氏变换,可以得到:

$$D(s)=\frac{U(s)}{E(s)}=K_P\left(1+\frac{1}{T_Is}+T_Ds\right) \tag{4.2}$$

从式(4.1)可以看出，PID 控制器的输出由三项构成：比例控制、积分控制和微分控制。比例控制能迅速反映偏差，调节作用及时，从而减小偏差。但是比例控制不能完全消除无积分器的对象的稳态误差，当 K_P 调的太大时，可能引起系统不稳定。积分控制的作用是，只要系统存在误差，积分控制作用就不断地积累，积分项对应的控制量会不断增大，以消除偏差。因而，只要有足够的时间，积分控制将能完全消除偏差。积分控制是靠对偏差的积累进行控制的，其控制作用缓慢，如果积分作用太强会使系统超调加大，甚至使系统出现振荡。微分控制具有预测误差变化趋势的作用，可以减小超调量，克服振荡，使系统的稳定性得到提高，同时可以加快系统的动态响应速度，减小调整时间，从而改善系统的动态性能。

在实际使用中要根据对象的特性、系统性能要求对 PID 的三项控制进行组合，以构成适用的控制规律。常用的有比例(P)控制、比例积分(PI)控制、比例微分(PD)控制、比例积分微分(PID)控制。

由于计算机控制是一种采样控制，它只能根据采样时刻的偏差来计算控制量。因此，在计算机控制系统中，必须对(4.1)式进行离散化处理，用数字形式的差分方程代替连续系统的微分方程，此时，积分项和微分项可以用求和及增量式表示：

$$\left.\begin{aligned}\int_0^t e(t)\mathrm{d}t &= T\sum_{i=0}^{k}e(i)\\ \frac{\mathrm{d}e(t)}{\mathrm{d}t} &\approx \frac{e(k)-e(k-1)}{T}\end{aligned}\right\} \tag{4.3}$$

式中，T 为采样周期。

根据式(4.1)和式(4.3)，可以求出对应的差分方程为：

$$u(k)=K_P\left\{e(k)+\frac{T}{T_I}\sum_{i=0}^{k}e(i)+\frac{T_D}{T}[e(k)-e(k-1)]\right\} \tag{4.4}$$

式(4.4)就是基本的数字 PID 控制算法。控制器仍然是由三项构成，第一项 $K_Pe(k)$ 是比例控制；第二项 $\frac{K_PT}{T_I}\sum_{i=0}^{k}e(i)$ 是数字积分控制；第三项 $K_PT_D\frac{e(k)-e(k-1)}{T}$ 是微分控制。

4.1.1　位置型 PID 控制算式

因为式(4.4)中控制器的输出 $u(k)$ 直接对应于执行机构的位置，如阀门的开度等，因此式(4.4)称为位置型 PID 控制算式。

为了编写程序方便，我们把式(4.4)第 k 次采样时 PID 的输出写为：

$$u(k)=K_Pe(k)+K_I\sum_{i=0}^{k}e(i)+K_D[e(k)-e(k-1)]$$

式中：$K_I=\frac{K_PT}{T_I}$；$K_D=\frac{K_PT_D}{T}$。

将上式做进一步改进，设比例项输出如下：$u_P(k)=K_Pe(k)$

积分项输出：$u_I(k)=K_I\sum_{i=0}^{k}e(i)=K_Ie(k)+K_I\sum_{i=0}^{k-1}e(i)=K_Ie(k)+P_I(k-1)$

微分项输出如下：$u_D(k)=K_D[e(k)-e(k-1)]$

所以，上式可以写成：$u(k)=u_P(k)+u_I(k)+u_D(k)$

其流程图如图 4.2 所示。

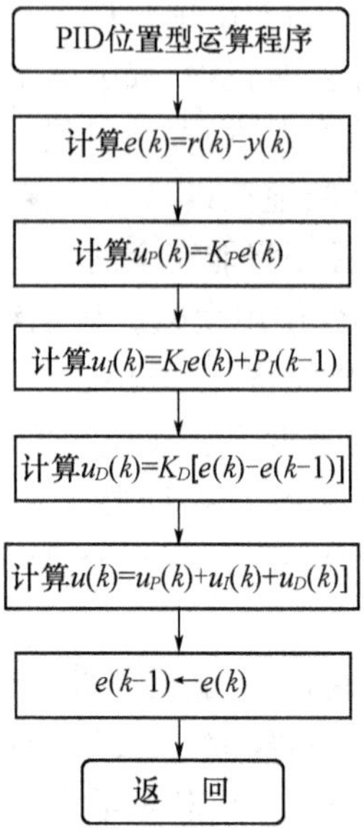

图 4.2　位置型 PID 算法流程图

4.1.2　增量型 PID 控制算式

由式(4.4)可以看出，要想计算 $u(k)$，不仅需要本次与上次的偏差信号 $e(k)$ 和 $e(k-1)$，而且还要在积分项中把历次的偏差信号进行相加，即 $\sum_{i=0}^{k} e_i$。这样，不仅计算麻烦，而且为了保存 e_i 还要占用很多内存。因此，用上式直接进行控制很不方便，为此，我们做如下的改动。

第 $k-1$ 次采样的控制算式为：

$$u(k-1)=K_P\left\{e(k-1)+\frac{T}{T_I}\sum_{i=0}^{k-1} e_i+\frac{T_D}{T}[e(k-1)-e(k-2)]\right\} \tag{4.5}$$

两次采样控制器输出的增量为：

$$\begin{aligned}\Delta u(k)&=u(k)-u(k-1)\\&=K_P\left\{[e(k)-e(k-1)]+\frac{T}{T_I}e(k)+\frac{T_D}{T}[e(k)-2e(k-1)+e(k-2)]\right\}\\&=K_P[e(k)-e(k-1)]+K_Ie(k)+K_D[e(k)-2e(k-1)+e(k-2)]\end{aligned} \tag{4.6}$$

由上式可以看出，要计算第 k 次输出值 $u(k)$，只需要知道 $u(k-1)$，$\Delta U(k)$ 即可，也就是说只需知道 $u(k-1)$，$e(k-2)$，$e(k-1)$，$e(k)$，显然，比用式(4.4)简单得多。

在很多控制系统中，由于执行机构是采用步进电机或者多圈电位器进行控制的，所以，只要给一个增量信号即可。

为了编写程序的方便，我们把式(4.6)写为：

$$\Delta u(k)=\Delta u_P(k)+\Delta u_I(k)+\Delta u_D(k)$$

其中：

$$\Delta u_P(k)=K_P[e(k)-e(k-1)];\Delta u_I(k)=K_Ie(k);$$

$$\Delta u_D(k) = K_D[e(k) - 2e(k-1) + e(k-2)]。$$

其程序流程图如图 4.3 所示。

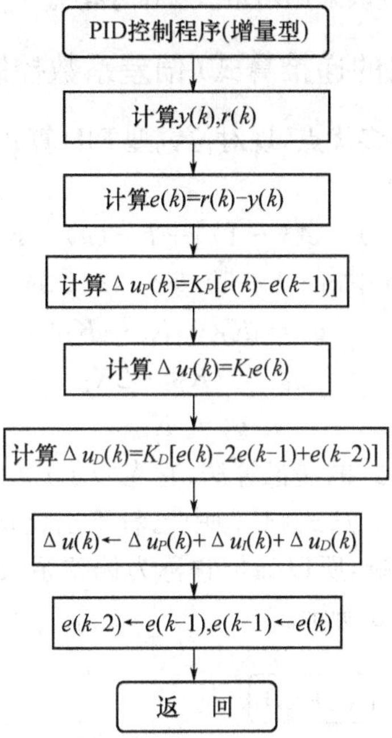

图 4.3 增量式 PID 算法流程图

用计算机实现位置式和增量式两种控制原理如图 4.4 所示。

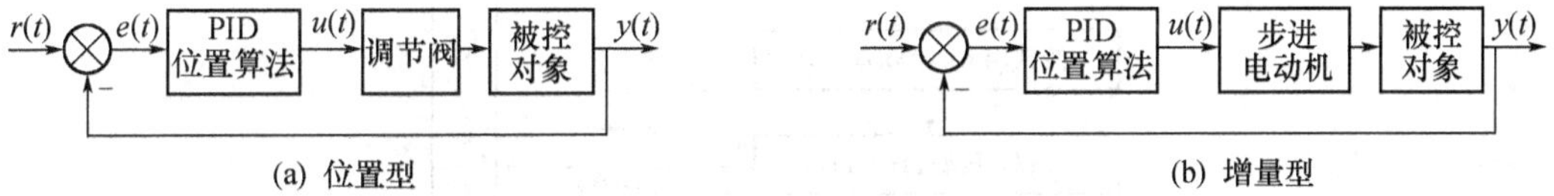

图 4.4 位置型和增量型 PID 控制算法结构图

相比位置型 PID 算法，增量型 PID 算法有如下的优点：

(1) 增量型 PID 算法不需要做累加，增量的确定仅与最近几次偏差采样值有关，计算误差或计算精度对控制量的计算影响较小。而位置型 PID 算法要用到过去的偏差的累加值，容易产生大的累加误差。

(2) 增量型 PID 算法得出的是控制量的增量，例如阀门控制中，只输出阀门的开度变化部分，误动作影响小，必要时通过逻辑判断限制或者禁止本次输出，不会严重影响到系统的工作。而位置型 PID 算法的输出是控制量的全量输出，误动作影响大。

(3) 增量型 PID 算法易于实现手动/自动的无扰动切换。而位置型 PID 算法中，由手动到自动切换时，必须首先使计算机的输出值等于阀门的原始开度，即 $u(k-1)$，才能保证手动/自动地无扰切换，这将给程序设计带来困难。

(4) 增量型 PID 算法不产生积分失控，所以容易获得较好的调节品质。

增量型 PID 控制算法因其特有的优点已经得到了广泛的应用。但是，这种控制方法也有不足之处，例如：积分截断效应大，有静态误差；溢出的影响大。因此，在实际应用中，应该根据被控对象的实际情况加以选择。一般认为,在以晶闸管或者伺服电机作为执行器件,或者对控制精度要求较高的系统中,应当采用位置型 PID 算法,而在以步进电机或者多圈电位器做执行器件的系统中,则应该采用增量式 PID 算法。

4.1.3 位置型 PID 算式的递推算式(偏差系数控制算式)

由于增量式 PID 算法有很多优点,现对位置型 PID 算式做些改进。将式(4.6)写为:

$$\begin{aligned} u(k) &= u(k-1) + \Delta u(k) \\ &= u(k-1) + K_P[e(k) - e(k-1)] + K_I e(k) + K_D[e(k) - 2e(k-1) + e(k-2)] \\ &= u(k-1) + q_0 e(k) + q_1 e(k-1) + q_2 e(k-2) \end{aligned} \tag{4.7}$$

其中,

$$q_0 = K_P + K_I + K_D$$

$$q_1 = -K_P - 2K_D$$

$$q_2 = K_D$$

此式为位置型 PID 控制算式的递推算法,它克服了式(4.4)计算偏差累积和的弊端,成为实用的位置型 PID 控制算式。从式(4.7)中已看不出比例积分和微分作用,它只反映了每次采样偏差对控制作用的影响,所以又把它称为偏差系数控制算式。实际作用还是 PID 的作用。其算法流程图如图 4.5 所示。

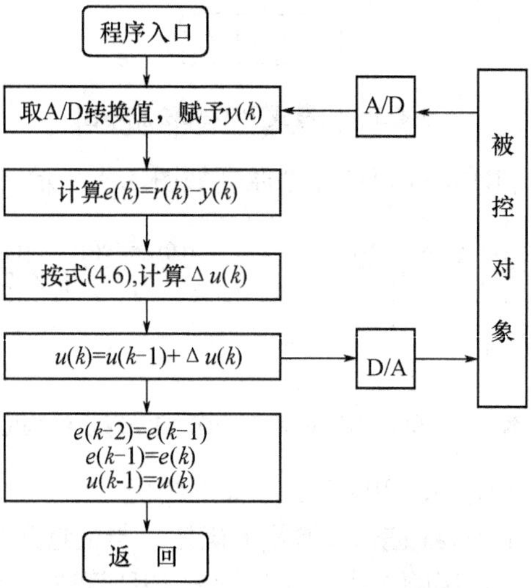

图 4.5　位置型 PID 控制算式递推算法流程图

4.2　改进的 PID 算法

前面介绍的数字 PID 控制器,实际上是用软件算法去模仿模拟控制器,其控制效果一般不会比模拟控制器更好。因此,必须发挥计算机运算速度快、逻辑判断功能强、编程灵活等优势,才能在控制性能上超越模拟控制器,对数字 PID 控制器做一些改进一直是控制界研究的热点问题,下面介绍几种改进的 PID 算法。

4.2.1　抑制积分饱和的 PID 算法

在数字 PID 控制系统中，当系统启动、停止或者大幅度改变给定值时，系统输出会出现较大的偏差，经过积分项累积后，可能使控制量 $u(k)>U_{max}$ 或者 $u(k)<U_{min}$，即超出了执行机构的极限。此时，控制量不能取计算值，只能取 U_{max} 或者 U_{min}，从而影响控制效果。这种情况主要是由于积分项的存在，引起了 PID 运算的"饱和"，因此，将它称为积分饱和。积分饱和作用使得系统的超调量增大，从而使系统的调整时间加长。所以，在实际应用中应该抑制积分饱和，下面的几种方法就是针对抑制积分饱和提出的 PID 算法。

1）遇限削弱积分法

这种修正方法的基本思想是：一旦控制量进入饱和区，则停止进行积分的运算。具体地说，在计算 $u(k)$ 值时，首先判断上一采样时刻控制量 $u(k-1)$ 是否已经超过限制范围，如果已经超过，将根据偏差的符号，判断系统的输出是否进入超调区域，由此决定是否将相应的偏差计入积分项。遇限削弱积分法抑制积分饱和示意图如图 4.6 所示，其程序流程图如图 4.7 所示。

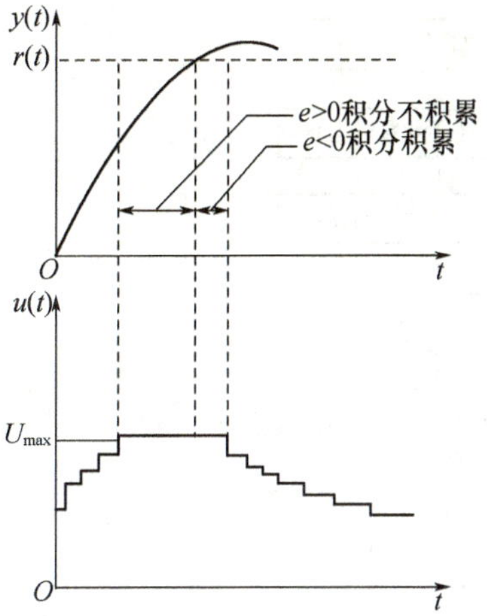

图 4.6　遇限削弱积分法抑制积分饱和示意图

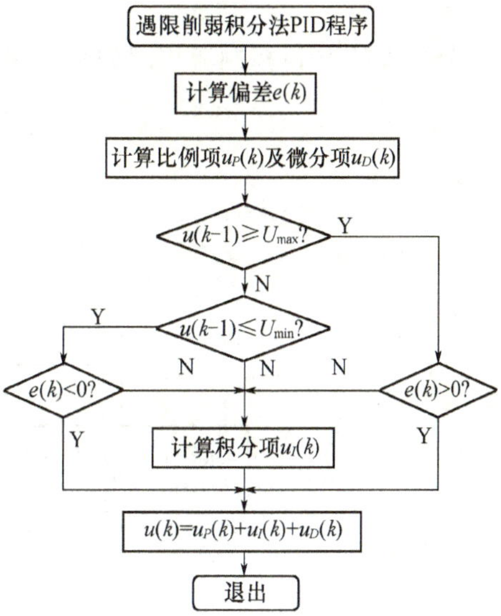

图 4.7　遇限削弱积分的 PID 算法流程图

2）积分分离 PID 算式

积分分离的 PID 算法的思想是：当系统的输出值与给定值相差比较大时，取消积分作用，直至被调量接近给定值时，才产生积分作用。这样避免了较大的偏差产生积分饱和，同时又可以利用积分的作用消除误差。设给定值为 $r(k)$，经过数字滤波后的测量值为 $y(k)$，最大允许偏差值为 ε，则积分分离控制的算式为：

$$当\ e(k)=|r(k)-y(k)|\begin{cases}>\varepsilon\ 时，为\ PD\ 控制\\ \leqslant\varepsilon\ 时，为\ PID\ 控制\end{cases}\tag{4.8}$$

图 4.8 显示了 PID 控制有无积分分离算法的对比。在给定值突变时，无积分分离算法的输出曲线 a 出现了比较大的超调量，而具有积分分离算法的输出曲线 b 的超调量很小。因为在 $t<\tau$ 时，工作在积分分离区，积分不累计。积分分离阈值 ε 应该根据具体对象及控制

要求确定，若ε值过大，达不到积分分离的目的；若ε值过小，则一旦被控量 $y(t)$无法跳出各积分分离区，只进行 PD 控制，将会出现残差。从图中可以看出，使用积分分离方法后，显著降低了被控变量的超调量和过渡过程的时间，使得调节性能得到改善。

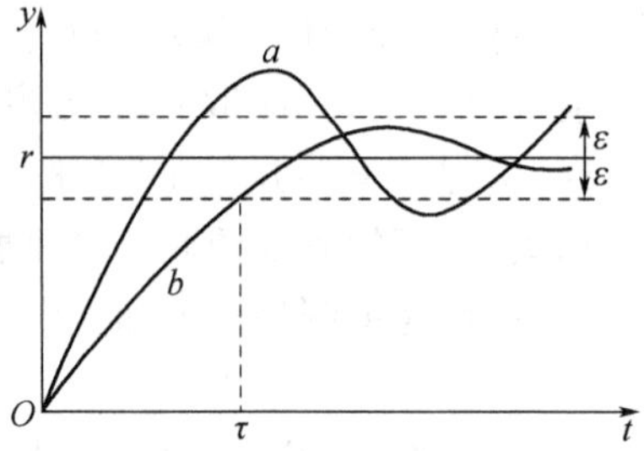

图 4.8　有无积分分离的算法比较

为了实现积分分离，编写程序时必须从数字 PID 差分方程式中分离出积分项，将积分项乘以一个逻辑系数 K_L 即可。K_L 按下式取值：

$$K_L = \begin{cases} 1 & \text{当 } e(k) \leqslant \varepsilon \text{ 时} \\ 0 & \text{当 } e(k) > \varepsilon \text{ 时} \end{cases} \tag{4.9}$$

积分分离的 PID 控制流程图如图 4.9 所示。

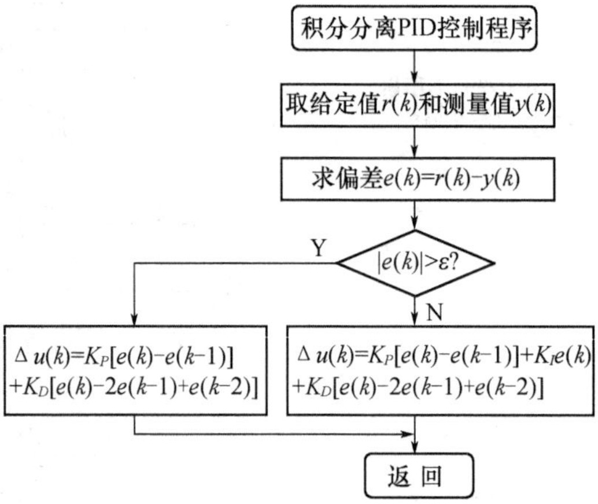

图 4.9　积分分离 PID 控制算法流程图

3）*有效偏差法*

位置型 PID 算式算出的控制量超出限制范围时，控制量实际上只能取边界值，即 $u(k) = U_{max}$（通常为 100% 阀位），或者 $u(k) = U_{min}$（通常为 0%阀位）。

有效偏差法的实质是将相当于这一控制量的偏差值作为有效偏差值进行积分，而不是将实际偏差进行积分。如果实际的控制量为 $u(k) = U_{max}$ 或 U_{min}，则有效偏差可以按式(4.4)推出，即

$$e(k) = \frac{u(k) - K_I \sum_{j=0}^{k-1} e(j) + K_D e(k-1)}{K_P + K_I + K_D} \tag{4.10}$$

该算法的流程图如图 4.10 所示。

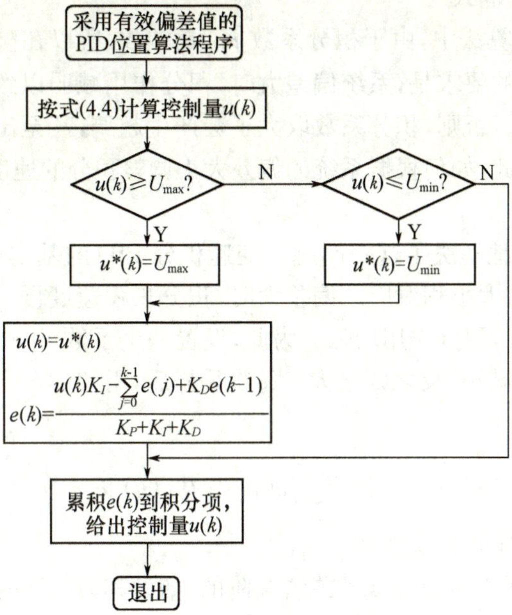

$$u(k)=u^*(k)$$

$$e(k)=\frac{u(k)K_I-\sum_{j=0}^{k-1}e(j)+K_De(k-1)}{K_P+K_I+K_D}$$

图 4.10　有效偏差法程序流程图

4）带限位的 PID 算法

在某些自动调节系统中，为了安全生产，往往不希望调节阀“全开”或者“全关”，而是有一个上限限位 u_{up} 和一个下限限位 u_{down}。也就是说，要求控制器输出限制在一定的幅度范围内，即 $u_{down}\leqslant u\leqslant u_{up}$。在具体系统中，不一定上、下限位都需要，可能只有一个下限或者上限限位。例如，在加热炉控制系统中，为防止加热炉熄灭，不希望加热炉的燃料管道上的阀门完全关闭，这就需要设置一个下限限位。为此，可以在 PID 输出程序中进行上、下限的比较，其程序流程图如图 4.11 所示。

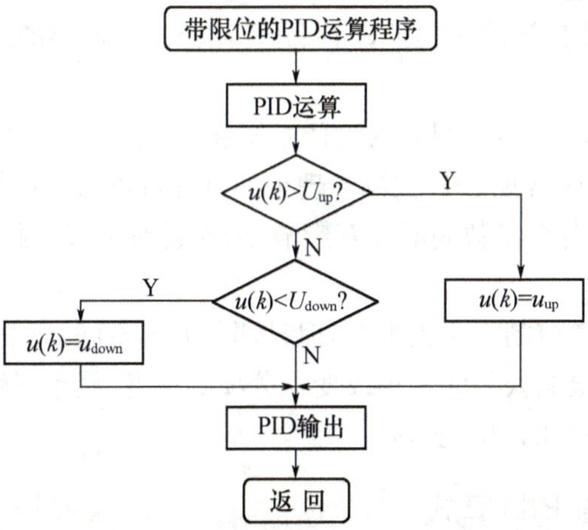

图 4.11　带上下限位的 PID 算法流程图

5）变速积分的 PID 算式

在一般的 PID 调节算法中，由于积分系数 K_I 是常数，所以在整个调节过程中，积分增益不变。系统对积分项的要求是，系统偏差大时，积分作用减弱以致全无，而在偏差较小时则应该加强积分的作用。否则，积分系数取大了会产生超调，甚至出现积分饱和；取小了又迟迟不能消除静差。因此，如何根据系统的偏差大小调整积分的速度，对于提高调节品质是至关重要的问题。

变速积分 PID 较好地解决了这一问题。变速积分 PID 的基本做法是设法改变积分项的累加速度，使其与偏差大小相对应。偏差大时，积分累积速度慢，积分作用弱；反之，偏差小时，积分累积速度加快，积分作用增强。为此，设置一个系数 $f[e(k)]$，它是 $e(k)$ 的函数，当 $e(k)$ 增大时，$f[e(k)]$ 减小，反之则增大。每次采样后，用 $f[e(k)]$ 乘以 $e(k)$，再进行累加，即

$$u'(k) = K_I\left\{\sum_{j=0}^{k-1} e(j) + f[e(k)]e(k)\right\} \tag{4.11}$$

式中，$u'(k)$ 表示变速积分项的输出值。

$f[e(k)]$ 与 $e(k)$ 的关系可以是线性或者高阶的，如设其为如下的关系式：

$$f[e(k)] = \begin{cases} 1 & |e(k)| \leqslant B \\ \dfrac{A - |e(k)| + B}{A} & B < |e(k)| \leqslant A + B \\ 0 & |e(k)| > A + B \end{cases} \tag{4.12}$$

$f[e(k)]$ 值在 $0 \sim 1$ 区间内变化，当偏差大于所给分离区间 $A+B$ 后，$f[e(k)] = 0$，不再进行累加；$|e(k)| \leqslant A+B$ 后，$f[e(k)]$ 随着偏差的减小而增大，累加速度加快，直至偏差小于 B 后，累加速度达到最大值 1。将 $u'(k)$ 代入 PID 算式，可以得到：

$$u(k) = K_P e(k) + K_I\left\{\sum_{j=0}^{k-1} e(j) + f[e(k)]e(k)\right\} + K_D[e(k) - e(k-1)] \tag{4.13}$$

变速积分 PID 与普通 PID 相比，具有如下的优点：

(1) 实现了用比例作用消除大偏差，用积分作用消除小偏差的理想调节特性，从而完全消除了积分饱和现象。

(2) 大大减小了超调量，可以很容易地使系统稳定，改善调节品质。

(3) 适应能力强，一些常规 PID 控制不理想的过程可以采用此算法

(4) 参数整定容易，各个参数间的相互影响小，而且对 A，B 两个参数的要求不精确，可做一次性确定。

变速积分与积分分离控制方法很类似，但是调节方式不同。积分分离对积分项采用“开关”控制，而变速积分则根据误差的大小改变积分项的速度，属于线性控制。因而，后者调节品质大为提高，是一种新型的 PID 控制。

4.2.2 带有死区的 PID 算式

在微型计算机控制系统中，某些系统为了避免控制动作过于频繁，引起过度磨损，过度疲劳，为了消除由于频繁动作所引起的振荡，在允许一定的误差范围内，有时候也采用带死区的 PID 控制算式，如图 4.12 所示。

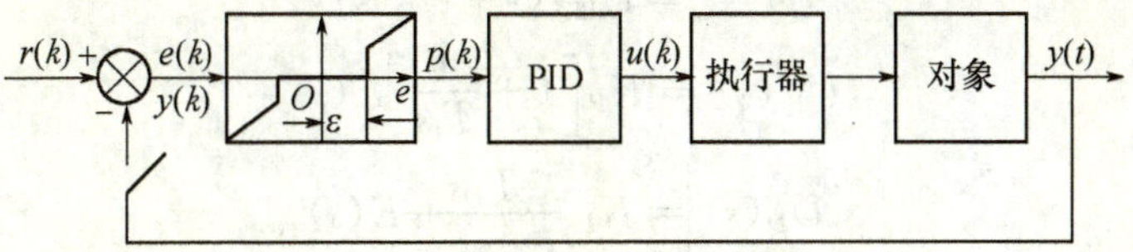

图 4.12 带死区的 PID 控制器结构图

死区是一个非线性环节，其输出为：

$$p(k)=\begin{cases}e(k) & \text{当}\ |r(k)-y(k)|=e(k)>\varepsilon \\ 0 & \text{当}\ |r(k)-y(k)|=e(k)\leqslant\varepsilon\end{cases} \tag{4.14}$$

死区阈值 ε 是一个可调参数，其具体数值可以根据实际控制对象由实验确定。ε 值太小，会使调节过于频繁，达不到稳定被控对象的目的；ε 值太大，则系统将差生很大的滞后；当 $\varepsilon=0$ 时，即为常规 PID 控制。该系统实际上是一个非线性控制系统，即当偏差绝对值 $|e(k)|\leqslant\varepsilon$ 时，$p(k)=0$；当 $|e(k)|>\varepsilon$ 时，$p(k)=e(k)$，输出值 $u(k)$ 以 PID 运算结果输出。其计算流程如图 4.13 所示。

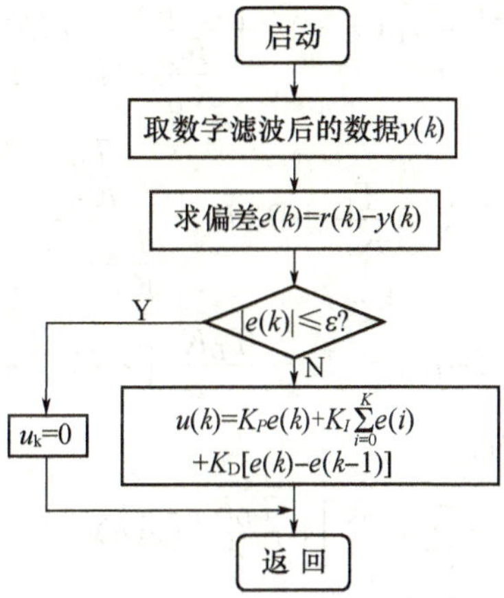

图 4.13 带死区的 PID 控制算法流程图

4.2.3 不完全微分的 PID 算式

对于增量型的 PID 算法，由于执行机构本身是存储元件，在算法中没有积分累积，所以不容易产生积分饱和现象，但是可能出现比例和微分饱和现象，其表现形式不是超调，而是减慢动态过程。

在标准的 PID 算法中，当有阶跃信号输入时，微分项输出急剧增加，容易引起控制过程的振荡，导致调节品质下降。为了解决这一问题，同时要保证微分作用有效，可以仿照模拟控制器的方法，采用不完全微分的 PID 算式。不完全微分的 PID 传递函数为：

$$\frac{U(s)}{E(s)}=K_P\left[1+\frac{1}{T_I s}+\frac{T_D s}{1+\dfrac{T_D}{K_D}s}\right] \tag{4.15}$$

式中，K_D 称为微分增益。

把上式分成比例积分和微分两部分，则有：

$$U(s)=U_{\mathrm{PI}}(s)+U_D(s) \tag{4.16}$$

其中
$$U_{\mathrm{PI}}(s)=K_P\left[1+\frac{1}{T_Is}\right]E(s) \tag{4.17}$$

$$U_D(s)=K_P\frac{T_Ds}{1+\dfrac{T_D}{K_D}s}E(s) \tag{4.18}$$

$U_{\mathrm{PI}}(s)$的差分方程为：$U_{\mathrm{PI}}(k)=K_P\left[e(k)+\dfrac{T}{T_I}\sum\limits_{i=0}^{k}e(i)\right]$ (4.19)

将微分部分化成微分方程：由 $\left[\dfrac{T_D}{K_D}s+1\right]U_D(s)=K_PT_DsE(s)$ 得：

$$\frac{T_D}{K_D}\frac{\mathrm{d}u_D(t)}{\mathrm{d}t}+u_D(t)=K_PT_D\frac{\mathrm{d}e(t)}{\mathrm{d}t} \tag{4.20}$$

将微分项化成差分项：

$$\frac{T_D}{K_D}\frac{u_D(k)-u_D(k-1)}{T}+u_D(k)=K_PT_D\frac{e(k)-e(k-1)}{T} \tag{4.21}$$

整理得：
$$u_D(k)=\frac{\dfrac{T_D}{K_D}}{\dfrac{T_D}{K_D}+T}u_D(k-1)+\frac{T_DK_P}{\dfrac{T_D}{K_D}+T}[e(k)-e(k-1)] \tag{4.22}$$

令
$$A=\frac{T_D}{K_D}+T,B=\frac{\dfrac{T_D}{K_D}}{\dfrac{T_D}{K_D}+T}$$

则：
$$u_D(k)=Bu_D(k-1)+\frac{T_DK_P}{A}[e(k)-e(k-1)] \tag{4.23}$$

不完全微分的 PID 位置算式为：

$$u_D(k)=K_P\left[e(k)+\frac{T}{T_I}\sum_{i=0}^{k}e(i)\right]+\frac{T_DK_P}{A}[e(k)-e(k-1)]+Bu_D(k-1) \tag{4.24}$$

和理想的 PID 算式比较，多了一项 $Bu_D(k-1)$。

因为 $u_D(k-1)=K_P\left[e(k-1)+\dfrac{T}{T_I}\sum\limits_{i=0}^{k-1}e(i)\right]+\dfrac{T_DK_P}{A}[e(k-1)-e(k-2)]+Bu_D(k-2)$

所以，不完全微分的 PID 增量算式为：

$$\begin{aligned}\Delta u_D(k)=&K_P[e(k)-e(k-1)]+K_P\frac{T}{T_I}e(k)+\frac{T_DK_P}{A}[e(k)-2e(k-1)+e(k-2)]\\&+B[u_D(k-1)-u_D(k-2)]\end{aligned} \tag{4.25}$$

当输入信号为阶跃信号时，即当 $k\geqslant0$ 时，$e(k)=1$，根据式(4.23)可得：

$$u_D(k)=Bu_D(k-1)+\frac{T_DK_P}{A}[e(k)-e(k-1)]$$

其中
$$A=\frac{T_D}{K_D}+T\quad B=\frac{\dfrac{T_D}{K_D}}{\dfrac{T_D}{K_D}+T}$$

$$u_D(0)=\frac{T_DK_P}{A}=\frac{T_DK_PK_D}{T_D+K_DT}$$

$$u_D(T)=Bu_D(0)=\frac{BT_DK_P}{A}=\frac{T_D^2}{(T_D+K_DT)^2}K_PK_D$$

$$u_D(2T)=Bu_D(T)=\frac{BT_D^2}{(T_D+K_DT)^2}K_PK_D=\frac{T_D^3K_PK_D}{(T_D+K_DT)^3}$$

$$\vdots$$

显然，不完全微分的作用下，$u_D(kT)\neq0,k=0,1,2,\cdots$。

而完全微分作用下，PID 控制器的传递函数为：

$$\frac{U(s)}{E(s)}=K_P\left[1+\frac{1}{T_Is}+T_Ds\right]$$

把上式分成比例积分和微分两部分，则有：

$$U(s)=U_{PI}(s)+U_D(s)$$

其中

$$U_{PI}(s)=K_P\left[1+\frac{1}{T_Is}\right]E(s)$$

$$U_D(s)=K_PT_DsE(s)$$

将微分部分化成微分方程：

由于

$$U_D(s)=K_PT_DsE(s)$$

得到

$$u_D(t)=K_PT_D\frac{de(t)}{dt}$$

将微分项化成差分项：

$$u_D(k)=K_PT_D\frac{e(k)-e(k-1)}{T}$$

整理得：

$$u_D(k)=\frac{K_PT_D}{T}[e(k)-e(k-1)]$$

当输入信号为单位阶跃信号时，即当 $k\geqslant0$ 时，$e(k)=1$，可以得到微分项不同时刻的输出值如下：

$$u_D(0)=\frac{K_PT_D}{T}$$

$$u_D(T)=0$$

$$u_D(2T)=0$$

$$\vdots$$

不完全微分在零时刻的输出为 $u_D(0)=\frac{T_DK_PK_D}{T_D+K_DT}=\frac{K_PT_D}{\frac{T_D}{K_D}+T}$ 与完全微分在零时刻的输出 $u_D(0)=\frac{K_PT_D}{T}$ 相比，$\frac{K_PT_D}{\frac{T_D}{K_D}+T}\ll\frac{K_PT_D}{T}$，即在零时刻，不完全微分项输出幅值远小于完全微分项输出幅值。

从完全微分项和不完全微分项控制量的输出，可以看出，在单位阶跃信号的作用下，完全微分项的输出只有 $k=0$ 的时，其输出不为零，当 $k>0$ 时，输出都为零，也就是说微分的作用只是在第一个采样周期有作用，其他周期都没有任何作用。而不完全微分项的输出在 k

≥0 时，输出都不为零，而且输出幅值越来越小。也就是说不完全微分的作用在所有周期都存在。完全微分在和不完全微分输出特性如图 4.14 所示。

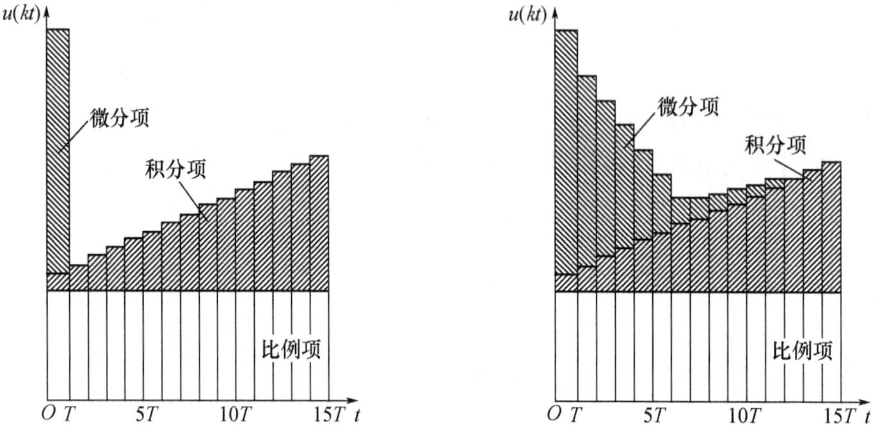

(a) 完全微分式　　(b) 不完全微分式

图 4.14　PID 控制算式的输出特性

由图 4.14(a)可见，完全微分项对于阶跃信号只是在采样的第一个周期产生很大的微分输出信号，不能按照偏差的变化趋势在整个调整过程中起作用，而是急剧下降为 0，因而很容易引起系统振荡。另外，完全微分在第一个采样周期里作用很强，容易产生溢出。而在不完全微分 PID 中，其微分作用是按指数规律衰减为零的，可以延续多个周期，因而使得系统变化比较缓慢，故不易引起振荡。其延续时间的长短与 K_D 的选取有关，K_D 越大延续的时间越短，K_D 越小延续的时间越长，一般取 K_D 为 10～30 之间。从改善系统动态特性的角度看，不完全微分的 PID 算式控制效果更好。

4.2.4　微分先行 PID 控制

当系统输入给定值作阶跃升降时，会引起偏差突变。微分控制对偏差突变的反应是使控制量大幅度变化，给控制系统带来冲击，如超调量过大，调节阀动作剧烈，严重影响系统运行的平稳性。采用微分先行 PID 控制可以避免给定值升降时使系统受到冲击。微分先行 PID 控制和标准 PID 控制的不同之处在于，它只对被控量 $y(t)$ 微分，不对偏差 $e(t)$ 微分，也就是说对给定值 $r(t)$ 无微分作用。该算式对给定值频繁升降的系统无疑是有效的。图 4.15 所示为微分先行 PID 控制器结构图。

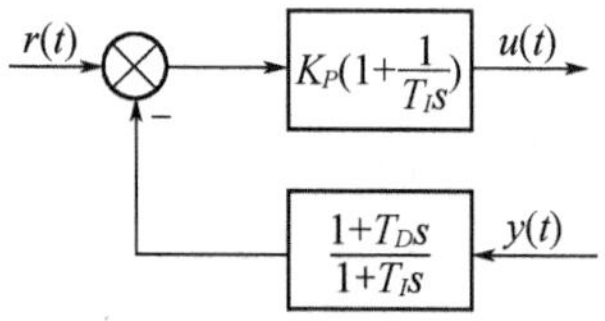

图 4.15　微分先行 PID 控制器结构图

4.2.5　时间最优 PID 控制

最大值原理是庞特里亚金(Pontryagin)于 1956 年提出的一种最优控制理论，也叫快速时间最优控制原理，它是研究满足约束条件下获得允许控制的方法。用最大值原理可以设计出控制变量只在 $|u(t)|\leqslant 1$ 范围内取值的时间最优控制系统。而在工程上，设 $|u(t)|\leqslant$

1 都只取±1 两个值，而且依照一定法则加以切换，使系统从一个初始状态转到另一个状态所经历的过渡时间最短，这种类型的最优切换系统称为开关控制（Bang-Bang 控制）系统。

在工业控制应用中，最有发展前途的是 Bang-Bang 控制与反馈控制相结合的系统，这种控制方式在给定值升降时特别有效，具体形式为：

$$|e(k)| = |r(k) - y(k)| \begin{cases} > \alpha & \text{Bang-Bang 控制} \\ \leqslant \alpha & \text{PID 控制} \end{cases}$$

时间最优位置随动系统，从理论上讲应采用 Bang-Bang 控制，但是 Bang-Bang 控制很难保证足够高的定位精度，因此对于高精度的快速伺服系统，应该采用 Bang-Bang 控制和线性控制相结合的方式。

4.2.6 PID 比率控制

在化工和冶金工业生产中，经常需要将两种物料以一定的比例混合或者参加化学反应，如果一旦比例失调，轻者影响产品的质量或者造成浪费，重者则造成生产事故或发生危险。例如，在加热炉燃烧系统中，要求空气和煤气按照一定的比例供给。如果空气量比较多，将带走大量的热量，使得炉温下降。反之，如果煤气量过多，则会有一部分煤气不能完全燃烧而造成浪费。

在模拟控制系统中，比例调节多采用单元组合仪表来完成，如图 4.16 所示。

该系统的原理是：煤气和空气的流量差压信号经过变送器及开方器后分别得到空气和煤气的流量 Q_a 和 Q_b，Q_a、Q_b 经过除法器得到一个比值 $K(k)$，$K(k)$ 与给定值相减得到偏差信号 $e(k) = r(k) - K(k)$，引偏差信号经过 PID 控制器输出到电/气转换器，控制空气的阀门，以控制一定比例的空气和煤气，这种系统又叫做固定比例控制。由图 4.16 可以看出，要实现这样一个系统采用单元组合仪表是比较复杂的，而且当煤气的成分发生变化时改变调节系统的比值也比较麻烦。但是如果用微型机控制，就可以省去两个开方器、除法器和控制器。所有这些计算都可以通过软件来实现。并且可以用一台微型机控制多个回路，其原理图如图 4.17 所示。

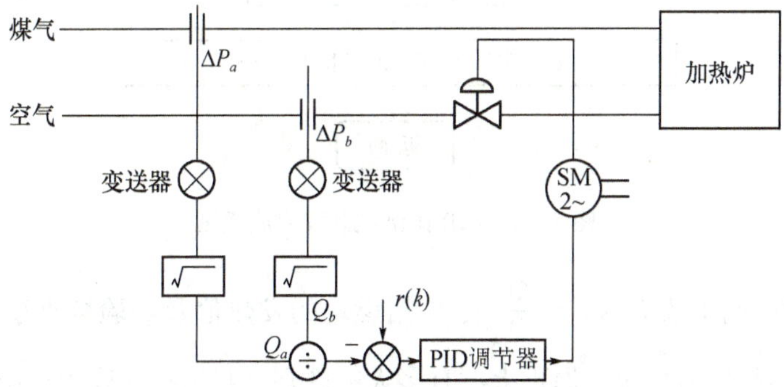

图 4.16 空气/煤气比例调节系统

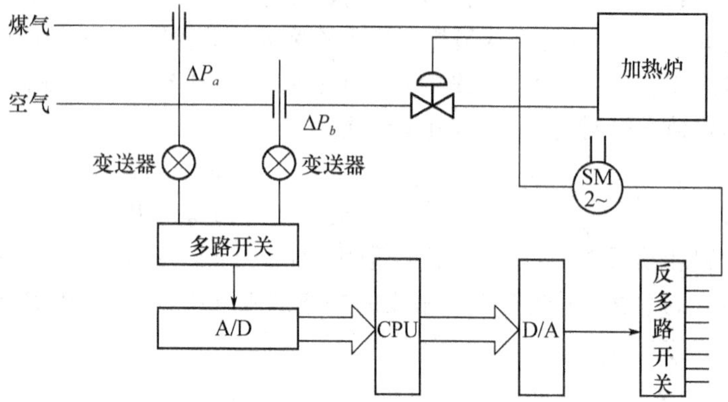

图 4.17　计算机比例控制原理图

采用计算机控制的原理和模拟调节系统基本上是一样的，不同的是开方、比值及 PID 控制算法均由计算机来完成。由于系统硬件大为减少，所以控制系统的可靠性将有所增加。PID 比例控制流程如图 4.18 所示。

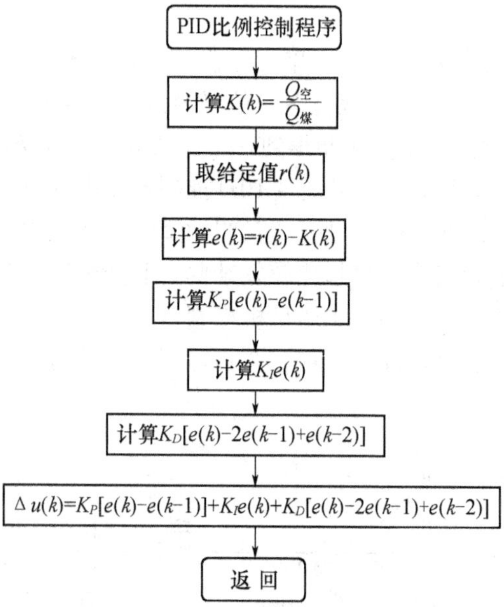

图 4.18　PID 比例控制程序流程图

系统中固定比例系数 $K(k)=\dfrac{Q_{空}}{Q_{煤}}$ 是根据燃烧的发热值及经验数据事先计算好的。因此，这种调节方案与恒值系统在原理上没有多大的区别。但是，在实际生产中，由于燃料的发热值是个变量，为了节省燃料，可以根据燃料的变化自动改变空气与煤气的比例，这种系统称为自动比例系统。自动比例系统与固定比例系统在硬件结构上基本一致，不同的是要根据燃料的成分首先计算出燃料的发热值，然后求出比例系数 $K(k)$。为了节省计算机计算时间，可以采用定时校正的办法，每隔一定的时间对 $K(k)$ 进行一次校正。当新的比例系数 $K'(k)$ 确定后，即可按照上述固定比例的方法进行调节。

值得说明的是，PID 算法的几种改进算法是非常重要的，这也是计算机控制系统独特的优点。这种算法不需要增加新设备，而是根据被控对象的要求，对原来位置或者增量型 PID 的算法进行适当的改进，即可以大大改善调节系统的调节品质。因此，在计算机控制系统中，有时改进型 PID 的应用比常规的 PID 应用要多。

4.3　数字 PID 算法应用中的问题

数字 PID 算法是通过软件来实现的，因此在数字 PID 的实现过程及调节过程中都会遇到一些问题，下面就这两个方面的问题加以叙述。

4.3.1　数字 PID 算法实施中的几个问题

在设计 PID 控制程序时，需要考虑如下的几个问题：

(1) 算法编程。要选择用定点还是浮点运算来编程，一般来说，在计算机运算速度满足的条件下，采用浮点运算可以达到较高的运算精度。在采用 PC 工控机时，大多数采用浮点运算。应用单片机作为数字控制器时，通常采用定点运算，其特点是运算速度快，但是要注意运算精度的问题。在用定点运算时，采用补码计算可以很方便地解决运算量的符号问题。此外，定点运算要注意运算结果的溢出问题，解决的办法是先用比例因子将参与运算的量缩小，运算后再把输出值放大相应的倍数。

(2) 输出限幅。控制系统的执行机构都有其极限位置，与控制器对应就有两个极限量：最大控制量 $U_{\max}$ 和最小控制量 $U_{\min}$。输出超过 $U_{\max}$ 或者低于 $U_{\min}$ 的控制量可能损害设备或者使控制性能下降。在实际编程时要有对输出量检查限幅的环节，位置型控制输出应限幅在范围 $U_{\min} \leqslant u(k) \leqslant U_{\max}$ 内，即当 $u(k) > U_{\max}$ 时，取 $u(k) = U_{\max}$ 或 $u(k) < U_{\min}$ 时，取 $u(k) = U_{\min}$。对增量型的输出，要保证输出 $\Delta u(k)$ 不超过执行机构可调节的余量 Δu。

(3) 积累整量化误差。在增量型 PID 算式中，积分项是用 $\Delta u_I = K_I e(k) = K_P \dfrac{T}{T_I} e(k)$ 计算的。在用定点运算时，如果采样周期 T 较小，而积分时间 T_I 又较大时，$K_P \dfrac{T}{T_I} e(k)$ 的值可能小于计算机字长所能表示的数的精度 ε，计算机将其忽略作零对待，从而产生积分整量化误差，实际上等于无积分作用。其解决办法是当积分项 $K_I e(k) < \varepsilon$ 时，不把它舍弃，而是将其累加起来，即 $S_I = \sum_{i=1}^{n} \Delta u_I(i)$，直到累加值 $S_I > \varepsilon$ 时，将 S_I 加入到 $u(k)$ 中，其程序流程图如图 4.19所示。

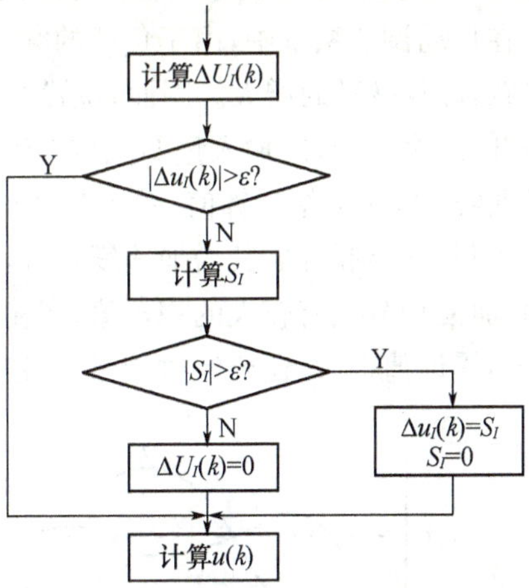

图 4.19　消除累积整量化误差的程序流程图

4.3.2　数字 PID 调节中的几个实际问题

数字 PID 控制器在实际的应用中，根据系统对被控参数的要求，D/A 转换器的输出位数，以及对干扰的抑制能力的要求等，还有许多具体的问题需要解决。这是 PID 数字控制器设计中往往被人忽视，然而实际应用中又不得不重视的一些实际问题。如正反作用问题、积分饱和问题、限位问题、字节变换问题、电流/电压输出问题、干扰抑制问题以及手动/自动的无扰动切换问题等。这在模拟仪表中需要采取改变线路，或更换不同类型控制器的办法加以解决，在计算机系统中，则可通过改变软件的方法很容易可以实现。下面介绍部分问题解决方法。

（1）正反作用问题

在模拟控制器中，一般都是通过偏差进行调节的。偏差的极性与控制器输出的极性有一定的关系，且不同的系统有着不同的要求。例如，在煤气加热炉温度调节系统中，被测温度高于给定值，煤气的进给阀门应该关小，以降低炉膛的温度。又如在炉膛压力调节系统中，当被测压力值高于给定值时，则需要将烟道阀门开大，以减小炉膛压力。在调节过程中，前者称为反作用，而后者称为正作用。模拟系统中控制器的正、反作用是靠改变模拟控制器中的正、反作用开关的位置来实现的。而在由计算机所组成的数字 PID 控制器中，可用两种方法来实现。一种方法是通过改变偏差 $e(k)$ 的公式来完成。其做法是：正作用时，$e(k)=y(k)-r(k)$；反作用时，则 $e(k)=r(k)-y(k)$，程序的其他部分不变。另外一种做法是，计算公式不变，只需要反作用时，在完成 PID 运算之后，先将其结果求补，而后再送到 D/A 转换器进行转换，进而输出。

（2）积分饱和作用的抑制

在模拟系统中，由于积分作用，将使得控制器的输出达到饱和。为了克服这种现象，人们又研究出抗积分饱和型 PID 控制器，如 DDZ-Ⅲ型仪表中的 DTT-2105 型控制器。同样，在数字 PID 控制器中也存在着同样的问题。

在自动调节系统中，由于负载的突变，如开工、停工或者给定值的突变等，都会引起偏差的阶跃，即 $|e(k)|$ 的增大。因而，位置型 PID 输出 $u(k)$ 将急骤增大或者减小，以致超过阀门的全开（或全关）时的输入量 U_{max}（或者 U_{min}）。此时的实际控制量只能限制在 U_{max}（图 4.20 中的曲线 b），而不是计算值（图 4.20 中的曲线 a）。此时，系统输出 $y(k)$ 虽然不断上升，但是由于控制量受到限制，其增加速度减慢，偏差 $e(k)$ 将比正常情况下持续更长的时间保持在正值，而使积分项有较大的积累值。当输出超过给定值 $r(k)$ 后，开始出现负偏差，但是由于积分项累计值很大，还要经过相当一段时间之后，控制量 $u(k)$ 才能脱离饱和区。这样就使

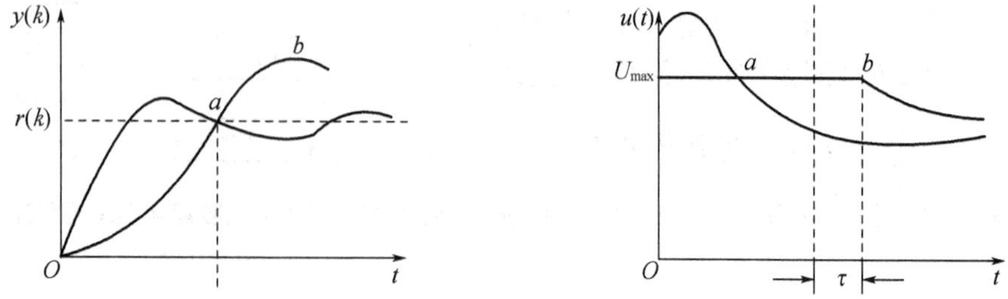

(a) 理想情况的控制　　(b) 有限制时产生积分饱和

图 4.20　PID 算法的积分饱和现象

得系统的输出出现明显的超调。很明显，饱和现象主要是由积分项引起的，所以称之为“积分饱和”。这种现象引起大幅度的超调，使系统不稳定。

(3) 手动/自动跟踪及手动后援问题

在自动调节系统中，由手动到自动切换时，必须能够实现自动跟踪，即在由手动到自动切换时刻，PID 的输出对应于手动时的阀门位置，然后在此基础上，按照采样周期进行自动调节，为达到此目的，必须使系统能采样到两种信号：自动/手动状态和手动时的阀位值。

另外，当系统切换到手动时，要能够输出手动控制信号。例如，在用 DDZ-Ⅲ型电动机执行机构作为执行单元时，手动输出电流为 4～20 mA。能够完成这一功能的设备，我们称之为手动后援。在计算机调节系统中，手动/自动跟踪及手动后援，可以采用多种方法实现。下面介绍两种手动/自动跟踪及手动后援的方法。

① 简易方法

当调节系统要求不太高，或者为了节省资金，可以自行设计一个简易的手动/自动跟踪及手动后援系统，如图 4.21 所示。

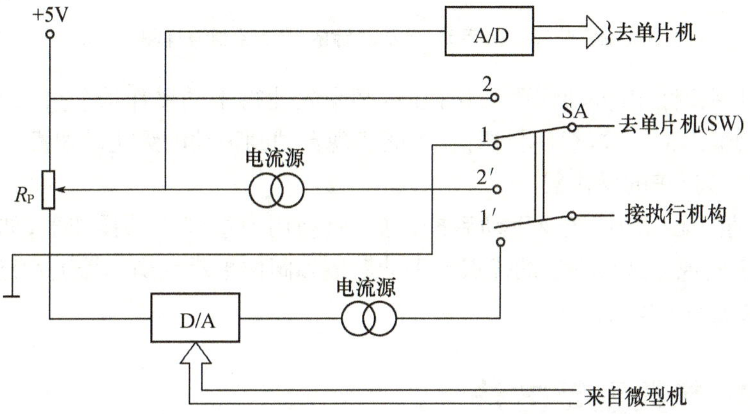

图 4.21　自动跟踪及手动后援系统原理图

在图 4.21 中，双刀双掷选择开关 SA 有两个位置，当 SA 处于 1-1′位置时，开关量 SW＝0，表示系统运行于自动方式，执行机构由 D/A 转换器的输出控制；当开关 SA 换到 2-2′位置时，开关量 SW＝1，说明系统已经转入手动方式，此时执行机构由电位器 R_P 控制。图 4.21中的两个电流源为电压—电流变换器，输出范围为 4～20 mA。A/D 转换器用来检测手动时阀门的位置。

系统的工作原理说明如下：首先根据系统的要求设置开关 SA 的位置。在进行 PID 运算之前，先判断 SW 的状态，如果为 1(手动状态)，则不进行 PID 运算。直接返回主程序；若 SW＝0，调节系统处于自动状态，此时，首先进行增量型 PID 运算，然后再加上经过 A/D 转换器检测的手动状态下的阀位值，作为本次 PID 控制的输出值，即：

$$u(k) = \Delta u(k) + u_0。$$

式中：$\Delta u(k)$——增量型 PID 计算值；

u_0——手动时阀门的开度。

注意，此过程只是存在于由手动到自动的第一次采样(调节)过程中。以后的 $u(k)$ 值，则按照以下公式进行 $u(k) = \Delta u(k) + u(k-1)$。

实现上述的控制过程的软件流程如图 4.22 所示。

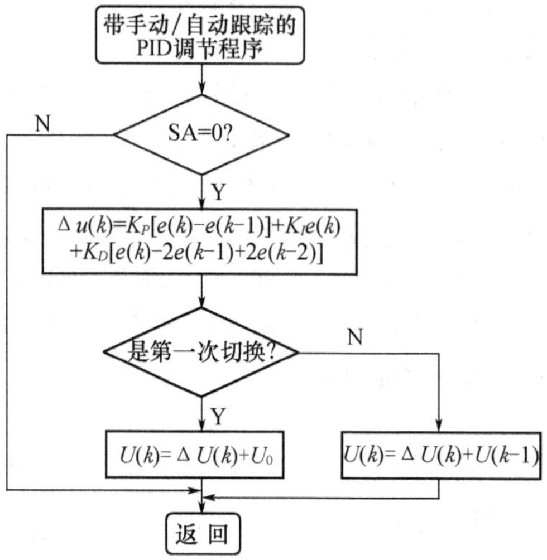

图 4.22　带手动/自动跟踪的 PID 控制流程图

请注意，此系统在由自动到手动切换时，必须先使得手动操作器(电位器)的输出值与 D/A 转换器的输出值一致，然后再切换，才能实现自动到手动的无扰动切换。

② 利用模拟仪表的操作器

手动/自动的无扰动切换及手动后援，也可以利用模拟仪表的操作器，如 DFQ2000 和 DFQ2100 等来实现。这种方法的优点是手动后援和阀位指示在操作器上均已经安排好，这样可以节省系统的开发时间。

4.4　PID 参数整定方法

在数字控制系统中，参数的整定是十分重要的，调节系统中参数整定的好坏直接影响到调节的品质。

一般的生产过程都具有较大的时间常数，而数字 PID 控制系统的采样周期则要小很多，所以数字控制器的参数整定，完全可以按照模拟控制器的各种参数整定方法进行分析和综合。但是，数字控制器与模拟控制器相比，除了比例系数 K_P、积分时间 T_I 和微分时间 T_D 外，还有一个重要的参数——采样周期 T，需要很好地选择。合理的选择采样周期 T，是数字控制系统关键的问题之一。

4.4.1　采样周期 T 的选择

由香农(Shannon)采样定理可知，当采样频率的上限为 $f_s \geqslant 2f_{max}$ 时，系统可以真实地恢复到原来的连续信号。从理论上讲，采样频率越高，失真越小。但是从控制器本身而言，大都依靠偏差信号 $E(k)$ 进行调节计算。当采样周期 T 太小时，偏差信号 $e(k)$ 也会过小，此时计算机将会失去调节作用。采样周期 T 过长又会引起误差。因此，采样周期 T 必须综合考虑。

影响采样周期的因素有以下几点：

(1) 加至被控对象的扰动频率的高低。扰动频率越高，采样频率也应该相应的提高，即采样周期缩短。

(2) 被控对象的动态特性。若被控对象是慢速的热工或者化工对象时，采样周期一般取得较大；若被控对象是较快速的系统时，如机电系统，采样周期应该取得较小。通常要求 $\omega_n \geqslant 10\omega_b$，$\omega_b$ 是系统闭环带宽；有纯滞后环节 $e^{-\tau s}$ 时，可以取 $T=\tau$，躲开不灵敏区。

(3) 执行机构的类型。若执行机构动作惯性大，采样周期也应该大一些，否则执行机构来不及反应数字控制器输出值的变化。如用步进电机时，采样周期较小；用气动、液压机构时，采样周期较大。

(4) 控制算法的类型。当采用 PID 算法时，积分作用和微分作用大小与采样周期 T 的选择有关。选择的采样周期 T 太小，将使得微分作用不明显。因为当 T 小到一定程度后，由于受计算机精度的限制，偏差 $e(k)$ 始终为零。

(5) 控制的回路数。控制的回路越多，则 T 越大，否则 T 越小。

(6) 对象要求的控制质量。一般来说，控制精度要求越高，采样周期 T 就越短，以减小系统的纯滞后。

(7) 从计算机能精确执行控制算法来看，采样周期 T 应该选的大些。因为计算机字长有限，T 过小，偏差 $e(k)$ 可能很小，甚至为 0，调节作用减弱，微分、积分作用不明显。

采样周期的选择方法有两种：一种是计算法，另一种是经验法。计算法由于比较复杂，特别是被控系统各个环节时间常数难以确定，所以工程上用得比较少，工程上应用最多的还是经验法。

所谓经验法实际上是一种凑试法。即根据人们在工作实践中积累的经验及被控对象的特点、参数，先粗选一个采样周期 T，送入计算机控制系统进行试验，根据对被控对象的实际控制效果，反复修改 T，直到满意为止。经验法所采用的采样周期，如表 4.1 所示。表 4.1 中所列的采样周期 T 仅供参考。由于生产过程千变万化，因此实际的采样周期需要经过现场调试后确定。

表 4.1 采样周期的经验数据

控制系统类型	采样周期 T	说明
压力系统	3～10	优先选用 5 s
液位系统	6～10	
流量系统	1～5	优先选用 1 s
温度系统	15～20	T_s 获取纯滞后时间 对串级系统 $T_{s分}=\frac{1}{4}-\frac{1}{5}T_{s主}$
成分系统	15～20	

4.4.2 凑试法整定 PID 控制器参数

凑试法是通过仿真或实际运行观察系统对阶跃输入的响应，根据 PID 调节参数对系统响应的大致影响，反复凑试控制器参数，直到满足要求，最终得到较好的一组 PID 参数。

1）各个参数对系统性能的影响

增大比例系数 K_P，一般将加快系统的响应，有利于减小静差。但是过大的 K_P 会使系统有较大的超调，并产生振荡，使稳定性变坏。增大积分时间 T_I，有利于减小超调，减小振荡，使系统更加稳定，但是系统静差的消除将随之减慢。增大微分时间 T_D，有利于加快系统响应，使超调量减小，稳定性增加，但是系统对扰动的抑制能力减弱，对扰动有较敏感的响应。

在凑试时，可参考以上参数对控制过程的影响趋势，对参数实行先比例，后积分，再微分的整定步骤。

2）整定步骤

（1）先整定比例部分（$T_I=\infty, T_D=0$）将 K_P 由小变大，观察相应的系统响应，直到得到反应快、超调小的响应曲线。如果系统没有静差或者静差已经小到允许范围内，并且响应曲线已经属于满意，比例系数可以由此确定。

（2）加入比例控制对静差不满意时，可以加入积分控制。先置 T_I 为一个较大值，并将得到的 K_P 略为缩小一些（如缩小为原值的 0.8），然后逐步减小 T_I，使系统在有良好动态性能的情况下，静差得到消除。在此过程中，可能要反复改变 K_P 与 T_I，以期得到满意的效果。

（3）若用 PI 控制器消除了静差，但是动态过程经反复调整仍不能满意，则加入微分控制，构成 PID 控制器。在整定时，先置 T_D 为零。逐步增大 T_D，同时相应的改变 K_P 与 T_I，逐步凑试，以获得满意的调节效果和控制参数。

4.4.3　扩充临界比例度法

扩充临界比例度法是简单工程整定方法之一。它是基于模拟控制器中使用的临界比例度法的一种 PID 数字控制器参数整定方法。用这种方法整定 T、K_P、T_I、T_D 的步骤如下：

（1）选择一个足够的采样周期 $T_{\min}$。例如带有纯滞后的系统，其采样周期取纯滞后时间的$\frac{1}{10}$以下。

（2）求出临界比例度 δ_u 和临界振荡周期 T_u。具体方法是，将上述的采样周期 $T_{\min}$ 输入到计算机控制系统中，并用比例控制，逐渐缩小比例度，直到系统产生等幅度振荡为止。所得到的比例度即为临界比例度 δ_u，相应的振荡周期称为临界振荡周期 T_u。

（3）选择控制度。所谓控制度，就是以模拟控制器为基准，将 DDC 的控制效果与模拟控制器的控制效果相比较，其评价函数通常采用 $\int_0^\infty e^2(t)\mathrm{d}t$（误差平方积分）表示。

$$控制度=\frac{\left[\int_0^\infty e^2(t)\mathrm{d}t\right]_{\mathrm{DDC}}}{\left[\int_0^\infty e^2(t)\mathrm{d}t\right]_{模拟}}$$

对于模拟系统，其误差平方积分可以按照记录纸上的图形面积计算。而 DDC 系统可以用计算机直接计算。通常当控制度为 1.05 时，表示 DDC 系统与模拟系统的控制效果相当。

（4）根据控制度，查表 4.2 可以求出 T、K_P、K_I、K_D 的值。

（5）将按照上面的方法求得的参数，加到系统中运行，观察控制效果，再适当调整参数，直到获得满意的控制效果。

表 4.2　扩充临界比例度的计算表

控制度	控制算法	T/T_u	K_P/K_k	T_I/T_u	T_D/T_u
1.05	PI	0.03	0.53	0.88	—
	PID	0.014	0.63	0.49	0.14
1.2	PI	0.05	0.49	0.91	—
	PID	0.043	0.47	0.47	0.16
1.5	PI	0.14	0.42	0.99	—
	PID	0.09	0.34	0.43	0.2
2.0	PI	0.22	0.36	1.05	—
	PID	0.16	0.27	0.40	0.22

4.4.4　扩充响应曲线法

在扩充临界比例度整定法中，不需要事先知道对象的动态特性，而是直接在闭环系统中进行整定。如果已知系统的动态特性曲线，那么就可以与模拟调节方法一样，采用扩充响应曲线法进行整定。其步骤如下：

(1) 断开数字控制器，使系统在手动状态下工作。将被调量调节到给定值附近，并使之稳定下来，然后突然改变给定值，给对象一个阶跃输入信号。

(2) 用仪表记录下被调参数在阶跃输入下的变化过程曲线，如图 4.23 所示。

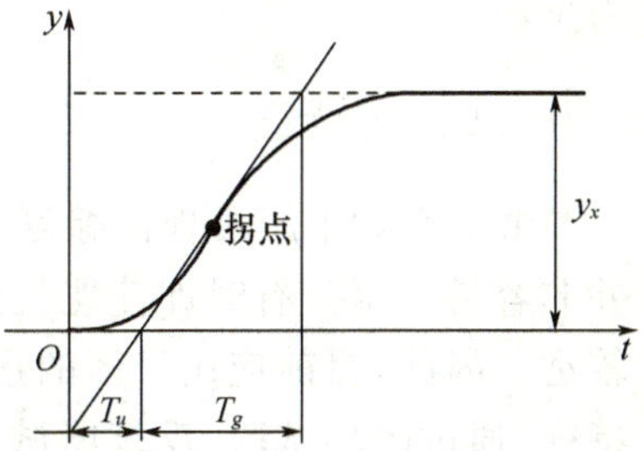

图 4.23　阶跃响应曲线

(3) 在曲线最大斜率处，求得滞后时间 T_u，被控对象时间常数 T_g，以及它们的比值 T_u/T_g。

(4) 根据所求得的 T_u、T_g、T_u/T_g 的值，查表 4.3，即可求出控制器的采样周期 T、K_P、T_I、T_D。

表 4.3　扩充响应曲线法整定参数表

控制度	控制算法	T/T_u	K_pT_u/T_g	T_I/T_u	T_D/T_u
1.05	PI	0.1	0.84	0.34	—
	PID	0.05	0.15	2.0	0.45
1.2	PI	0.2	0.78	3.6	—
	PID	0.16	1.0	1.9	0.55
1.5	PI	0.5	0.68	3.9	—
	PID	0.34	0.85	1.62	0.65
2.0	PI	0.8	0.57	4.2	—
	PID	0.6	0.6	1.5	0.82

以上两种方法特别适应于被控对象是一阶滞后环节，如果对象为其他环节，可以另外选择其他方法来整定参数。

4.4.5 归一参数整定法

除了上面讲的一般的扩充临界比例度整定法以外，Roberts. P. D 在 1974 年提出了一种简化扩充临界比例度整定法。由于该方法只需要一个参数即可，故又称为归一参数整定法。

已知增量型 PID 控制的公式为：

$$\Delta u(k) = K_P\left\{e(k) - e(k-1) + \frac{T}{T_I}e(k) + \frac{T_D}{T}[e(k) - 2e(k-1) + e(k-2)]\right\} \tag{4.26}$$

根据 Ziegler-Nichle 条件，令 $T = 0.1T_k$，$T_I = 0.5T_k$，$T_D = 0.125T_k$，式中 T_k 为纯比例作用下的临界振荡周期，则

$$\Delta u(k) = K_P\left\{2.25e(k) - 3.5e(k-1) + \frac{T}{T_I}e(k) + 1.25e(k-2)]\right\} \tag{4.27}$$

这样，整个问题便简化为只要整定一个参数 K_P。改变 K_P，观察控制效果，直到满意为止。

4.4.6 优选法

由于实际生产过程错综复杂，参数千变万化，因此，如何确定被控对象的动态特性并非容易之事。有时即使能找出来，不仅计算麻烦，工作量大，而且其结果与实际相差较远。因此，目前应用最多的还是经验法。即根据具体的调节规律及不同调节对象的特征，通过闭环试验，反复凑试，找出最佳的调节参数。优选法就是这样一种基于经验的参数整定方法。

具体做法是根据经验，先把其他参数固定，然后用 0.618 法对其中某一参数进行优选，优选出最佳参数后，再换另外一个参数进行优选，直到把所有的参数优选完毕为止。最后根据 T、K_P、T_I、T_D 诸参数优选的结果选一组最佳值即可。

4.5 PID 算法仿真实例

众所周知，计算机闭环控制系统的控制性能好坏，在系统硬件确定后主要由设计的数字控制器决定。那么设计出的控制器能否满足控制性能指标要在线整定参数后才能得知。但是如果在实际的控制对象上加上控制器，运行调试来整定控制器参数，这样费时费力。若是应用计算机仿真技术，就可以在计算机上用软件仿真的方法来研究控制系统的性能、系统动态运行过程和控制器的性能。

下面我们介绍两种 PID 算法的仿真方法。一种是基于用户自己封装 PID 控制器的方法；另一种是基于 S 函数的 PID 控制器的仿真方法。

4.5.1 仿真模型的结构

进行控制算法的仿真，关键是要有一个易于使用的仿真平台。MATLAB 是目前应用相当广泛的控制系统分析、仿真的最好平台。完全采用 MATLAB 函数、语句通过编程就可以建立仿真模型，进行算法仿真。但是这样的仿真模型不直观。SIMULINK 是构建在

MATLAB之上的可视化面向结构图的仿真工具，它的易于使用、直观性强的特点非常适合构建控制系统仿真模型。

经典控制中一般采用传递函数表示系统模型，用SIMULINK做系统仿真时，可以用传递函数表示控制器、被控对象，再加上仿真信号源和观察结果的示波器。控制系统仿真模型如图4.24所示。

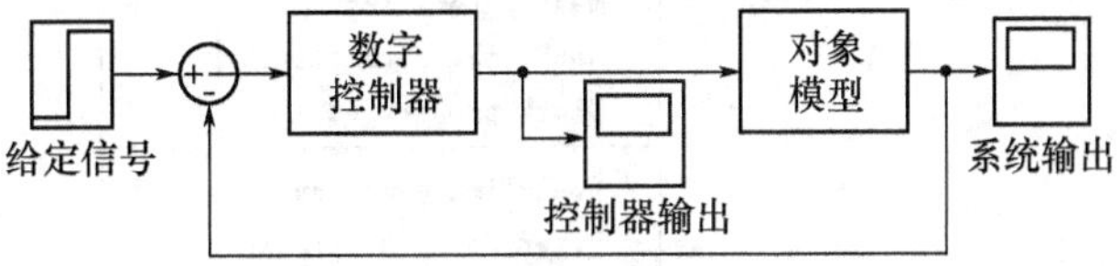

图4.24 SIMULINK仿真模型

4.5.2 控制算法仿真的实现方法

1）基于用户自己封装PID控制器的方法

设被控对象模型为$G(s)=\dfrac{10}{s(s+25)}$，首先在SIMULINK下建立PID控制器的模块如图4.25所示。

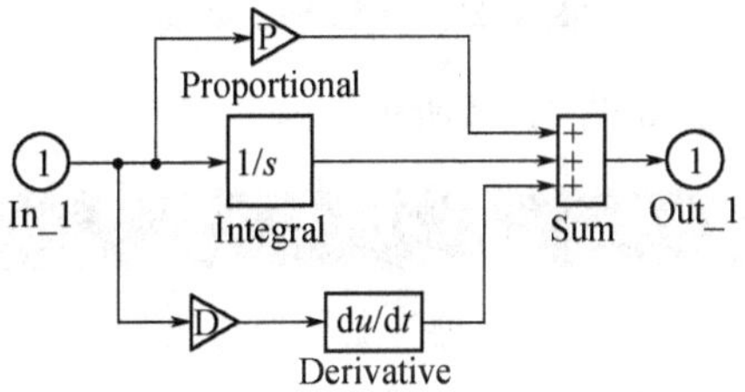

图4.25 未封装的PID控制器模块

然后点击菜单Edit下的Create Subsystem，对PID模块进行封装。然后建立整个控制系统的仿真图如图4.26所示。

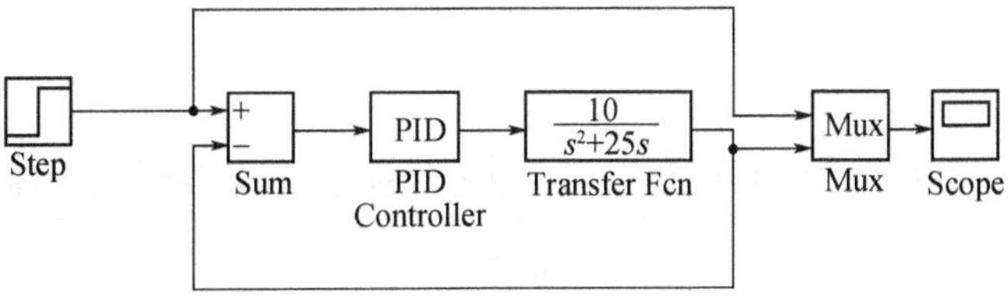

图4.26 控制系统的仿真图

此时要对该仿真图的PID模块进行参数的设置，右键点击封装好的PID模块，点击下拉菜单中的Edit mask，如图4.27所示。

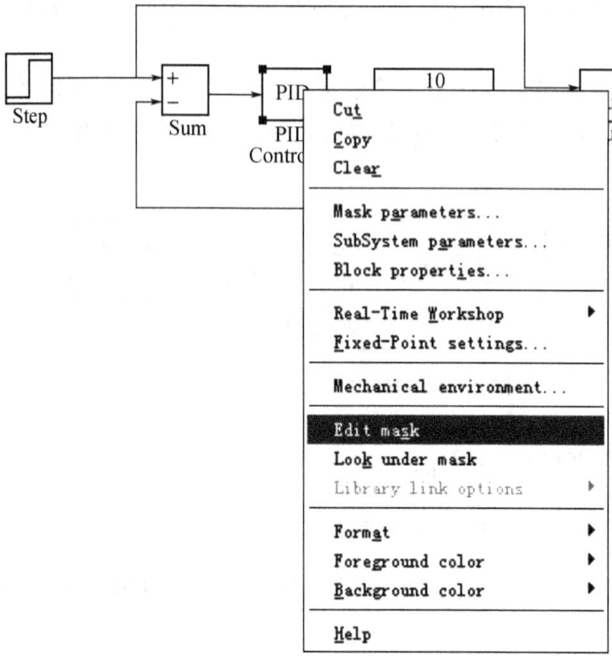

图 4.27 编辑 PID 模块

得到设置 PID 参数的界面如图 4.28 所示。

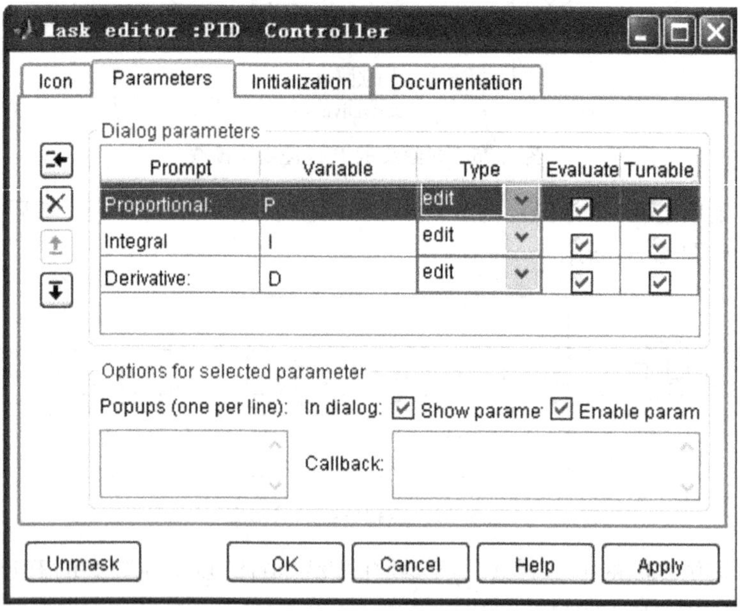

图 4.28 设置 PID 参数的界面

点击菜单项中的 Parameters，开始设置比例、积分和微分 3 个参数，如图 4.29 所示。在此要注意：Variable 项中的变量名称一定要和图 4.25 中的变量名一致，否则会出错。然后再双击 PID 控制器模块，设置 3 个参数的值，此例中，设置整定的参数为：P=60(Kp=60)，I=1(Kp/Ti=1)，D=3(Kp * Td=3)。点击 OK 就可以进行仿真了。

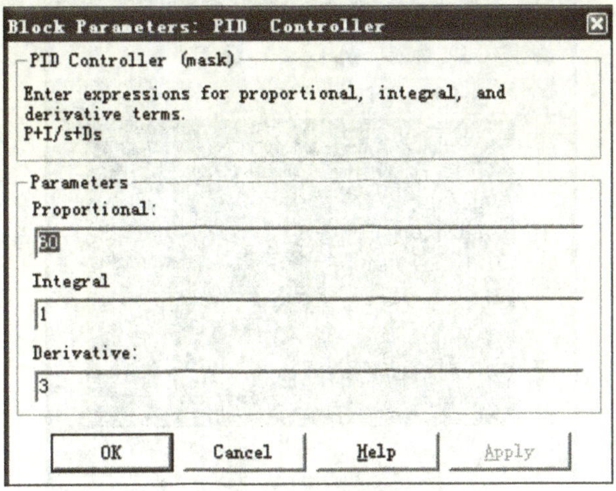

图 4.29 设置参数值

未加 PID 控制器的仿真结果如图 4.30 所示;加 PID 控制器的控制系统的仿真结果如图 4.31所示。

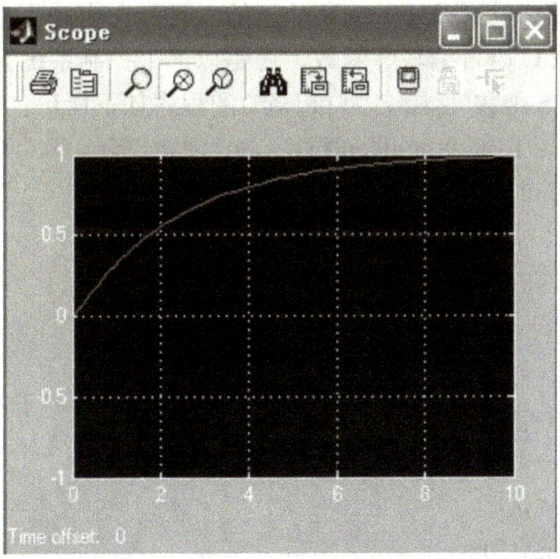

图 4.30 未加 PID 控制器的仿真结果

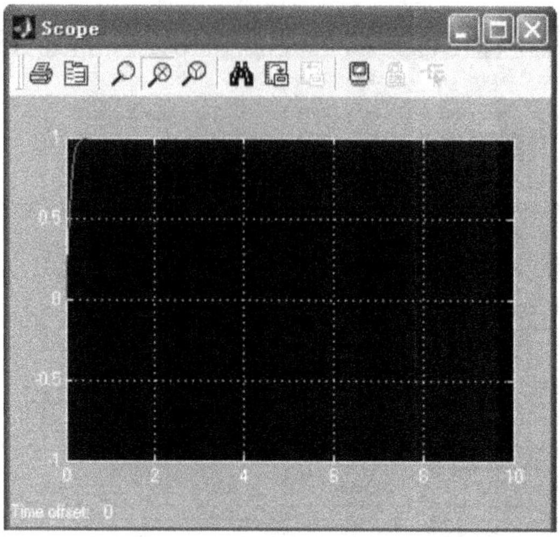

图 4.31　加 PID 控制器的仿真结果

通过对比图 4.30 和图 4.31 可以明显看出，加了 PID 控制器的控制系统的性能更优。

2）基于 S 函数的 PID 控制器的方法

S 函数（系统函数）是扩展 SIMULINK 功能的工具。它能描述连续、离散和混合系统模型，可以用 MATLAB 或 C 语言编写 S 函数。还是以上个控制系统为例，来介绍用 S 函数实现 PID 控制器的方法。S 函数（函数名为 pidcon）的程序如下所示：

```
function [sys, x0, str, ts]=pidcon (t, x, u, flag, Kp, Ti, Td, T, E)
global umax Ki Kd uk _ 1 ek _ 1 ek _ 2 B
switch flag          %标识变量
case 0               %初始化
sizes=simsizes;
sizes. NumContStates=0;
sizes. NumDiscStates=0;
sizes. NumOutputs=1;
sizes. NumInputs=1;
sizes. DirFeedthrough=1;
sizes. NumSampleTimes=1;
sys=simsizes(sizes);
str=[];
ts=[T 0];
umax=50;             %设置输出的最大值
uk_1=0;ek_1=0;ek_2=0;Ki=Kp * T/Ti;Kd=Kp * Td/T;
case 3               %控制器的输出计算
ek=u;
if abs(ek)<=E
B=1;
```

```
Else
B=0;
end
uk=uk_1+Kp*(ek-ek_1)+B*Ki*ek+Kd*(ek_2*ek_1+ek_2);          %计算输出量
if uk>umax
uk=umax;
end
if uk<-umax
uk=-umax;
end
uk_1=uk;
ek_2=ek_1;
ek_1=ek;
sys=[uk];
case{1,2,4,9}
sys=[];
otherwise
error(['Unhandled flag=',num2str(flag)]);
end
```

SIMULINK 与 S 函数的接口靠 S-Function 函数模块(即仿真模型的控制器)完成。S-Function 函数模块的参数设置如图 4.32 所示,包括 S 函数文件名和从 SIMULINK 传递过来的参数。这些参数的次序、个数都要和 S 函数第一行的参数变量一致,否则无法运行。

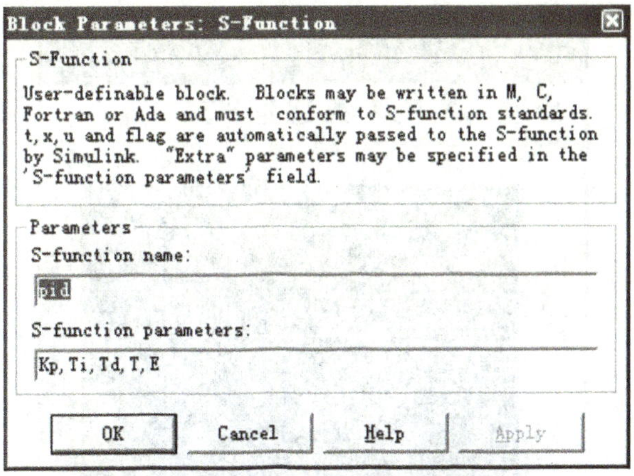

图 4.32 S-Function 函数模块的参数设置

S 函数实际上又分成若干个子程序,分别实现初始化、连续状态、离散状态计算等,其调用情况由参数 flag 确定。flag=0,执行初始化功能,我们可以将控制算法的一些初始值、常数等在此计算;flag=3,执行系统输出,每个采样执行一次,我们就可以把控制算法的递推部分放在这一段。

在 SIMULINK 环境下，建立的控制系统的模型如图 4.33 所示。

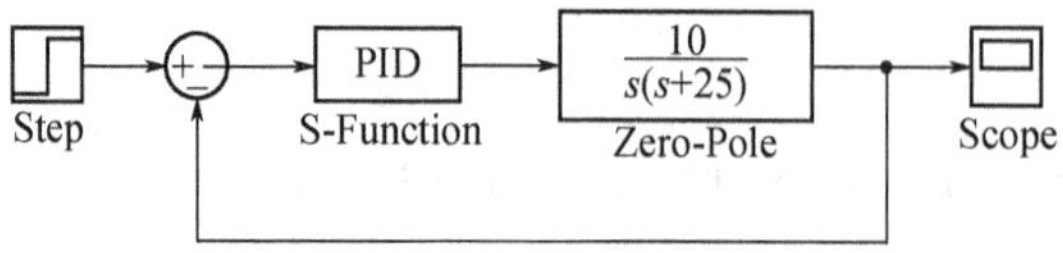

图 4.33　控制系统的模型图

双击 pid 模块，设置参数值如图 4.34 所示。设置的参数 Kp＝30，Ti＝20，Td＝0.0001，T＝0.01，E＝10，其仿真结果如图 4.35 所示。

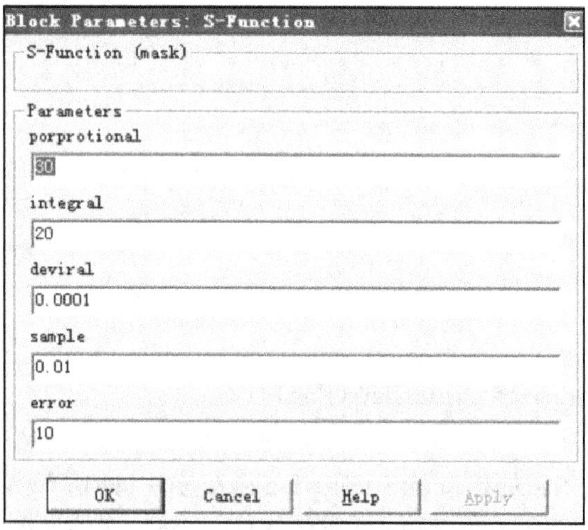

图 4.34　基于 S 函数控制器的参数设置值

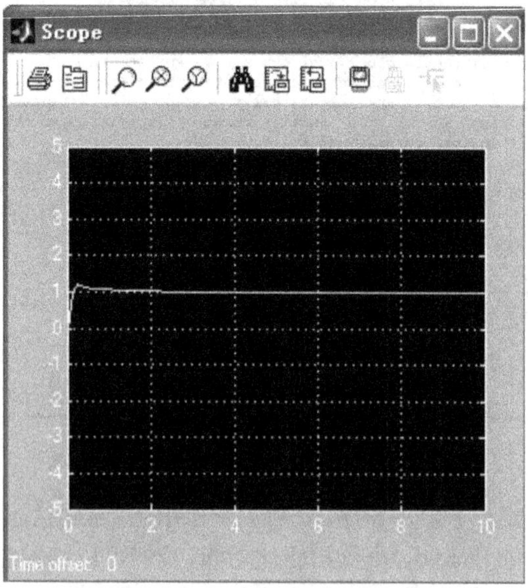

图 4.35　基于 S 函数控制器的控制系统仿真结果

思考题与习题 4

4.1 数字控制器与模拟调节器相比较有什么优点？

4.2 在PID控制器中，系数 K_P、K_I、K_D 各有什么作用？它们对调节品质有什么影响？

4.3 在PID控制器中，积分项有什么作用？常规PID、积分分离与变速积分三种算法有什么区别和联系？

4.4 在数字PID中，采样周期是如何确定的？它与哪些因素有关系？采样周期的大小对调节品质有什么影响？

4.5 什么是数字位置型PID和增量型PID算法？它们各有什么优缺点？

4.6 在自动调节系统中，正、反作用如何判定？在计算机控制系统中如何实现？

4.7 什么叫积分饱和？它是怎样引起的？如何消除？

4.8 已知某连续控制器的传递函数 $D(s)=\dfrac{1+2s+s^2}{s}$，用数字PID算法实现，试分别写出相应的位置型和增量型PID算法输出表达式。设采样周期 $T=0.2$ s。

4.9 试叙述试凑法、扩充临界比例度法、扩充响应曲线法整定PID参数的步骤。

4.10 计算机控制系统如题10图所示，采样周期 $T=1$ s，如果数字控制器为比例控制器，即 $D(z)=K_P$，试分析 K_P 对控制系统性能的影响。

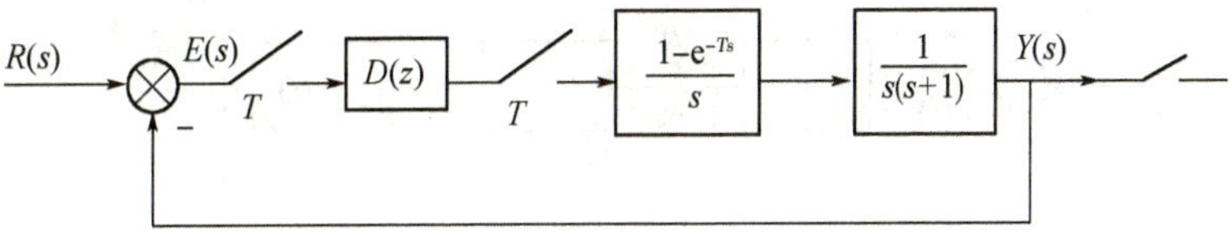

题10图

5 常用数字控制器的设计

用经典控制理论设计连续系统模拟调节器，然后用计算机进行数字模拟，这种方法称为模拟化设计方法。与模拟化设计方法相对应，在计算机控制系统中，可以先把控制系统中的连续部分数字化，再把整个系统看作离散系统，用离散化的方法(数字化方法)设计控制器，这种方法称为直接设计法。直接设计方法使用的工具主要是 Z 变换和状态空间表达式。下面介绍几种常用的数字控制器的设计方法。

5.1 概述

典型的数字反馈控制系统如图 5.1 所示。

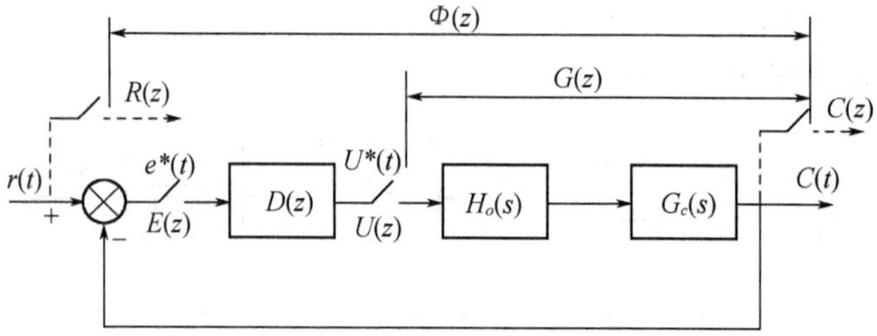

图 5.1 典型的数字反馈控制系统

其中：$G_c(s)$—— 被控对象；

$G(z)=Z[H_o(s)G_c(s)]=Z\left[\frac{1-e^{-Ts}}{s}G_c(s)\right]$—— 广义对象的脉冲传递函数；

$H_o(s)=\frac{1-e^{-Ts}}{s}$—— 零阶保持器；

$D(z)$—— 数字控制器；

$\Phi(z)$ ——系统的闭环脉冲传递函数。

系统开环冲传递函数为： $\Phi_K(z)=D(z)\cdot G(z)$

系统的闭环脉冲传递函数为： $$\Phi(z)=\frac{\Phi_K(z)}{1+\Phi_K(z)}=\frac{D(z)G(z)}{1+D(z)G(z)} \tag{5.1}$$

系统误差脉冲传递函数： $$\Phi_e(z)=\frac{E(z)}{R(z)}=\frac{1}{1+D(z)G(z)}=1-\Phi(z) \tag{5.2}$$

数字控制器输出闭环脉冲传递函数为：

$$\Phi_U(z)=\frac{U(z)}{R(z)}=\frac{D(z)}{1+D(z)G(z)}=\frac{\Phi(z)}{G(z)} \tag{5.3}$$

若已知以上脉冲传递函数，可计算出 $D(z)$。

已知 $\Phi(z)$，可计算出 $D(z)$：

$$D(z)=\frac{1}{G(z)}\frac{\Phi(z)}{1-\Phi(z)} \tag{5.4}$$

已知 $\Phi_e(z)$,可计算出 $D(z)$:

$$D(z)=\frac{1}{G(z)}\frac{1-\Phi_e(z)}{\Phi_e(z)} \tag{5.5}$$

已知 $\Phi_U(z)$,可计算出 $D(z)$:

$$D(z)=\frac{\Phi_U(z)}{1-\Phi_U(z)G(z)}=\frac{\Phi_U(z)}{1-\Phi(z)} \tag{5.6}$$

选取不同的闭环脉冲传递函数,$D(z)$的选取也不同,但是所选的 $D(z)$必须满足以下条件:

(1) 由此而得到的 $D(z)$是物理可实现的,即必须符合因果规律。

(2) $D(z)$也必须是稳定的,即 $D(z)$的零、极点的分布必须满足稳定条件。

5.2 最少拍随动系统的设计

在自动控制系统中,当偏差存在时,总是希望系统能尽快地消除偏差,使输出跟随输入变化或者在有限的几个采样周期内达到平衡。最少拍实际上是时间最优控制。因此,最少拍随动系统的设计任务就是设计一个数字控制器,使系统达到稳定时所需要的采样周期最少,而且系统使采样点的输出值能准确地跟踪输入信号,不存在静差。对任何两个采样周期的中间过程不做要求。在数字控制过程中,一个采样周期称为一拍。

最少拍控制的闭环 z 传递函数具有形式:

$$\Phi(z)=m_1z^{-1}+m_2z^{-2}+\cdots+m_pz^{-p}$$

在这里,p 是可能情况下的最小正整数。这一传递形式表明闭环系统的脉冲响应在 p 个采样周期后变为零,从而意味着系统在 p 拍之内达到稳态。

对最少拍控制系统设计的具体要求是:

(1) 对特定的参考输入信号,在到达稳态后,系统在采样点的输出值准确跟踪输入信号,不存在静差。

(2) 各种使系统在有限拍内达到稳态的设计,其系统准确跟踪输入信号所需的采样周期数应为最少。

(3) 数字控制器 $D(z)$必须在物理上可以实现。

(4) 闭环系统必须是稳定的。

5.2.1 最少拍系统的设计

1) 最少拍闭环 z 传递函数的确定

典型的输入信号一般有三种,其信号形式和 Z 变换如表 5.1 所示。

表 5.1 输入信号的 Z 变换

输入信号类型	表达式	Z 变换
单位阶跃	$r(t)=1(t)$	$R(z)=\dfrac{1}{1-z^{-1}}$
单位速度	$r(t)=t$	$R(z)=\dfrac{Tz^{-1}}{(1-z^{-1})^2}$（$T$ 为采样周期）
单位加速度	$r(t)=\dfrac{1}{2}t^2$	$R(z)=\dfrac{T^2z^{-1}(1+z^{-1})}{2(1-z^{-1})^3}$（$T$ 为采样周期）

从表 5.1 可以发现，这三种输入信号的 Z 变换具有如下共同的形式：

$$R(z)=\frac{A(z)}{(1-z^{-1})^m} \tag{5.7}$$

式中，m 为正整数，$A(z)$ 是不包括 $(1-z^{-1})$ 因式的 z^{-1} 的多项式。因此，对于不同的输入，只是 m 不同而已。一般只是讨论 $m=1$、2、3 的情况。在上述的三种输入中，m 分别为 1、2、3。要使系统达到无静差，则

$$e_{ss}=\lim_{k\to\infty}e(kT)=\lim_{z\to1}(z-1)E(z)=\lim_{z\to1}(z-1)R(z)[1-\Phi(z)]=\lim_{z\to1}(z-1)\frac{A(z)[1-\Phi(z)]}{(1-z^{-1})^m}$$

$=0$。由于 $A(z)$ 没有 $z=1$ 这个零点，所以必须有：

$$1-\Phi(z)=(1-z^{-1})^m\cdot F(z)$$

这里 $F(z)$是 z^{-1}的一个多项式：

$$F(z)=f_0+f_1z^{-1}+\cdots+f_nz^{-n}$$

由这个公式解出：

$$\Phi(z)=1-(1-z^{-1})^mF(z)=1-(1-z^{-1})^m(f_0+f_1z^{-1}+\cdots+f_nz^{-n})$$

显然，为了使 $\Phi(z)$ 具有最小幂次，在 $F(z)$ 中应该取 $f_0=1$。

可以看到，$\Phi(z)$ 具有的 z^{-1} 的最高幂次为 $p=m+n$，这表明系统闭环响应在采样点的值经 p 拍可以达到稳态。特别当 n 取最小值($n=0$)，即 $F(z)=1$ 时，系统在采样点的输出可在最少拍(m 拍) 内达到稳态，即为最少拍控制。表 5.2 列出了对应不同输入最少拍控制的 $\Phi(z)$。

表 5.2 对典型输入的理想最少拍过程

输入类型	m	$\Phi(z)$	最快调整时间
单位阶跃 $\dfrac{1}{1-z^{-1}}$	1	z^{-1}	T
单位速度 $\dfrac{Tz^{-1}}{(1-z^{-1})^2}$	2	$2z^{-1}-z^{-2}$	$2T$
单位加速度 $\dfrac{T^2z^{-1}(1+z^{-1})}{2(1-z^{-1})^3}$	3	$3z^{-1}-3z^{-2}+z^{-1}$	$3T$

在选定 $\Phi(z)$后，最少拍控制器即可根据式(5.4)计算确定。

【例 5.1】 设离散控制系统如图 5.1 所示，被控对象为 $G_c(s)=\dfrac{100}{s(s+10)}$，采用零阶保持器，采样周期 $T=0.1$ s，试设计当输入信号分别为单位阶跃信号、单位速度信号和单位加速度信号时的最少拍控制器。

解 广义对象的脉冲传递函数为：

$$G(z)=Z\left[\frac{1-e^{-Ts}}{s}\frac{100}{s(s+10)}\right]=(1-z^{-1})Z\left[\frac{100}{s^2(s+10)}\right]$$

$$=(1-z^{-1})\left[\frac{10Tz^{-1}}{(1-z^{-1})^2}-\frac{1}{1-z^{-1}}+\frac{1}{1-\mathrm{e}^{-10T}z^{-1}}\right]$$

$$=\frac{0.368z^{-1}(1+0.717z^{-1})}{(1-z^{-1})(1-0.368z^{-1})}$$

(1) 当输入为单位阶跃信号时，$R(z)=\frac{1}{1-z^{-1}}$，选择闭环脉冲脉冲传递函数 $\Phi(z)=z^{-1}$

则数字控制器为：

$$D(z)=\frac{\Phi(z)}{G(z)[1-\Phi(z)]}=\frac{z^{-1}}{\frac{0.368z^{-1}(1+0.717z^{-1})}{(1-z^{-1})(1-0.368z^{-1})}(1-z^{-1})}=\frac{2.717(1-0.368z^{-1})}{1+0.717z^{-1}}$$

输出序列的 Z 变换为：

$$Y(z)=\Phi(z)R(z)=z^{-1}\frac{1}{1-z^{-1}}=z^{-1}+z^{-2}+\cdots z^{-k}+\cdots$$

由此得到输出序列为：

$$y(0)=0,y(T)=1,y(2T)=1,\cdots,y(kT)=1,\cdots$$

可以看出，系统经过 1 拍达到稳态。

(2) 当输入为单位速度信号时，$R(z)=\frac{Tz^{-1}}{(1-z^{-1})^2}$，选择闭环脉冲脉冲传递函数为：$\Phi(z)=2z^{-1}-z^{-2}$

则数字控制器为 $D(z)$ 为：

$$D(z)=\frac{\Phi(z)}{G(z)[1-\Phi(z)]}=\frac{2z^{-1}-z^{-2}}{\frac{0.368z^{-1}(1+0.717z^{-1})}{(1-z^{-1})(1-0.368z^{-1})}(1-z^{-1})^2}$$

$$=\frac{5.435(1-0.5z^{-1})(1-0.368z^{-1})}{(1-z^{-1})(1+0.717z^{-1})}$$

输出序列的 Z 变换为：

$$Y(z)=\Phi(z)R(z)=(2z^{-1}-z^{-2})\frac{Tz^{-1}}{(1-z^{-1})^2}=2Tz^{-2}+3Tz^{-3}+\cdots kTz^{-k}+\cdots$$

由此得到输出序列为：

$$y(0)=0,y(T)=0,y(2T)=2T,\cdots,y(kT)=kT,\cdots$$

可以看出，系统经过 2 拍达到稳态。

(3) 当输入为单位加速度信号时，$R(z)=\frac{T^2z^{-1}(1+z^{-1})}{2(1-z^{-1})^3}$，选择闭环脉冲脉冲传递函数 $\Phi(z)=3z^{-1}-3z^{-2}+z^{-3}$

则数字控制器为：

$$D(z)=\frac{\Phi(z)}{G(z)[1-\Phi(z)]}=\frac{3z^{-1}-3z^{-2}+z^{-3}}{\frac{0.368z^{-1}(1+0.717z^{-1})}{(1-z^{-1})(1-0.368z^{-1})}(1-z^{-1})^3}$$

$$=\frac{(3-3z^{-1}+z^{-2})(1-0.368z^{-1})}{0.368(1-z^{-1})^2(1+0.717z^{-1})}$$

输出序列的 Z 变换为：

$$Y(z)=\Phi(z)R(z)=(3z^{-1}-3z^{-2}+z^{-3})\frac{T^2z^{-1}(1+z^{-1})}{2(1-z^{-1})^3}$$
$$=1.5T^2z^{-2}+4.5T^2z^{-3}+8T^2z^{-4}+12.5T^2z^{-5}+\cdots$$

由此得到输出序列为：

$$y(0)=0,y(T)=0,y(2T)=1.5T^2,y(3T)=4.5T^2,y(4T)=8T^2,\cdots$$

可以看出，系统经过 3 拍达到稳态。

表 5.1 中给出的最少拍系统设计，实际上只适用于稳定无滞后的控制对象。在对一般对象设计最少拍控制时，还应该考虑上述第(3)、第(4)个要求，即如何选择合适的最少拍闭环 z 传递函数 $\Phi(z)$，以保证控制器的可实现性及控制系统的稳定性。

2) 最少拍控制器的可实现性

所谓控制器的可实现性，是指在控制算法中，不允许出现未来时刻的偏差值。因为除了在某些预测算法中可近似使用偏差预测值外，一般说来，未来的偏差是未知的，不能用来计算现在的控制量。这就要求数字控制器的 z 传递函数 $D(z)$ 不能有 z 的正幂项。

假定给定连续对象有 l 个采样周期的纯滞后，相应的 z 传递函数为：

$$G(z)=g_{l+1}z^{-(l+1)}+g_{l+2}z^{-(l+2)}+\cdots(l\geqslant 0)$$

而我们所期望的闭环 z 传递函数的一般形式为

$$\Phi(z)=m_1z^{-1}+m_2z^{-2}+\cdots$$

那么由式(5.4)计算出来的数字控制器具有 z 传递函数

$$D(z)=\frac{m_1z^{-1}+m_2z^{-2}+\cdots}{(g_{l+1}z^{-(l+1)}+g_{l+2}z^{-(l+2)}+\cdots)(1-m_1z^{-1}-m_2z^{-2}-\cdots)}$$
$$=\frac{m_1z^{l}+m_2z^{l-1}+\cdots}{(g_{l+1}+g_{l+2}z^{-1}+\cdots)(1-m_1z^{-1}-m_2z^{-2}-\cdots)} \tag{5.8}$$

显然，要使 $D(z)$ 可以实现，必须有 $m_1=m_2=\cdots=m_l=0$。这时，$\Phi(z)$ 应该具有如下形式

$$\Phi(z)=m_{l+1}z^{-(l+1)}+m_{l+2}z^{-(l+2)}+\cdots$$

由此可知，在最少拍控制中，期望的闭环 z 传递函数要在对象纯滞后的基础上加以确定，即

$$\Phi(z)=z^{-l}\Phi_1(z)$$

式中，$\Phi_1(z)=m_1z^{-1}+m_2z^{-2}+\cdots+m_pz^{-p}$。这样得到的最少拍控制器是可以实现的。

3) 最少拍设计的稳定性

在最少拍控制中，闭环 z 传递函数 $\Phi(z)$ 的全部极点都在 $z=0$ 处，因此系统输出值在采样时刻的稳定性可以得到保证。但是系统在采样时刻的输出稳定并不能保证连续物理过程的稳定。如果控制器 $D(z)$ 选择不当，控制量 u 就可能是发散的。系统在采样时刻之间的输出值以振荡形式发散，实际连续过程将是不稳定的。

【例 5.2】 设被控对象具有传递函数

$$G_0(s)=\frac{2.1}{s^2(s+1.252)}$$

经过采样 $(T=1)$ 和零阶保持，其对应的 z 传递函数为：

$$G(z)=\frac{0.265z^{-1}(1+2.78z^{-1})(1+0.2z^{-1})}{(1-z^{-1})^2(1-0.286z^{-1})}$$

试求其对于单位阶跃输入的最少拍控制器。

解　令控制系统闭环传递函数 $\Phi(z)=z^{-1}$，输入信号为单位阶跃信号，则 $R(z)=\dfrac{1}{1-z^{-1}}$

那么
$$D(z)=\frac{\Phi(z)}{G(z)[1-\Phi(z)]}=\frac{3.774(1-z^{-1})(1-0.286z^{-1})}{(1+2.78z^{-1})(1+0.2z^{-1})}$$

由此可以导出其输出量和控制量的 Z 变换：

$$Y(z)=\Phi(z)R(z)=\frac{z^{-1}}{1-z^{-1}}=z^{-1}+z^{-2}+z^{-3}+\cdots$$

$$U(z)=\frac{\Phi(z)}{G(z)}R(z)=\frac{3.774(1-z^{-1})(1-0.286z^{-1})}{(1+2.78z^{-1})(1+0.2z^{-1})}$$
$$=3.774-16.1z^{-1}+46.96z^{-2}-130.985z^{-3}+\cdots$$

从零时刻起的输出系列为 0，1，1，…，表面上看来可一步到达稳态，但是控制系列为 3.774，−16.1，49.96，−130.985，…，故是发散的。事实上，在采样点之间的输出值也是振荡发散的，所以实际过程是不稳定的，如图 5.2 所示。

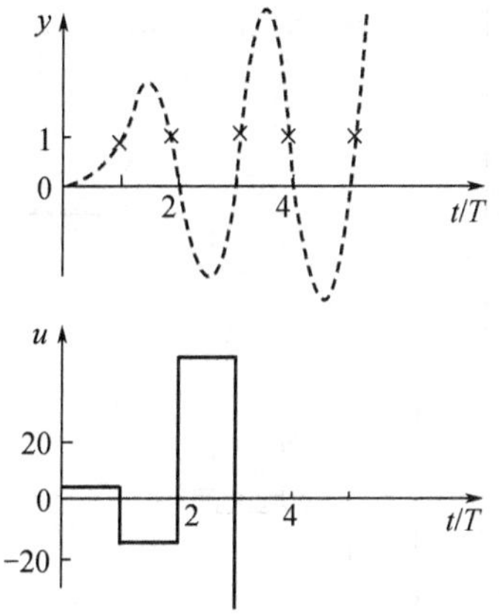

图 5.2　阶跃输入时的最少拍控制

这个例子表明，在最少拍系统设计中，不但要保证输出量在采样点上的稳定，而且要保证控制变量收敛，才能使闭环系统在物理上真实稳定。

控制量 u 对于给定的参考输入量 r 的 z 传递函数可以根据式(5.3)导出，即

$$\frac{U(z)}{R(z)}=\frac{\Phi(z)}{G(z)} \tag{5.9}$$

如果对象 $G(z)$ 的所有零点都在单位圆内，那么这一传递环节是稳定的。如果 $G(z)$ 带有在单位圆上和圆外的零点 $|z_k|\geqslant 1(k=1,\cdots,l)$，那么，为了保证这一传递环节的稳定性，$\Phi(z)$ 必须含有相同的零点，即

$$\Phi(z)=(1-z_1z^{-1})\cdots(1-z_lz^{-l})\Phi_l(z)$$

这样，根据 $1-\Phi(z)=(1-z^{-1})^mF(z)$，选取 $F(z)$ 时，就不能简单地令 $F(z)=1$，而应该根据 $\Phi(z)$ 中的 z^{-1} 的幂次确定 $F(z)$ 的次数。

【例 5.3】 在**【例 5.2】**中的对象 $G(z)$ 中有一个在单位圆外的零点 $z=-2.78$。对于单位阶跃输入，要得到稳定的控制，应该选取 $\Phi(z)=(1+2.78z^{-1})m_1z^{-1}$。

并令
$$1-\Phi(z)=(1-z^{-1})(1+f_1z^{-1})$$

由此可以解出：
$$m_1=0.265, f_1=0.735$$

从而可以得到数字控制器的 z 传递函数 $D(z)=\dfrac{(1-z^{-1})(1-0.286z^{-1})}{(1+0.2z^{-1})(1+0.735z^{-1})}$

以及控制量的 Z 变换

$$U(z)=\frac{(1-z^{-1})(1-0.286z^{-1})}{1+0.2z^{-1}}=1-1.486z^{-1}+0.583\,2z^{-2}-0.116\,6z^{-3}+\cdots$$

即控制量从零时刻起的值为 1，−1.486，0.583 2，−0.116 6，…，故是收敛的。输出量的 Z 变换为

$$Y(z)=\frac{0.265z^{-1}(1+2.78z^{-1})}{1-z^{-1}}=0.265z^{-1}+z^{-2}+z^{-3}+\cdots$$

输出量系列为 0，0.265，1，1，…，故可以得到稳定的控制，如图 5.3 所示。

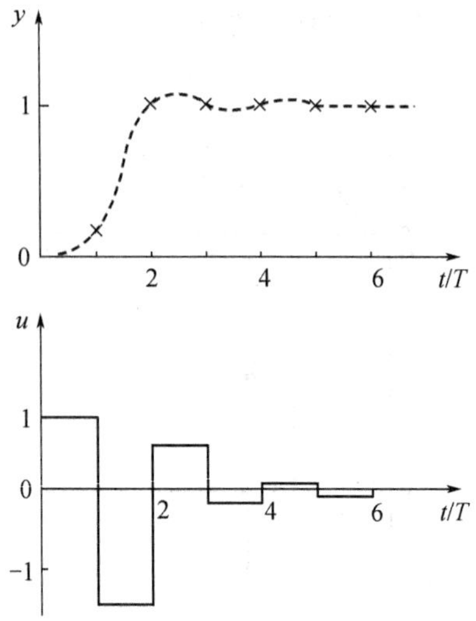

图 5.3　稳定的最少拍控制

若输入为单位速度信号，设计最少拍控制系统，则应该选择

$$\Phi(z)=(1+2.78z^{-1})(m_1z^{-1}+m_2z^{-2})$$
$$1-\Phi(z)=(1-z^{-1})^2(1+f_1z^{-1})$$

解得：$f_1=1.276, m_1=0.724, m_2=-0.459$

从而得到控制器的 z 传递函数为：

$$D(z)=\frac{2.732(1-20.286z^{-1})(1-0.634z^{-1})}{(1+0.2z^{-1})(1+1.276z^{-1})}$$

控制量的 Z 变换为（假定 $T=1$）

$$U(z)=\frac{2.732z^{-1}(1-0.286z^{-1})(1-0.634z^{-1})}{(1+0.2z^{-1})}$$
$$=2.732z^{-1}-3.06z^{-2}+1.107\,3z^{-3}-0.221\,5z^{-4}+0.044\,3z^{-5}-\cdots$$

$$Y(z)=\frac{0.7237z^{-2}(1-0.634z^{-1})(1+2.78z^{-1})}{(1-z^{-1})^2}$$
$$=0.7237z^{-2}+3z^{-3}+4z^{-4}+5z^{-5}+\cdots$$

故控制量系列是收敛的，输出系列从第三拍起准确跟踪参考输入，如图 5.4 所示。

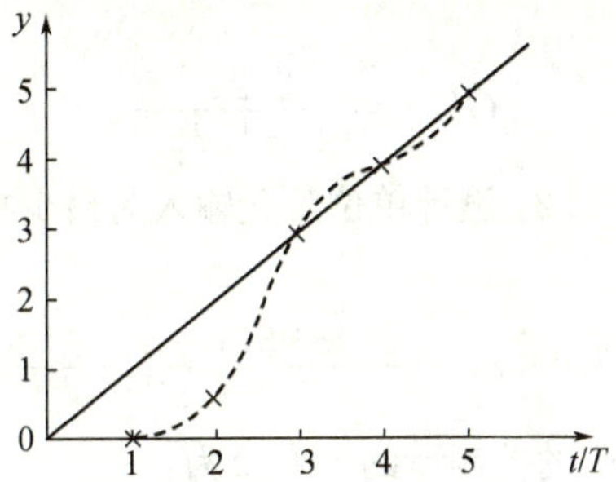

图 5.4 单位速度输入的稳定的最少拍控制

在最少拍系统的稳定性设计中还有一种情况要加以考虑，这就是对于不稳定的被控对象，其 Z 传递函数含有单位圆上或圆外的极点 $z=p_i$，那么通过最少拍控制器设置零点抵消这一极点并形成闭环，在理论上可以得到一个稳定的控制系统，它的控制系列和输出系列都是收敛的。但是这种稳定是建立在系统的不稳定极点被控制器零点准确抵消的基础上的。

在实际控制过程中，由于对系统参数辨识的误差以及参数随着时间的变化，这类抵消是不可能准确实现的。

为了观察当零极点不能准确抵消时会发生什么现象，我们讨论一般情况。设不稳定对象的 z 传递函数为：

$$G(z)=\frac{G_0(z)}{1-p_iz^{-1}}$$

式中，p_i 为系统的不稳定极点。由此求出的最少拍控制器为：

$$D(z)=\frac{(1-p_iz^{-1})\Phi(z)}{G_0(z)[1-\Phi(z)]}$$

若系统极点准确为 p_i，在形成闭环时 $G(z)$ 的这一不稳定极点被 $D(z)$ 的零点抵消，得到闭环传递函数：

$$\frac{Y(z)}{R(z)}=\Phi(z)$$

$$\frac{U(z)}{R(z)}=\frac{\Phi(z)}{G(z)}=\frac{(1-p_iz^{-1})\cdot\Phi(z)}{G_0(z)}$$

那么输出量 y 和控制量 u 都可以是稳定的。

但是如果实际系统的不稳定极点 p_i 有一偏差 Δp_i（由于辨识误差或参数漂移引起），则被控对象的传递函数变为：

$$G^*(z)=\frac{G_0(z)}{1-(p_i+\Delta p_i)z^{-1}}$$

这时控制系统的闭环 z 传递函数变为：

$$\Phi^*(z)=\frac{G^*(z)D(z)}{1+G^*(z)D(z)}=\frac{(1-p_iz^{-1})\Phi(z)}{(1-p_iz^{-1})-\Delta p_i[1-\Phi(z)]z^{-1}}$$

它的极点将取决于Δp_i，当$\Delta p_i = 0$时，有一个单位圆外极点$z = p_i$，恰好能被零点准确抵消；当$\Delta p_i \neq 0$但是充分小时，由于极点是随分母多项式的系数连续变化的，闭环系统将有一个十分接近的$z = p_i$的单位圆外极点，这一极点不能为其零点抵消，将引起闭环系统的不稳定。

【例 5.4】 不稳定对象

$$G(z) = \frac{2.2z^{-1}}{1+1.2z^{-1}}$$

有单位圆外的极点$z = -1.2$，设计单位阶跃输入为最少拍响应的控制器。

解 令$\Phi(z) = z^{-1}$

那么，控制器的传递函数为$D(z) = \dfrac{0.4545(1+1.2z^{-1})}{1-z^{-1}}$

在输入为单位阶跃时，相应的控制量的z变换为：

$$U(z) = \frac{\Phi(z)}{G(z)}R(z) = \frac{1+1.2z^{-1}}{2.2(1-z^{-1})} = 0.4545 + z^{-1} + z^{-2} + \cdots$$

输出量的Z变换为：

$$Y(z) = \Phi(z)R(z) = z^{-1} + z^{-2} + \cdots$$

该系统看起来是一个稳定的控制系统，但是如果实际对象的传递函数变为：

$$G^*(z) = \frac{2.2z^{-1}}{1+1.3z^{-1}}$$

那么在使用上述最少拍控制器的情况下，闭环传递函数将变为：

$$\Phi^*(z) = \frac{z^{-1}(1+1.2z^{-1})}{1+1.3z^{-1}-0.1z^{-2}}$$

在输入为单位阶跃时，系统的输出为：

$$\begin{aligned} Y^*(z) &= \frac{z^{-1}(1+1.2z^{-1})}{(1+1.3z^{-1}-0.1z^{-2})(1-z^{-1})} \\ &= z^{-1} + 0.9z^{-2} + 1.13z^{-3} + 0.821z^{-4} + 1.246z^{-5} + \cdots \end{aligned}$$

该系统的输出系列为0，1，0.9，1.13，0.821，1.246，…，在参数变化后闭环系统不再稳定，其输出系列如图5.5所示。

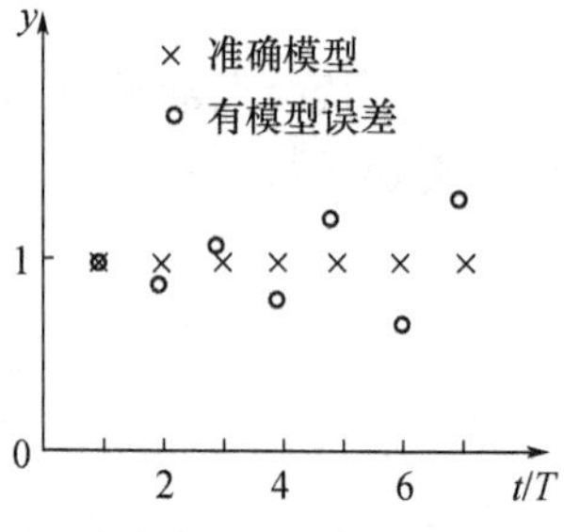

图 5.5　不稳定的最少拍控制

由上述分析可知，在最少拍控制系统设计中，控制器零点与对象不稳定极点相消只能给出理论的稳定控制，而实际上，闭环系统是不可能真正稳定的。为了解决对不稳定对象的最少拍控制问题，应该注意在控制器中不应该出现与对象不稳定极点相消的零点，显然，在设计$1-\Phi(z)$时，应该使它包含有$1-p_iz^{-1}$项，即

$$1-\Phi(z) = (1-p_iz^{-1})(1-z^{-1})^m F_1(z)$$

在上面的例子中，可以令$1-\Phi(z) = (1+1.2z^{-1})(1-z^{-1})$

$$\Phi(z) = m_1 z^{-1} + m_2 z^{-2}$$

由此解得：

$$m_1 = -0.2, m_2 = 1.2$$

得到控制器的传递函数为：

$$D(z)=-\frac{0.091(1-6z^{-1})}{1-z^{-1}}$$

在所设计情况下，输入为单位阶跃时，控制量为：

$$U(z)=-\frac{0.091(1-6z^{-1})(1+1.2z^{-1})}{1-z^{-1}}=-0.091+0.345z^{-1}+z^{-2}+z^{-3}+\cdots$$

系统输出为：

$$Y(z)=-\frac{(0.2-1.2z^{-1})z^{-1}}{1-z^{-1}}=-0.2z^{-1}+z^{-2}+z^{-3}+\cdots$$

故控制是稳定的。如果对象传递函数变为式 $G^*(z)$，那么闭环传递函数为：

$$\Phi^*(z)=-\frac{0.2z^{-1}(1-6z^{-1})}{1+0.1z^{-1}-0.1z^{-2}}$$

对单位阶跃的响应为：

$$\begin{aligned}Y^*(z)&=\frac{0.2z^{-1}(1-6z^{-1})}{(1+0.1z^{-1}-0.1z^{-2})(1-z^{-1})}\\&=-0.2z^{-1}+1.02z^{-2}+0.878z^{-3}+1.0142z^{-4}+0.9864z^{-5}+\\&\quad 1.0028z^{-6}+\cdots\end{aligned}$$

其控制过程如图 5.6 所示。由图可知，在模型有误差时，控制仍能保持稳定。

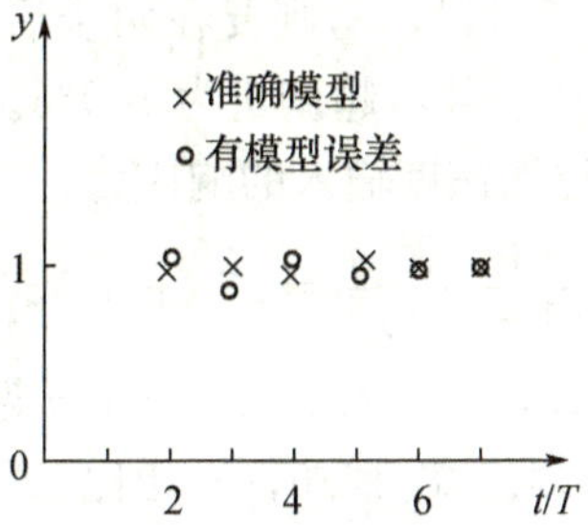

图 5.6 稳定的最少拍控制

综上所述，合理的最少拍系统设计，除了应该在最少拍内到达稳态外，还应该考虑数字控制器的可实现性及控制系统的稳定性。一般说来，如果被控对象有 l 个采样周期的纯滞后，并有 i 个在单位圆上及圆外的零点 $z_1,\cdots z_i$，j 个在单位圆上及圆外的极点 $p_1,\cdots,p_j$，则最少拍控制器为 $D(z)=\dfrac{\Phi(z)}{G(z)[1-\Phi(z)]}$。

其中，

$$\Phi(z)=z^{-l}(1-z_1z^{-1})\cdots(1-z_iz^{-1})\Phi_0(z)$$

$$1-\Phi(z)=(1-p_1z^{-1})\cdots(1-p_jz^{-1})(1-z^{-1})^mF(z)$$

而

$$\Phi_0(z)=m_1z^{-1}+m_2z^{-2}+\cdots+m_sz^{-s}$$

$F(z)=1+f_1z^{-1}+\cdots+f_tz^{-t}$ 的项数应按 $\begin{cases}s=j+m\\t=i+l\end{cases}$ 的原则选取，以保证 $\Phi(z)$ 有 z^{-1} 的最低幂次。注意，如果这些极点 $p_1,\cdots,p_j$ 中有 k 个在 $z=1$ 处，则在 $1-\Phi(z)$ 中 $(1-z^{-1})$ 的总幂次只需取作 $\max(m,k)$。

5.2.2 最少拍系统的局限性

最少拍系统的设计基于采样系统的 z 传递函数，运用的数学方法和得到的控制结构均十分简单，整个设计过程可以解析地进行，这是它的优点。但是也存在下述一些局限性。

(1) 对不同输入类型的适应性差

最少拍控制器 $D(z)$的设计使系统对某一类型输入响应为最少拍，但是对于其他类型的输入不一定为最少拍，甚至会引起大的超调和静差。

【例 5.5】 对于一阶对象 ($T=1$)

$$G(z)=\frac{0.5z^{-1}}{1-0.5z^{-1}}$$

如果选择单位速度输入设计最少拍控制器，则应令 $\Phi(z)=1-(1-z^{-1})^2=2z^{-1}-z^{-2}$

由此得到数字控制器 $D(z)=\dfrac{\Phi(z)}{G(z)[1-\Phi(z)]}=\dfrac{4(1-0.5z^{-1})^2}{(1-z^{-1})^2}$

它对单位速度输入具有最少拍响应，系统输出的 Z 变换为：

$$Y(z)=\Phi(z)\cdot R(z)=\frac{z^{-1}(2z^{-1}-z^{-2})}{(1-z^{-1})^2}=2z^{-2}+3z^{-3}+4z^{-4}+\cdots$$

在各采样时刻的输出值为 0,0,2,3,4,…，即在两拍后就能准确跟踪速度输入。

如果保持控制器不变而输入单位阶跃，则有：

$$Y(z)=\Phi(z)\cdot R(z)=\frac{2z^{-1}-z^{-2}}{1-z^{-1}}=2z^{-1}+z^{-2}+z^{-3}+\cdots$$

在各采样时刻的输出值为 0,2,1,1,…，则要在两步后才能达到期望值，显然已经不是最少拍，且其在第一拍的输出幅值达到 2，超调量为 100%。

用同样的控制器，系统对单位加速度输入的响应为：

$$Y(z)=(2z^{-1}-z^{-2})\frac{z^{-1}(1+z^{-1})}{2(1-z^{-1})^3}=z^{-2}+3.5z^{-3}+7z^{-4}+11.5z^{-5}+\cdots$$

在各采样时刻的输出值为 0,0,1,3,5,7,11.5,…，与期望值 $r=t^2/2$ 在采样时刻 $t=0$, $T,2T,\cdots,(T=1)$ 的值 0,0.5,2,4.5,8,12.5,…，相比，到达稳态后存在稳态误差 $e_i=r_i-y_i=1$，如图 5.7 所示。

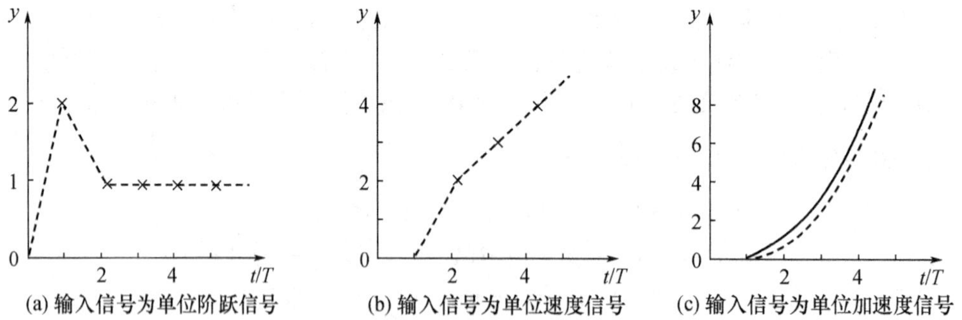

图 5.7　按速度输入设计的最少拍系统对不同输入的响应

这一例子说明最少拍控制只能是针对专门的输入而设计的，不可适用于任何输入类型。

(2) 对参数变化过于敏感

按照最少拍控制设计的闭环系统只有多重极点 $z=0$。从理论上可以证明，这一多重极点对系统参数变化的灵敏度可达无穷。因此，如果系统参数发生变化，将使实际控制严重偏离期望状态。

【例 5.6】 在上例中，我们已经选择了对单位速度输入设计的最少拍控制器

$$D(z)=\frac{4(1-0.5z^{-1})^2}{(1-z^{-1})^2}$$

它使系统经过两拍跟随给定值的速度变化。如果被控对象(一阶惯性过程)的时间常数发生变化时，使对象 z 传递函数变为：

$$G^*(z)=\frac{0.6z^{-1}}{1-0.4z^{-1}}$$

那么闭环 z 传递函数将变为：

$$\Phi^*(z)=\frac{G^*(z)D(z)}{1+G^*(z)D(z)}=\frac{2.4z^{-1}(1-0.5z^{-1})^2}{1-0.6z^{-2}+0.2z^{-3}}$$

在输入单位速度时，系统输出为：

$$Y(z)=\Phi^*(z)R(z)=\frac{2.4z^{-2}(1-0.5z^{-1})^2}{(1-z^{-1})^2(1-0.6z^{-2}+0.2z^{-3})}$$

$$=2.4z^{-2}+2.4z^{-3}+4.44z^{-4}+4.56z^{-5}+6.384z^{-6}+6.648z^{-7}+\cdots$$

输出值序列为 0，0，2.4，2.4，4.44，4.56，6.384，6.648，…，显然与期望输出值 0，1，2，3，…，相差甚远，如图 5.8 所示。

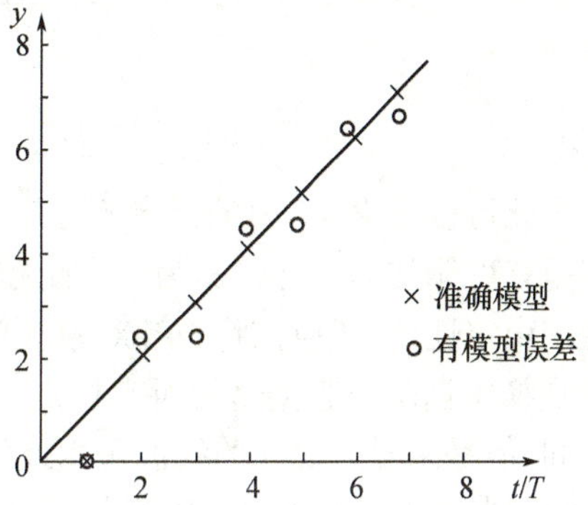

图 5.8　参数变化时系统响应显著变差

在这里，由于对象参数的变化，实际闭环系统的极点已经变为 $z_1=-0.906$，$z_{2,3}=0.453\pm j0.12$ 偏离原点甚远。系统响应要经历长久的振荡才能逐渐接近期望值，已经不再具备最少拍响应的性质。

(3) 控制作用易超出限制范围

在以上的最少拍控制系统设计中，我们对控制量未作出限制，因此，所得到的结果应该是在控制量不受限制时系统输出稳定地跟踪输入所需要的最少拍过程。从理论上讲，由于通过设计已经给出了达到稳态所需要的最少拍，如果将采样周期取的充分小，便可以使系统调整时间为任意短。这一结论当然是不实际的。这是因为当采样频率加大时，被控对象 z 传递函数中的常数系数将会减小，例如一阶惯性环节 $G(z)=\dfrac{(1-\sigma)z^{-1}}{1-\sigma z^{-1}}$，其中 $\sigma=\exp(-T/T_1)$(T_1 为连续系统的时间常数)。采样周期 T 的减小，将引起 σ 增大，从而使常数系数 $(1-\sigma)$ 减小。与此同时，控制量 $U(z)=\dfrac{\Phi(z)}{G(z)}\cdot R(z)$ 将随着因子 $(1-\sigma)$ 的减小而增大。由于执行机构的饱和特性，控制量将被限定在最大值以内。这样，按照最少拍设计的控制量系列将不能实现，控制效果因而会变坏。此外，在控制量过大时，由于对象实际上存在非线性特性，其传递函数也会有所变化。这些都将使最少拍设计的目标不能实现。

(4) 在采样点之间存在波纹

最少拍控制只能保证在采样点上的稳态误差为零。在许多情况下，系统在采样点之间的输出呈现波纹，这不但使实际控制不能达到预期目的，而且增加了执行机构的功率损耗和机械磨损。

由于以上这些原因，最少拍控制在工程上的应用受到很大限制，但是人们可以针对最少拍控制的局限性，在其设计基础上加以改进，选择更为合理的期望闭环响应 $\Phi(z)$，以获得较为满意的控制效果。

5.3 最少拍无纹波系统的设计

最少拍无纹波系统的设计是在典型输入作用下，经过尽可能少的采样周期后，输出信号不仅在采样点上准确跟踪输入信号，而且在采样点之间也能准确跟踪。

系统输出在采样点之间的纹波，是由控制量系列的波动引起的，其根源在于控制量的 Z 变换含有非零极点。根据采样系统理论，如果采样传递环节含有在单位圆内的极点，那么这个系统是稳定的，但是极点的位置将影响系统的离散脉冲响应。特别当极点在负实轴上或在第二、三象限时，系统的离散脉冲响应将有剧烈振荡。一旦控制量出现这样的波动，系统在采样点之间的输出就会引起纹波。

最少拍无纹波系统的设计就是使控制量 $U(k)$ 为有限拍，即：使 $D(z)\Phi_e(z)$ 为 z^{-1} 的有限多项式：

$$\frac{U(z)}{R(z)}=D(z)\Phi_e(z)=\frac{1-\Phi_e(z)}{G(z)}=\frac{\Phi(z)}{G(z)}$$

由此可以看出，$G(z)$ 的极点不会影响到 $D(z)\Phi_e(z)$ 为 z^{-1} 的有限多项式，而 $G(z)$ 的零点倒是有可能使 $D(z)\Phi_e(z)$ 为 z^{-1} 的无限多项式，因此，除了保证控制器的可实现性和闭环系统的稳定性外，还应该将被控对象在单位圆内的非零零点包括在 $\Phi(z)$ 中，以便在控制量的 Z 变换中消除引起振荡的所有极点。这样做，将增高 $\Phi(z)$ 中 z^{-1} 的幂次，从而增加了调整时间，但是采样点之间的纹波可由此消除。

(1) 当输入信号为单位阶跃信号时，

$$R(z)=\frac{1}{1-z^{-1}}$$

如果

$$D(z)\varphi_e(z)=a_0+a_1z^{-1}+a_2z^{-2}$$

则

$$\begin{aligned}U(z)&=D(z)\varphi_e(z)R(z)=\frac{a_0+a_1z^{-1}+a_2z^{-2}}{1-z^{-1}}\\&=a_0+(a_0+a_1)z^{-1}+(a_0+a_1+a_2)z^{-2}+(a_0+a_1+a_2)z^{-3}+\cdots\end{aligned}$$

由此可以得到

$$u(0)=a_0,$$
$$u(T)=a_0+a_1,$$
$$u(2T)=u(3T)=\cdots=a_0+a_1+a_2$$

可见，从第二拍起，$u(k)$ 就稳定在 $a_0+a_1+a_2$ 上。

(2) 当输入信号为单位速度信号时，

$$R(z)=\frac{Tz^{-1}}{(1-z^{-1})^2}$$

如果

$$D(z)\varphi_e(z)=a_0+a_1z^{-1}+a_2z^{-2}$$

则

$$U(z)=D(z)\varphi_e(z)R(z)=\frac{Tz^{-1}(a_0+a_1z^{-1}+a_2z^{-2})}{(1-z^{-1})^2}$$

$$=Ta_0z^{-1}+T(2a_0+a_1)z^{-2}+T(3a_0+2a_1+a_2)z^{-3}+T(4a_0+3a_1+2a_2)z^{-4}+\cdots$$

由此可以得到

$$u(0)=0$$
$$u(T)=Ta_0$$
$$u(2T)=T(2a_0+a_1)$$
$$u(3T)=u(2T)+T(a_0+a_1+a_2)$$
$$u(4T)=u(3T)+T(a_0+a_1+a_2)$$

可见，当 $k\geqslant 3$ 时，$u(kT)=u(kT-T)+T(a_0+a_1+a_2)$，$u(k)$作匀速变化。

上面的分析中取 $D(z)\varphi_e(z)$为三次，是一个特例。当取的项数较多时，用上述方法，依次类推，可以得到类似的结果，但调节时间相应加长。

【例 5.7】 单位反馈计算机控制系统中，系统广义对象脉冲传递函数为：

$$G(z)=\frac{3.68z^{-1}(1+0.718z^{-1})}{(1-z^{-1})(1-0.368z^{-1})}$$

$T=1\text{ s}$，在单位速度输入下，设计最少拍无纹波控制器 $D(z)$。

解 根据最少拍无纹波设计原则，[$\Phi(z)$零点包含 $G(z)$的零点，包含 z^{-1}项]，选：

$$\Phi(z)=1-\Phi_e(z)=z^{-1}(1+0.718z^{-1})(a_0+a_1z^{-1})$$

[$\Phi_e(z)$中$(1-z^{-1})^2$ 与输入形式有关，方次与 $\Phi(z)$相同]

$$\Phi_e(z)=(1-z^{-1})^2(1+bz^{-1})$$

解联立方程得：$a_0=1.407$，$a_1=-0.826$，$b=0.592$

由此，数字控制器的数学模型为：

$$D(z)=\frac{1-\Phi_e(z)}{G(z)\Phi_e(z)}=\frac{0.382(1-0.368z^{-1})(1-0.587z^{-1})}{(1-z^{-1})(1+0.592z^{-1})}$$

闭环系统的输出序列为：

$$Y(z)=\Phi(z)R(z)$$
$$=\frac{Tz^{-1}}{(1-z^{-1})^2}z^{-1}(1+0.718z^{-1})(1.407-0.826z^{-1})$$
$$=1.41z^{-2}+3z^{-3}+4z^{-4}+5z^{-5}+\cdots$$

数字控制器的输出序列为：

$$U(z)=\frac{Y(z)}{G(z)}$$
$$=\frac{Tz^{-1}}{(1-z^{-1})^2}z^{-1}(1+0.718z^{-1})(1.407-0.826z^{-1})\times\frac{(1-z^{-1})(1-0.368z^{-1})}{3.68z^{-1}(1+0.718z^{-1})}$$
$$=0.38z^{-1}+0.02z^{-2}+0.10z^{-3}+0.10z^{-4}+\cdots$$

在第三拍，$U(z)$为常数，系统输出无纹波。

无纹波系统的数字控制器和系统的输出波形如图 5.9 所示。

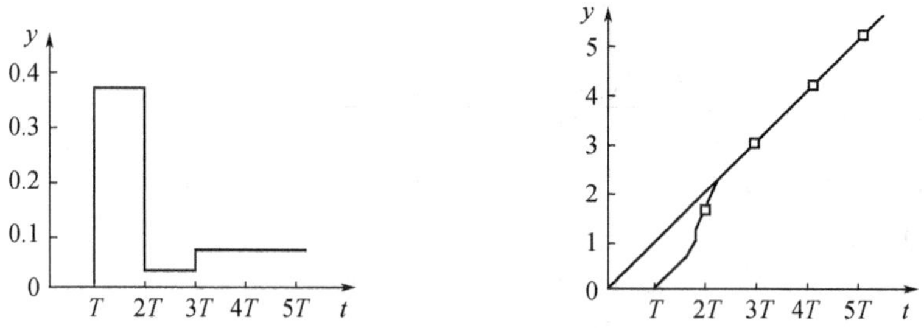

图 5.9　无纹波系统的数字控制器及输出波形

5.4　非最少的有限拍控制

如果我们在最少拍设计的基础上，把闭环 z 传递函数 $\Phi(z)$ 中 z^{-1} 的幂次适当提高一到二阶，闭环系统的脉冲响应将比最少拍时多持续一到二拍才归于零。这时显然已经不是最少拍系统，但是仍为一个有限拍系统。在这一系统的设计中，由于维数的提高，将使我们在设置控制初值 $u(0)$ 或选择 $\Phi(z)$ 及 $1-\Phi(z)$ 中的若干待定系数时增加一些自由度。一般情况下，这有利于降低系统对参数变化的敏感性，并减小控制作用。

【例 5.8】　对于**【例 5.6】**中的一阶惯性环节，在设计输入为单位速度的最少拍控制器时，如果不是取 $F(z)=1$，而是取 $F(z)=1+0.5z^{-1}$(0.5 是自由选择的)，那么可以得到：

$$\Phi(z)=m_1z^{-1}+m_2z^{-2}+m_3z^{-3}$$

$$1-\Phi(z)=(1-z^{-1})^2(1+0.5z^{-1})$$

由此可以求出　$m_1=1.5, m_2=0, m_3=-0.5$。

相应的有限拍控制器的 z 传递函数为：

$$D(z)=\frac{\Phi(z)}{G(z)[1-\Phi(z)]}=\frac{(1-0.5z^{-1})(3-z^{-2})}{1-1.5z^{-1}+0.5z^{-3}}$$

对单位速度输入的响应为：

$$Y(z)=\Phi(z)R(z)=\frac{0.5z^{-2}(3-z^{-2})}{(1-z^{-1})^2}=1.5z^{-2}+3z^{-3}+4z^{-4}+\cdots$$

系统在三拍后准确跟踪单位速度的变化，所需拍数比最少拍时增加了一拍。

当系统参数变化引起对象传递函数变为 $G^*(z)$时，闭环传递函数为：

$$\Phi^*(z)=\frac{G^*(z)D(z)}{1+G^*(z)D(z)}=\frac{0.6z^{-1}(1-0.5z^{-1})(3-z^{-2})}{1-0.1z^{-1}-0.3z^{-2}-0.1z^{-3}+0.1z^{-4}}$$

对单位速度输入的响应为：

$$Y^*(z)=\Phi^*(z)\cdot R(z)=\frac{0.6z^{-2}(1-0.5z^{-1})(3-z^{-2})}{(1-0.1z^{-1}-0.3z^{-2}-0.1z^{-3}-0.1z^{-4})(1-z^{-1})^2}$$

$$=1.8z^{-2}+2.88z^{-3}+3.828z^{-4}+5.026z^{-5}+5.9591z^{-6}+\cdots$$

输出系列为 0,0,1.8,2.88,3.828,5.026 8,5.959 1,…，如图 5.10 所示。与最少拍控制相比，控制系统对于参数变化的灵敏度显然降低了。

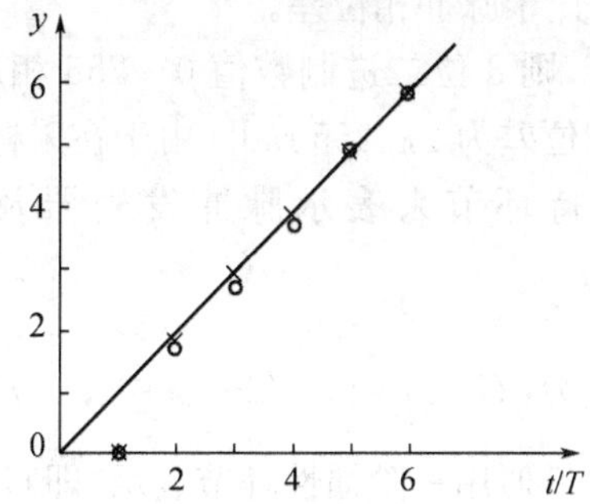

图 5.10　增加调整时间有助于降低系统对参数变化的灵敏度

5.5　惯性因子法

惯性因子法是针对最少拍系统只能适用于特定的输入类型，而对其他输入不能取得满意效果而采用的一种改进方法。它以损失控制的有限拍无差性质为代价，而使系统对多种类型输入有较为满意的响应。这一方法的基本思想是使误差对系统输入的 z 传递函数：

$$\frac{E(z)}{R(z)} = 1 - \Phi(z)$$

不再是最少拍控制中 z^{-1} 的有限多项式 $(1 - z^{-1})^m F(z)$，而是通过一个惯性因子项 $1/(1 - cz^{-1})(|c| < 1)$ 将其修改为：

$$1 - \Phi^*(z) = \frac{1 - \Phi(z)}{1 - cz^{-1}} \tag{5.10}$$

这样，闭环系统的 z 传递函数 $\Phi^*(z) = \dfrac{\Phi(z) - cz^{-1}}{1 - cz^{-1}}$ 也不再为 z^{-1} 的有限多项式。这表明，采用惯性因子法后，系统已经不可能在有限个采样周期内准确达到稳态，而只能渐近地趋于稳态，但是系统对输入类型的敏感程度却因此降低。通过选择合适的参数 c，它可对不同类型的输入均作出较好的响应。

【例 5.9】　图 5.11 是一个用微型计算机控制的直流电机调速系统的原理框图。控制的目的是要使电机所带负载的转速 ω_L，在期望值 ω_τ 按阶跃或线性方式变化时均能较快地跟踪。

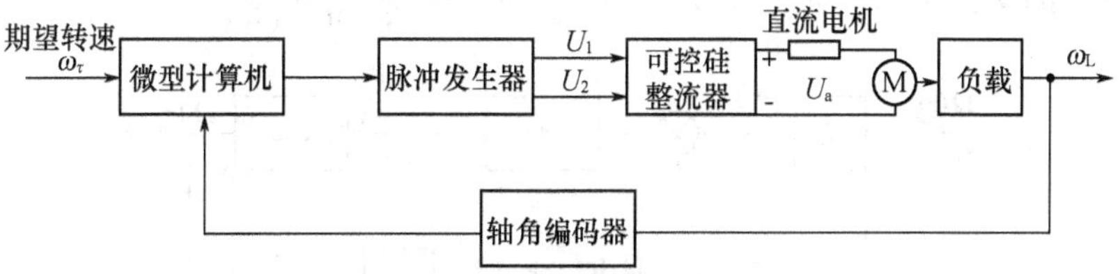

图 5.11　直流电机调速系统

在这里，电机负载的实际转速经过轴角编码器转换成数字信号，在微型计算机中与期望值构成速度偏差，并按所设计的控制算法，计算出控制量送给脉冲发生器。脉冲发生器产生两个不同相位的脉冲序列，它们的相位差正比于控制量。作用在直流电机上的电压是可控硅整流器的输出电压 U_a，它正比于脉冲相位差。

如果使用 8 位微型计算机，则 8 位二进制数值 0～255 相应于脉冲相位差 0～2π，所以计算机所能反映的最小脉冲相位差为 2π/255 rad。由于在采样时刻之间的相位信息保持为常数，故可以用一个采样保持环节来表示脉冲发生器及相位差环节，即：$G_l(s)=\dfrac{2\pi}{255}\dfrac{1-e^{-Ts}}{s}$。

可控硅整流器的传递函数为：$G_d(s)=U_c/2\pi$，其中，U_c 为整流器输出的满度电压。

直流电机的传递函数可以近似用一阶惯性环节表示，即 $G_m(s)=\dfrac{K_m}{1+\tau_m s}$。

式中，K_m 为电机增益系数；τ_m 为其时间常数。

轴角编码器的传递函数为：$G_p(s)=pT/2\pi$

式中，p 为码盘每周孔数；T 为采样周期。

这一传递环节把电机转速从 ω_L rad/s 转换为每一采样周期 T 内累计的脉冲数 ω_L^*，以便数字计算机运算。整个系统的传递函数框图如图 5.12 所示。在该图中：

$$G_0(s)=\frac{2\pi}{255}\frac{U_c}{2\pi}\frac{K_m}{1+\tau_m s}=\frac{K_m U_c}{255(1+\tau_m s)}$$

$$K_f=pT/2\pi$$

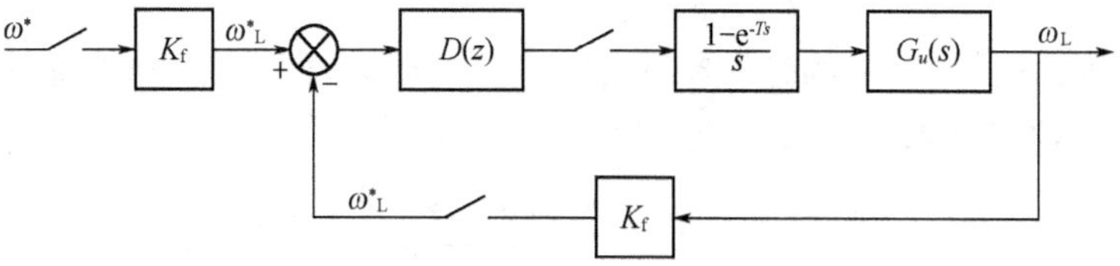

图 5.12　电机调速系统框图

注意，期望转速 ω_τ 在微型计算机中应该折算为与其相应的每一采样间隔内的脉冲累计数 $\omega_\tau^*=K_f\omega_\tau$。

给定系统参数 $U_c=24\,V$，$K_m=5$，$\tau_m=0.05\,s$，$p=100$ 脉冲 / 转。如果选择采样周期 $T=0.1$ s，就可以得到系统的 z 传递函数框图如图 5.13 所示。其中：

$$K_f=1.591\,55\quad G(z)=\frac{z-1}{z}Z\left[\frac{G_0(s)}{s}\right]=\frac{0.406\,9z^{-1}}{1-0.135\,3z^{-1}}$$

整个系统的 z 传递函数为：$\Phi(z)=\dfrac{\Omega_L(z)}{\Omega_\tau(z)}=\dfrac{K_f D(z)G(z)}{1+K_f D(z)G(z)}$。

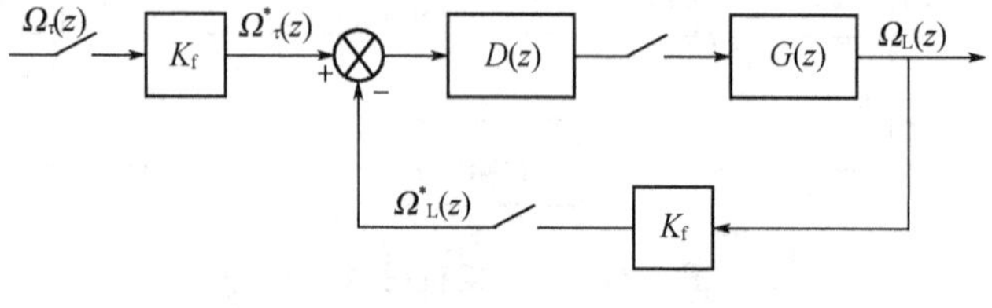

图 5.13　电机调速系统的 z 传递函数框图

在给定 $\Phi(z)$ 之后，数字控制器可以由 $D(z)=\dfrac{1}{K_f}\dfrac{\Phi(z)}{G(z)[1-\Phi(z)]}$ 解出。

在选取 $\Phi(z)$时，注意到这里的对象为一阶惯性环节，故可以预料，按最少拍控制设计出来的系统，不能适应期望值的多种变化。因此，有必要采用惯性因子法进行改进。我们从按速度输入设计的最少拍控制出发，将期望的闭环传递函数由 $\Phi(z)=2z^{-1}-z^{-2}$ 改为式(5.10) 的形式，并取 $c=0.5$，即

$$\Phi^*(z)=\frac{1.5z^{-1}-z^{-2}}{1-0.5z^{-1}}$$

由此可以得到数字控制器的 Z 传递函数为：

$$D(z)=\frac{1.544(1.5-z^{-1})(1-0.1353z^{-1})}{(1-z^{-1})^2}$$

这一控制系统对期望值单位阶跃变化的响应为：

$$\begin{aligned}\Omega_L(z)=\Phi^*(z)\Omega_\tau(z)&=\frac{(1.5-z^{-1})z^{-1}}{(1-0.5z^{-1})(1-z^{-1})}\\&=1.5z^{-1}+1.25z^{-2}+1.125z^{-3}+1.0625z^{-4}+\cdots\end{aligned}$$

这表明在期望值突变时，电机转速 ω_L 渐近地趋于期望值 ω_τ，最大超调为 50%，比最少拍设计时减小了一半。

同一数字控制系统对期望值线性变化(单位速度输入)的响应为

$$\Omega_L(z)=\frac{0.1z^{-2}(1.5-z^{-1})}{(1-0.5z^{-1})(1-z^{-1})^2}=0.15z^{-2}+0.275z^{-3}+0.3875z^{-4}+0.49375z^{-5}+\cdots$$

即实际转速很快地趋于期望值 ω_τ。

这些控制结果如图 5.14 所示，与上图相比较，明显看出惯性因子法改善了控制系统对不同输入的适应性。

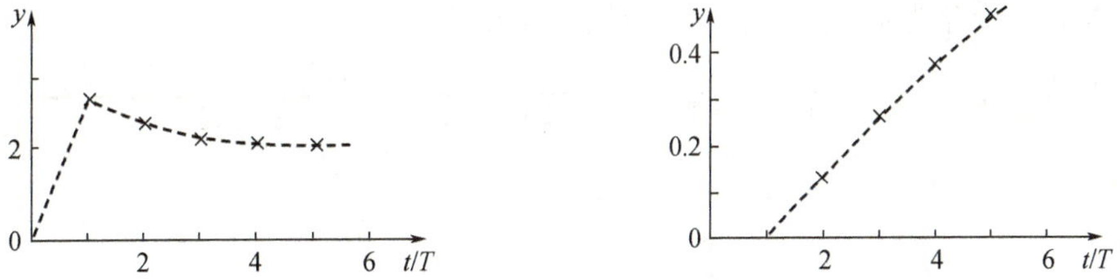

(a) 阶跃输入　　(b) 速度输入

图 5.14　用惯性因子法改善系统对不同类型输入的响应

5.6　大林(Dahlin)算法

在许多工业过程中，被控对象一般都有纯滞后特性，而且经常遇到纯滞后较大的对象。美国 IBM 公司的大林(Dahlin)，在 1968 年提出了一种针对工业生产过程中，含有纯滞后对象的控制算法，具有较好的效果。

假设带有纯滞后的一阶、二阶惯性环节的对象为：

$$G_c(s)=\frac{Ke^{-\tau s}}{T_1s+1}$$

$$G_c(s)=\frac{Ke^{-\tau s}}{(T_1s+1)(T_2s+1)}$$

式中，τ 为纯滞后时间，T_1、T_2 为时间常数，K 为放大系数。为简单起见，设 $\tau = NT$，N 为正整数。

大林算法的设计目标是设计合适的数字控制器，使整个闭环系统的传递函数为具有时间纯滞后的一阶惯性环节，而且要求闭环系统的纯滞后时间等于对象的纯滞后时间。

期望的闭环传递函数：$\Phi(s) = \dfrac{e^{-\tau s}}{T_\tau s + 1}$，$\tau = NT$。

采用零阶保持器，且采样周期为 T。闭环系统的传递函数为：

$$\Phi(z) = \frac{C(z)}{R(z)} = Z\left[\frac{1-e^{-Ts}}{s}\Phi(s)\right]$$

$$= Z\left[\frac{1-e^{-Ts}}{s}\frac{e^{-NTs}}{T_\tau s+1}\right] = \frac{(1-e^{-T/T_\tau})z^{-N-1}}{1-e^{-T/T_\tau}z^{-1}}$$

控制器的传递函数为：

$$D(z) = \frac{1}{G(z)}\frac{\Phi(z)}{1-\Phi(z)}$$

$$= \frac{1}{G(z)}\frac{z^{-N-1}(1-e^{-T/T_\tau})}{1-e^{-T/T_\tau}z^{-1}-(1-e^{-T/T_\tau})z^{-N-1}}$$

（1）当被控对象为带有纯滞后的一阶惯性环节时

$$G(z) = Z\left[\frac{1-e^{-Ts}}{s}\frac{Ke^{-NTs}}{T_1 s+1}\right] = Kz^{-N-1}\frac{1-e^{-T/T_1}}{1-e^{-T/T_1}z^{-1}}$$

代入 $D(z)$ 式中，得

$$D(z) = \frac{(1-e^{-T/T_\tau})(1-e^{-T/T_1}z^{-1})}{K(1-e^{-T/T_1})[1-e^{-T/T_\tau}z^{-1}-(1-e^{-T/T_\tau})z^{-N-1}]} \tag{5.11}$$

（2）当被控对象为带有纯滞后的二阶惯性环节时

$$G(z) = Z\left[\frac{1-e^{-Ts}}{s}\frac{Ke^{-NTs}}{(T_1 s+1)(T_2 s+1)}\right] = \frac{K(C_1+C_2 z^{-1})z^{-N-1}}{(1-e^{-T/T_1}z^{-1})(1-e^{-T/T_2}z^{-1})}$$

其中：

$$\left.\begin{aligned} C_1 &= 1+\frac{1}{T_2-T_1}(T_1 e^{-T/T_1}-T_2 e^{-T/T_2}) \\ C_2 &= e^{-T\left(\frac{1}{T_1}+\frac{1}{T_2}\right)}+\frac{1}{T_2-T_1}(T_1 e^{-T/T_2}-T_2 e^{-T/T_1}) \end{aligned}\right\}$$

代入 $D(z)$ 式中，得：

$$D(z) = \frac{(1-e^{-T/T_\tau})(1-e^{-T/T_1}z^{-1})(1-e^{-T/T_2}z^{-1})}{K(C_1+C_2 z^{-1})[1-e^{-T/T_\tau}z^{-1}-(1-e^{-T/T_\tau})z^{-N-1}]} \tag{5.12}$$

【例 5.10】 单位反馈计算机控制系统，已知被控对象的传递函数为：

$$G_c(s) = \frac{e^{-s}}{3.34s+1}$$

$T = 1$ s，期望闭环传递函数的惯性时间常数 $T_\tau = 2$ s，试用大林算法，求数字控制器的$D(z)$。

解 系统的广义对象的脉冲传递函数为：

$$G(z) = z\left[\frac{1-e^{-Ts}}{s}\frac{e^{-s}}{3.34s+1}\right] = \frac{0.258\,7z^{-2}}{1-0.741\,3z^{-1}}$$

系统的闭环脉冲传递函数为：$\Phi(z) = z\left[\dfrac{1-e^{-Ts}}{s}\cdot\dfrac{e^{-s}}{2s+1}\right] = \dfrac{0.393\,5z^{-2}}{1-0.606\,5z^{-1}}$

数字控制器的脉冲传递函数为：

$$D(z)=\frac{\Phi(z)}{G(z)[1-\Phi(z)]}=\frac{1.5211(1-0.7413z^{-1})}{(1-z^{-1})(1+0.3935z^{-1})}$$

当输入为单位阶跃时，输出为：

$$Y(z)=\Phi(z)R(z)=\frac{0.3935z^{-2}}{(1-0.6065z^{-1})(1-z^{-1})}$$

$$=0.3935z^{-2}-0.6322z^{-3}+0.7769z^{-4}+0.8647z^{-5}+\cdots$$

控制量的输出为：

$$U(z)=\frac{Y(z)}{G(z)}=\frac{1.5228(1-0.7413z^{-1})}{(1-0.6065z^{-1})(1-z^{-1})(1+0.733z^{-1})}$$

$$=1.5228+1.3175z^{-1}+1.193z^{-2}+1.1176z^{-3}+1.0718z^{-4}+\cdots$$

如果按照大林算法设计的控制器使得控制系统的输出在采样点上按指数形式跟随给定值，但控制量有大幅度的摆动，其振荡频率为采样频率的1/2，这种现象称为“振铃”。

振铃可导致执行机构磨损，使回路动态性能变坏。衡量振铃的强烈程度是振铃幅度RA。

振铃幅度RA的定义：控制器在单位阶跃输入作用下，第0次输出幅度减去第1次输出幅度所得的差值，如图5.15所示。

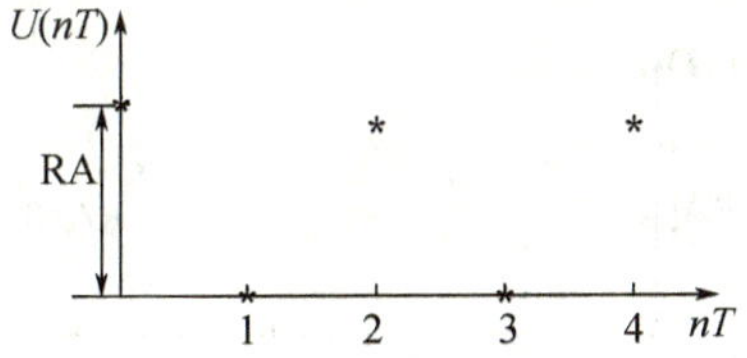

图5.15 振铃幅度表示

大林算法的数字控制器 $D(z)$ 的基本形式可写成：

$$D(z)=Kz^{-m}\cdot\frac{1+b_1z^{-1}+b_2z^{-2}+\cdots}{1+a_1z^{-1}+a_2z^{-2}+\cdots}=Kz^{-m}Q(z)$$

其中：

$$Q(z)=\frac{1+b_1z^{-1}+b_2z^{-2}+\cdots}{1+a_1z^{-1}+a_2z^{-2}+\cdots}$$

控制器输出幅度的变化主要取决于 $Q(z)$，在单位阶跃输入作用下，$Q(z)$ 的输出为

$$\frac{Q(z)}{1-z^{-1}}=\frac{1+b_1z^{-1}+b_2z^{-2}+\cdots}{(1+a_1z^{-1}+a_2z^{-2}+\cdots)(1-z^{-1})}=\frac{1+b_1z^{-1}+b_2z^{-2}+\cdots}{1+(a_1-1)z^{-1}+(a_2-a_1)z^{-2}+\cdots}$$

$$=1+(b_1-a_1+1)z^{-1}+\cdots$$

所以振铃幅度

$$RA=1-(b_1-a_1+1)=a_1-b_1$$

振铃幅度 RA 有如下几个代表性的例子：

(1) 当 $Q(z)=\dfrac{1}{1+z^{-1}}$ 时，其振铃幅度表示如图5.16所示。

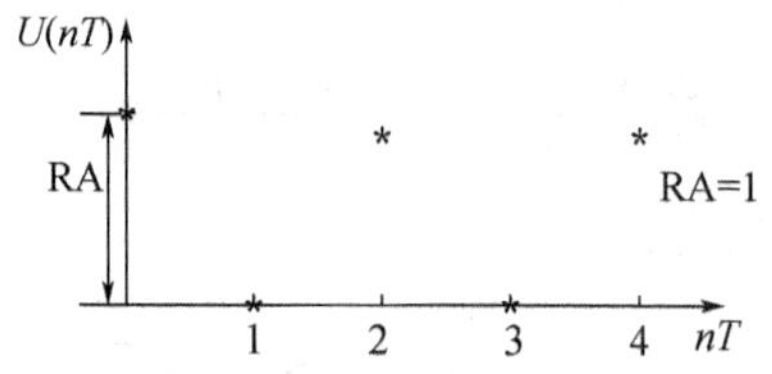

图 5.16　振铃幅度表示

(2) 当 $Q(z)=\dfrac{1}{1+0.5z^{-1}}$ 时，其振铃幅度表示如图 5.17 所示。

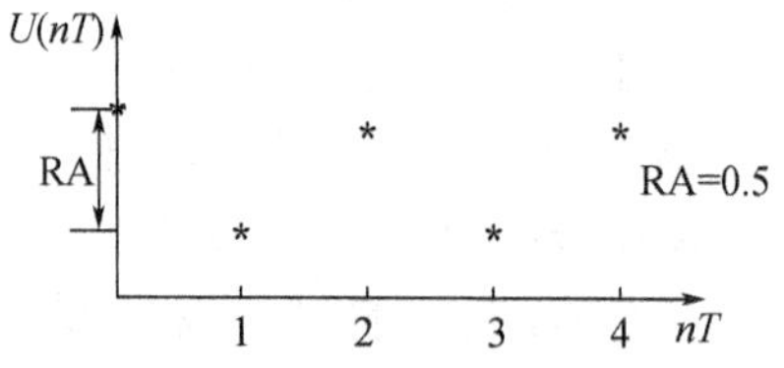

图 5.17　振铃幅度表示

(3) 当 $Q(z)=\dfrac{1}{(1+0.5z^{-1})(1-0.2z^{-1})}$ 时，其振铃幅度表示如图 5.18 所示。

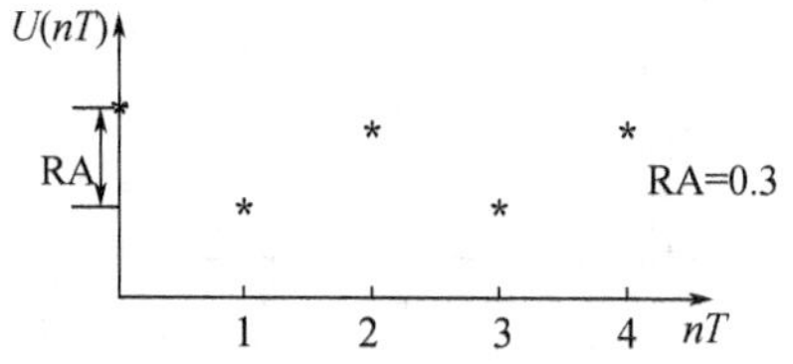

图 5.18　振铃幅度表示

(4) 当 $Q(z)=\dfrac{(1-0.5z^{-1})}{(1+0.5z^{-1})(1-0.2z^{-1})}$ 时，其振铃幅度表示如图 5.19 所示。

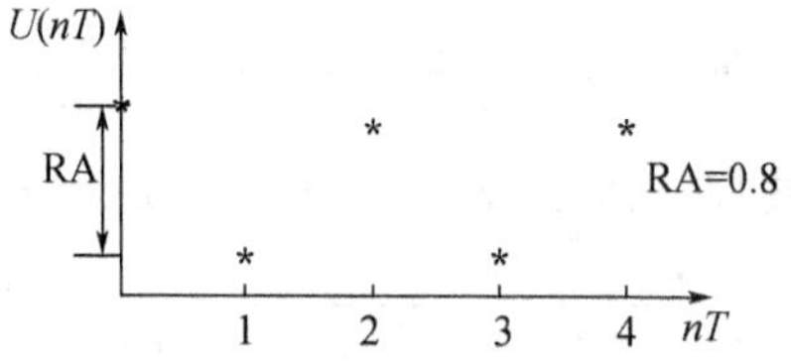

图 5.19　振铃幅度表示

由分析可以看出：引起振铃的根源是 $U(z)$ 中 $z=-1$ 附近的极点，极点在 $z=-1$ 是最严重，离 $z=-1$ 越远振铃现象就越弱。在单位圆内右半平面上有零点时，会加剧振铃现象，而右半平面有极点时，会减轻振铃现象。

消除振铃的方法：先找出数字控制器中产生振铃现象的极点，令其中 $z=1$。这样取消了这个极点，就可以消除振铃现象。

根据终值定理，$t\to\infty$ 时，对应 $z\to1$，因此，这样处理不影响输出的稳态值。

【例 5.11】 一阶近似控制系统大林控制器为

$$D(z)=\frac{1.96(1-0.741z^{-1})}{(1-z^{-1})(1+0.392z^{-1})(1+0.738z^{-1})}$$

系统响应如图 5.20(a)所示，看上去相当好，但阀门控制信号 $u(k)$ 呈现出过渡的阀门位移，如图 5.20(b)所示，出现了振铃现象，主要是由极点 -0.738 引起的。

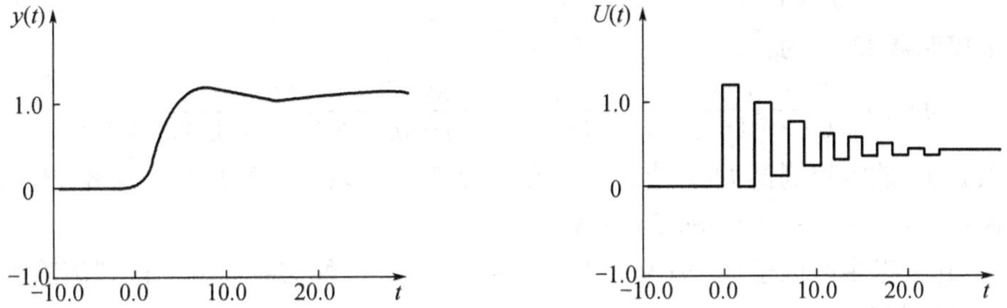

(a) 系统响应　　(b) 控制量输出

图 5.20　系统响应图

用以上消除振铃方法，令 $D(z)$ 分母中 $(1+0.738z^{-1})$ 因子中的 $z=1$，即用 $1+0.738=1.738$ 代替 $1+0.738z^{-1}$ 项，可得如下算式：

$$D(z)=\frac{\frac{1.96}{1.738}(1-0.741z^{-1})}{(1-z^{-1})(1+0.392z^{-1})}=\frac{1.13(1-0.741z^{-1})}{(1-z^{-1})(1+0.392z^{-1})}$$

响应 $U(t)$ 及对应的阀门响应如图 5.21 所示，这样的算法基本上是消除了振铃，响应 $U(t)$ 与有振铃算法的响应十分相似。

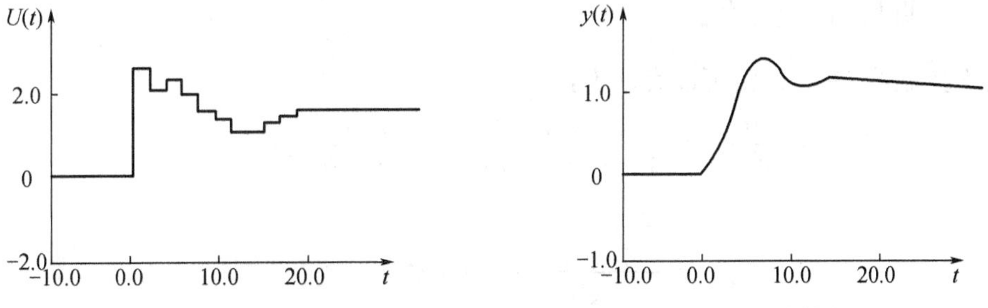

(a) 响应 $U(t)$　　(b) 系统输出

图 5.21　消除振铃后的系统响应图

【例 5.12】 已知某控制系统被控对象的传递函数为 $G(s)=\dfrac{e^{-s}}{s+1}$。试用大林算法设计数字控制器 $D(z)$，并讨论该系统是否会发生振铃现象。如果存在振铃现象，试设计消除振铃现象之后的 $D(z)$。设采样周期为 $T=0.5$ s，期望的闭环传递函数惯性时间常数为 $\tau=0.1$ s。

解　由题可知，$T_1=1, K=1, N=2$，广义对象的数字脉冲传递函数为

$$G(z)=Kz^{-N-1}\cdot\frac{1-e^{-T/\tau_1}}{1-e^{-T/\tau_1}\cdot z^{-1}}=z^{-3}\cdot\frac{1-e^{-0.5}}{e^{0.5}\cdot z^{-1}}=\frac{0.393\ 5z^{-3}}{1-0.606\ 5z^{-1}}$$

期望的闭环脉冲传递函数为：

$$\varphi(z)=Z\left[\frac{1-e^{-Ts}}{s}\varphi(s)\right]=Z\left[\frac{1-e^{-Ts}}{s}\frac{e^{-s}}{0.1s+1}\right]=(1-z^{-1})z^{-2}Z\left[\frac{1}{s(0.1s+1)}\right]$$

$$=(1-z^{-1})z^{-2}Z\left[\frac{1}{s}-\frac{1}{s+10}\right]=(1-z^{-1})z^{-2}\left[\frac{1}{1-z^{-1}}-\frac{1}{1-0.006\,7z^{-1}}\right]$$

$$=\frac{0.993\,3z^{-3}}{(1-0.006\,7z^{-1})}$$

数字控制器 $D(z)$为：

$$D(z)=\frac{\varphi(z)}{G(z)[1-\varphi(z)]}=\frac{2.524(1-0.606\,5z^{-1})}{(1-z^{-1})(1+0.993\,3z^{-1}+0.993\,3z^{-2})}$$

可以看出，数字控制器 $D(z)$有三个极点：$z_1=1$，$z_2=z_3=-0.496\,7\pm0.864j$，引起振铃现象的极点为：$z_2=z_3=-0.496\,7\pm0.864j$。

令 $D(z)$分母中的因子$(1+0.993\,3z^{-1}+0.993\,3z^{-2})$的 $Z=1$，可以得到消除振铃现象之后的数字控制器 $D(z)$。

$$D(z)=\frac{2.524(1-0.606\,5z^{-1})}{(1-z^{-1})(1+0.993\,3+0.993\,3)}=\frac{0.845\,1(1-0.606\,5z^{-1})}{1-z^{-1}}$$

5.7 数字控制器在控制系统中的实现方法

在前面几节中，已经讲了各种各样的数字控制器 $D(z)$的设计方法，但是 $D(z)$求出后设计任务并未结束，重要的任务是在控制系统中如何实现。实现 $D(z)$的方法有硬件电路实现、软件实现两种。特别是当 $D(z)$的算式比较复杂时，用计算机软件实现更有其独特的优点。在这一节里，主要讲述数字控制器 $D(z)$在微型机系统中的实现方法。

5.7.1 直接程序设计法

数字控制器 $D(z)$通常可以表示为：

$$D(z)=\frac{U(z)}{E(z)}=\frac{a_0+a_1z^{-1}+\cdots+a_mz^{-m}}{1+b_1z^{-1}+b_2z^{-2}+\cdots+b_nz^{-n}}$$

$$=\frac{\sum_{j=0}^{m}a_jz^{-j}}{1+\sum_{j=0}^{n}b_jz^{-j}}\quad(m\leqslant n)\tag{5.13}$$

式中，$U(z)$和 $E(z)$分别为数字控制器输出序列和输入序列的 Z 变换。

从上式可以求出：

$$U(z)=\sum_{j=0}^{m}a_jE(z)z^{-j}-\sum_{j=0}^{n}b_jU(z)z^{-j}\tag{5.14}$$

为了方便用计算机实现，把式(5.14)进行 Z 反变换，写成如下所示的差分方程的形式。

$$U(k)=\sum_{j=0}^{m}a_jE(k-j)-\sum_{j=0}^{n}b_jU(k-j)\tag{5.15}$$

由上式可画出控制器的直接实现形式，如图 5.22 所示。

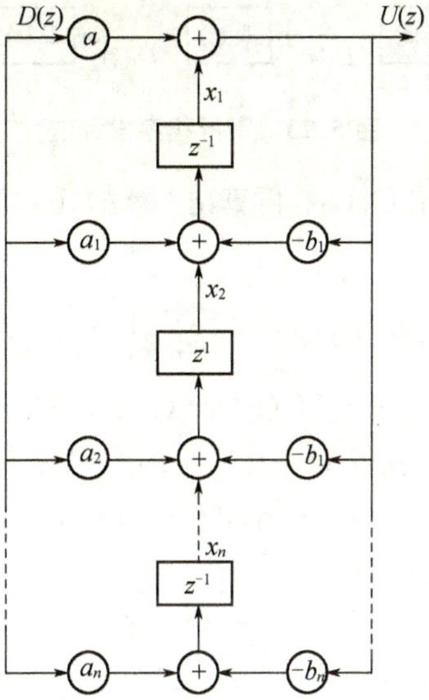

图 5.22 直接程序设计法的标准形式

上式即为计算机采用直接程序设计法所用的表达式,它可以很容易地用软件程序来实现。由上式可以看出,每计算一次 $U(k)$,要进行 $m+n$ 次数据传递。因为在本次采样值周期内输出的计算值 $U(k)$,在下一个采样周期中就变成 $U(k-1)$ 了。同理 $E(k)$ 将变成 $E(k-1)$,所以其余的 $E(k-j)$ 和 $U(k-j)$ 也都要递推一次,变成 $E(k-j-1)$ 和 $U(k-j-1)$,以便下一个采样周期使用。

5.7.2 串行程序设计法

串行程序设计法也叫迭代程序设计法。如果数字控制器的脉冲传递函数 $D(z)$ 中的零点、极点均已知,$D(z)$ 可以写成如下形式:

$$D(z)=\frac{U(z)}{E(z)}=\frac{K(z+z_1)(z+z_2)\cdots(z+z_m)}{(z+p_1)(z+p_2)\cdots(z+p_n)}\quad(m\leqslant n)\tag{5.16}$$

令

$$\left.\begin{aligned}
D_1(z)&=\frac{U_1(z)}{E(z)}=\frac{z+z_1}{z+p_1}\\
D_2(z)&=\frac{U_2(z)}{U_1(z)}=\frac{z+z_2}{z+p_2}\\
&\vdots\\
D_m(z)&=\frac{U_m(z)}{U_{m-1}(z)}=\frac{z+z_m}{z+p_m}\\
D_{m+1}(z)&=\frac{U_{m+1}(z)}{U_m(z)}=\frac{1}{z+p_{m+1}}\\
&\vdots\\
D_n(z)&=\frac{U(z)}{U_{n-1}(z)}=\frac{K}{z+p_n}
\end{aligned}\right\}\tag{5.17}$$

$$D(z)=D_1(z)D_2(z)\cdots D_n(z)$$

因此,$D(z)$ 可以看成是 $D(z)=D_1(z),D_2(z),\cdots,D_n(z)$ 串联而成,如图 5.23 所示。

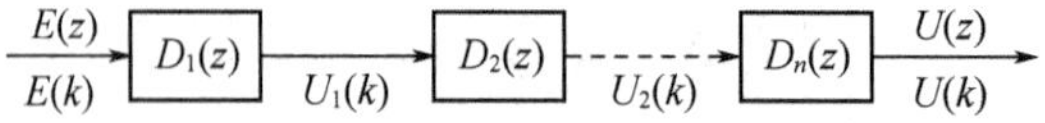

图 5.23　串行程序设计法

为了计算 $U(k)$，可以先求出 $U_1(k)$，再算出 $U_2(k)$，$U_3(k)$，…，最后算出 $U(k)$。

现在先计算 $U_1(k)$：

$$\frac{U_1(z)}{E(z)}=D_1(z)=\frac{z+z_1}{z+p_1}=\frac{1+z_1z^{-1}}{1+p_1z^{-1}} \tag{5.18}$$

交叉相乘得：　$(1+p_1z^{-1})U_1(z)=(1+z_1z^{-1})E(z)$

进行 Z 反变换得：$U_1(k)+p_1U_1(k-1)=E(k)+z_1E(k-1)$

因此可以得到：　$U_1(k)=E(k)+z_1E(k-1)-p_1U_1(k-1)$

以次类推，可以得到 n 个迭代表达式：

$$\left.\begin{aligned}
&U_1(k)=E(k)+z_1E(k-1)-p_1U(k-1)\\
&U_2(k)=U_1(k)+z_2U_1(k-1)-p_2U_2(k-1)\\
&\quad\vdots\\
&U_m(k)=U_{m-1}(k)+z_mU_{m-1}(k-1)-p_mU_m(k-1)\\
&U_{m+1}(k)=U_m(k)-p_{m+1}U_{m+1}(k-1)\\
&\quad\vdots\\
&U(k)=kU_{n-1}(k-1)-p_nU(k-1)
\end{aligned}\right\} \tag{5.19}$$

用上式计算 $U(k)$ 的方法称为串行程序设计法。此程序每计算出一次 $U(k)$ 需要进行 $(m+n)$ 次加减法，$(m+n+1)$ 次乘法和 n 次数据传送。它只需要传送 $U_1(k)$，$U_2(k)$，…，$U_{n-1}(k)$ 和 $U(k)$ 共 n 个数据。

【例 5.13】 设数字控制器 $D(z)=\dfrac{z^2+3z-4}{z^2+5z+6}$，试用串行程序设计法写出 $D(z)$ 的迭代表达式。

解　首先将分子分母分解因式，如下所示：

$$D(z)=\frac{z^2+3z-4}{z^2+5z+6}=\frac{(z+4)(z-1)}{(z+2)(z+3)}$$

令

$$D_1(z)=\frac{U_1(z)}{E(z)}=\frac{(z+4)}{(z+2)}=\frac{1+4z^{-1}}{1+2z^{-1}}$$

$$D_2(z)=\frac{U(z)}{U_1(z)}=\frac{(z-1)}{(z+3)}=\frac{1-z^{-1}}{1+3z^{-1}}$$

将 $D_1(z)$，$D_2(z)$ 分别进行交叉相乘及 Z 的反变换，可以得到：

$$\begin{cases}U_1(k)=E(k)+4E(k-1)-2U_1(k-1)\\U(k)=U_1(k)-U_1(k-1)-3U(k-1)\end{cases}$$

5.7.3　并行程序设计法

若 $D(z)$ 可以写成部分分式的形式：

$$D(z)=\frac{U(z)}{E(z)}=\frac{k_1z^{-1}}{1+p_1z^{-1}}+\frac{k_2z^{-1}}{1+p_2z^{-1}}+\cdots\frac{k_nz^{-1}}{1+p_nz^{-1}} \tag{5.20}$$

令

$$\left.\begin{aligned}D_1(z)&=\frac{U_1(z)}{E(z)}=\frac{k_1z^{-1}}{1+p_1z^{-1}}\\D_2(z)&=\frac{U_2(z)}{E(z)}=\frac{k_2z^{-1}}{1+p_2z^{-1}}\\&\vdots\\D_n(z)&=\frac{U_n(z)}{E(z)}=\frac{k_nz^{-1}}{1+p_nz^{-1}}\end{aligned}\right\}\tag{5.21}$$

因此可以得到：　　$D(z)=D_1(z)+D_2(z)+\cdots+D_n(z)$

由此可见，$D(z)$等于 $D_1(z)$，$D_2(z)$，…，$D_n(z)$并联而成，如图 5.24 所示。

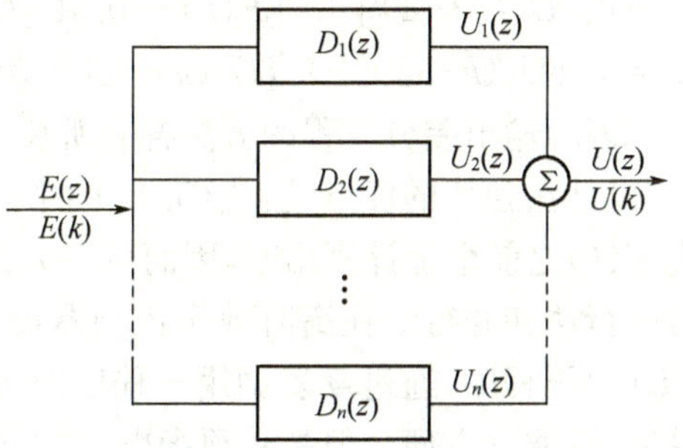

图 5.24　并行程序设计法

与前面类似，也可以得出几个计算公式：

$$\left.\begin{aligned}U_1(z)&=k_1E(k-1)-p_1U_1(k-1)\\U_2(z)&=k_2E(k-1)-p_2U_2(k-1)\\&\vdots\\U_n(z)&=k_nE(k-1)-p_nU_n(k-1)\end{aligned}\right\}\tag{5.22}$$

$U_1(k)$，$U_2(k)$，…$U_n(k)$求出以后，便可以算出：

$$U(k)=U_1(k)+U_2(k)+\cdots+U_n(k)\tag{5.23}$$

按照式(5.22)和(5.23)编写计算机程序，计算 $U(k)$ 的方法叫并行程序设计法。这种方法每计算一次 $U(k)$，就要进行 $2n-1$ 次加减法，$2n$ 次乘法和 $n+1$ 次数据传送。

【例 5.14】　设数字控制器如下所示：

$$D(z)=\frac{3+3.6z^{-1}+0.6z^{-2}}{1+0.1z^{-1}-0.2z^{-2}}$$

试用并行程序设计法写出实现 $D(z)$的表达式。

解　首先将 $D(z)$写成部分分式的形式：

$$\begin{aligned}D(z)&=\frac{3+3.6z^{-1}+0.6z^{-2}}{1+0.1z^{-1}-0.2z^{-2}}\\&=\frac{0.6z^{-2}-0.3z^{-1}-3}{1+0.1z^{-1}-0.2z^{-2}}+\frac{6+3.9z^{-1}}{1+0.1z^{-1}-0.2z^{-2}}\\&=-3+\frac{6+3.9z^{-1}}{(1+0.5z^{-1})(1-0.4z^{-1})}\\&=-3-\frac{1}{1+0.5z^{-1}}+\frac{7}{1-0.4z^{-1}}=\frac{U(z)}{E(z)}\end{aligned}$$

令

$$D_1(z)=\frac{1}{1+0.5z^{-1}}=\frac{U_1(z)}{E(z)}$$

$$D_2(z)=\frac{1}{1-0.4z^{-1}}=\frac{U_2(z)}{E(z)}$$

则

$$U_1(z)=E(z)-0.5U_1(z)z^{-1}$$

$$U_2(z)=E(z)-0.4U_2(z)z^{-1}$$

所以

$$D(z)=-3-D_1(z)+7D_2(z)$$

将上面的式子进行 Z 的反变换，即可以求出 $D(z)$的差分方程：

$$\begin{aligned}U(k)&=-U_1(k)+7U_2(k)-3E(k)\\&=-[E(k)-0.5U_1(k-1)]+7[E(k)+0.4U_2(k-1)]-3E(k)\end{aligned}$$

所以

$$U(k)=0.5U_1(k-1)+2.8U_2(k-1)+3E(k)$$

以上三种求数字控制器 $D(z)$输出差分方程的方法各有所长。就计算效率而言，串行程序设计法为最佳。直接程序设计法独特的优点是：式(5.15)中除 $j=0$ 时涉及 $E(k)$的一项外，其余各项都可以在采集 $E(k)$之前全部计算出来，因而可以大大减少计算机延时，提高系统的动态性能。另一方面，串行法和并行法在高阶数字控制器设计时，可以简化程序设计，只要设计出一阶或二阶的 $D(z)$子程序，通过反复调用子程序即可实现 $D(z)$。这样设计的程序占用内存容量少，容易读，且调试方便。但是必须指出，在串行和并行法程序设计中，需要将高阶函数分解成一阶或二阶的环节，这样的分解并不是在任何情况下都可以进行的。当 $D(z)$为零点或已知时，很容易分解，但是有时却要花费大量时间，有时甚至是不可能的。此时若采用直接程序设计法则优越性更大。

5.7.4 数字控制器的设计

通过前面几节分析，可以把数字控制器的设计步骤综合归纳如下。

(1) 根据被控对象的传递函数，求出系统(包括零阶保持器在内)的广义对象的传递函数：

$$G(s)=\frac{1-e^{-Ts}}{s}G_c(s)$$

(2) 求出 $G(s)$所对应的广义对象脉冲传递函数 $G(z)$，即

$$G(z)=Z[G(s)]=Z\left[\frac{1-e^{-Ts}}{s}G_c(s)\right]=(1-z^{-1})z\left[\frac{G_c(s)}{s}\right]$$

(3) 根据控制系统的性能指标及其输入条件，确定出整个闭环系统的脉冲传递函数$\Phi(z)$。

(4) 确定数字控制器的脉冲传递函数 $D(z)$：

$$D(z)=\frac{\Phi(z)}{G(z)[1-\Phi(z)]}=\frac{\Phi(z)}{G(z)\Phi_e(z)}=\frac{1-\Phi_e(z)}{G(z)\Phi_e(z)}$$

(5) 对于最少拍无波纹系统，验证是否有波纹存在；对于带纯滞后的惯性环节，还要看其是否出现振铃现象。

(6) 写出直接程序设计法和串行、并行程序设计差分方程表达式。

(7) 根据系统的采样周期、时间常数及其他条件求出相应的系数，并将其转换成计算机能够接受的数据形式。

(8) 由差分方程编写程序。

思考题与习题 5

5.1 什么叫直接数字控制?

5.2 是否所有的系统都能使用直接数字控制,为什么?

5.3 试叙述最少拍无波纹系统的数字控制器的设计步骤。

5.4 已知闭环系统,如图所示,试求出:

(1) 该系统广义积分对象脉冲传递函数 $G(z)$;

(2) 求输入信号分别为单位阶跃信号、单位速度信号时提的最少拍控制器 $D(z)$(其中:采样周期 $T=0.1$ s);

(3) 写出数字控制器的差分方程 $U(k)$。

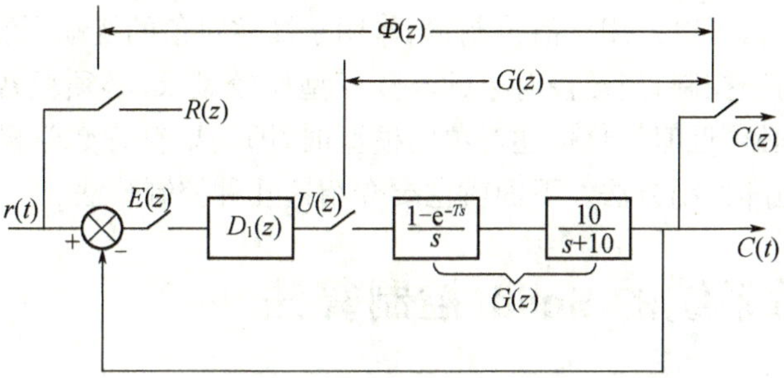

题 4 图 闭环系统方框图

5.5 被控对象的传递函数为:$G(s)=\dfrac{10}{s(0.1s+1)}$,采样周期 $T=1$ s,采用零阶保持器,针对单位速度输入函数,按以下要求设计:

(1) 用最少拍无纹波系统的设计方法,设计 $\Phi(z)$,$D(z)$。

(2) 求出数字控制器输出序列 $U(k)$。

(3) 画出采样瞬间数字控制器的输出和系统的输入曲线。

5.6 某控制系统的被控对象传递函数为 $G_c(s)=\dfrac{e^{-s}}{s(s+1)}$,采样周期 $T=0.5$ s,期望的惯性时间常数 $T_\tau=1$ s,试用大林算法设计控制器 $D(z)$,并判断是否存在振铃。

5.7 已知控制系统的被控对象传递函数为 $G_c(s)=\dfrac{e^{-s}}{(2s+1)(s+1)}$,采样周期 $T=1$ s,期望惯性时间常数 $T_\tau=2$ s,试用大林算法设计控制器 $D(z)$,并判断是否存在振铃。

5.8 已知 $D(z)=\dfrac{3+3.6z^{-1}+0.6z^{-2}}{1+0.1z^{-1}-0.2z^{-2}}$ 要求:

(1) 写出串联程序法实现 $D(z)$ 的表达式。

(2) 写出并联程序法实现 $D(z)$ 的表达式。

6 复杂数字控制器设计

由于工业过程中的被控对象多种多样，其复杂程度也不一样。当被控对象的特性比较简单的时候，可以采用前面所介绍的数字控制器的设计方法，但是当被控对象的特性比较复杂时，如果采用前面介绍的数字控制器的设计方法，可能就达不到较好的控制效果。为此，针对比较复杂的被控对象，本章介绍几种复杂的数字控制器的设计。例如，当被控对象传递函数中具有纯滞后环节，而且时间常数比较大时，可以采用 Smith 预估控制器；当被控对象比较复杂、各种扰动因素较多而控制精度又要求较高时，可以采用串级控制方法；当被控对象是两种物料混合时，可以采用比值控制；当作用于被控对象的扰动可测不可控而且扰动量较大时，可以采用前馈控制；当被控对象的参数模型比较难求、必须耗费很大的代价进行系统辨识和实际过程必须近似简化描述对象的模型时，即需要精确数学模型的前提难以保证时，可以采用动态矩阵控制方法。下面就主要介绍这几种控制算法。

6.1 纯滞后系统的 Smith 控制算法

在大工业生产过程控制中，大多数被控对象都具有纯滞后环节。由自动控制理论可知被控对象的滞后时间使系统的稳定性下降，如果滞后时间过长，则使控制系统不稳定。例如，加热炉是具有纯滞后时间的被控对象，当被控参数是被加热液体的出口温度，在改变热蒸汽流量后，对被加热液料的出口温度的影响必然要滞后一段时间。在这个控制过程中，由于纯滞后的存在，使得被控参数不能及时地反映系统所受到的扰动。即使测量信号无延时地传输到控制器，控制器输出信号令执行机构立即动作，但还需要经过纯滞后时间后，才能影响到被控参数，使被控对象受到控制。因此，这样的控制过程必然会产生较明显的超调，从而降低系统的稳定性、准确性和快速性。所以，具有纯滞后特性的过程被公认为是较难控制的过程，此过程的控制一直是人们研究的热点问题。多年来，很多学者也提出了不少的控制方法。其中，O. J. M. Smith 于 1957 年提出的 Smith 预估控制器是一种应用较多的有效的控制方法。

6.1.1 Smith 预估器的工作原理

被控对象具有纯滞后性质的控制系统的原理图如图 6.1 所示。该图中 $G_B(s)$ 表示控制器的传递函数，$G_P(s)e^{-\tau s}$ 表示被控对象的传递函数，其中 $G_P(s)$ 为被控对象不包含纯滞后部分的传递函数，$e^{-\tau s}$ 为对象纯滞后部分的传递函数。系统的闭环传递函数为：

$$\Phi(s) = \frac{Y(s)}{R(s)} = \frac{G_B(s)G_P(s)e^{-\tau s}}{1 + G_B(s)G_P(s)e^{-\tau s}} \tag{6.1}$$

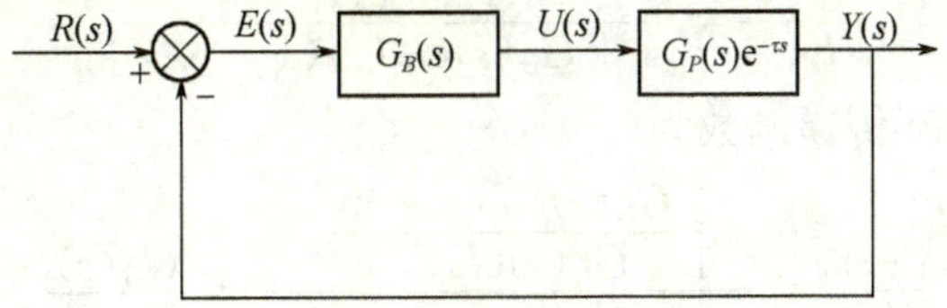

图 6.1 具有纯滞后特性的控制系统框图

从式(6.1)可以看出,控制系统的闭环传递函数 $\Phi(s)$ 的分母中包含纯滞后环节 $e^{-\tau s}$,由根轨迹理论和幅频特性分析等可知,由于时间滞后环节的存在,使得闭环系统具有无穷多个不稳定极点,在物理特性上表现为系统的输出信号不能及时地反馈到控制器 $G_B(s)$ 中来,控制器因而无法及时准确地作出控制决策,使系统的稳定性降低,纯滞后时间常数 τ 的值大到一定程度,系统将不稳定。为了提高纯滞后系统的控制质量,引入一个与被控对象并联的补偿器,称之为 Smith 预估器,其传递函数为 $G_s(s)$,带有 Smith 预估器的系统如图 6.2 所示。

时滞补偿的原理是:在没有足够的能够对系统的未来状态进行评价的可测量信息的情况下,利用系统的输入控制信号来预估系统的未来状态,获取的控制信息,及时准确地作出控制决策,提高系统的稳定性。一般认为,当系统的纯滞后时间常数 τ 与系统的惯性时间常数 T 之比小于或者等于 0.1 时,可以不用时滞补偿;当 $\tau/T \geqslant 0.3$ 时,考虑采用时滞补偿(在 $\tau/T = 0.3$ 时,虽然采用 PID 控制算法也可以控制,但是在对系统的超调量和调节时间有一定的要求时,必须采用时滞补偿),而当 $\tau/T > 1.57$ 时,就必须采用时滞补偿。

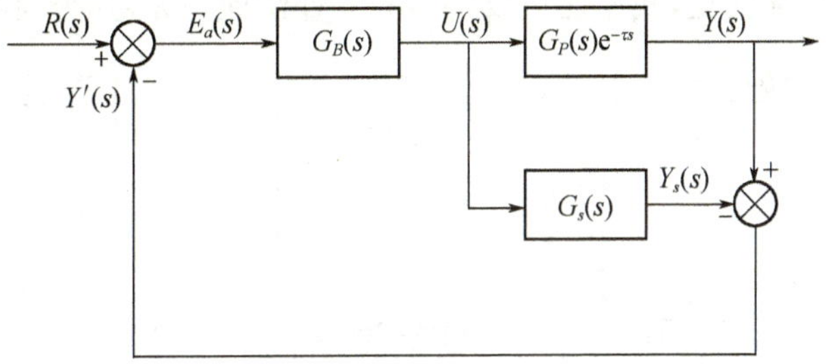

图 6.2 带 Smith 预估器的控制系统框图

由该图可知,经过补偿后控制量 $U(s)$ 与反馈量 $Y'(s)$ 之间的传递函数为:

$$\frac{Y'(s)}{U(s)} = G_P(s)e^{-\tau s} + G_s(s) \tag{6.2}$$

为了完全补偿对象的纯滞后特性,则要求:

$$\frac{Y'(s)}{U(s)} = G_P(s)e^{-\tau s} + G_s(s) = G_P(s) \tag{6.3}$$

于是,可以得到 Smith 预估补偿器的传递函数为:

$$G_s(s) = G_P(s)(1 - e^{-\tau s}) \tag{6.4}$$

实际上,Smith 预估补偿器并不是并联在对象上,而是反向并联在控制器上。对图 6.2 进行框图变换,代入 $G_s(s)$ 可得实际的大纯滞后 Smith 预估控制系统如图 6.3 所示。图中的点画线框内为 Smith 预估器,它与 $G_B(s)$ 一起构成带有纯滞后补偿的控制器,对应的传递函数为:

$$\frac{U(s)}{E(s)}=\frac{G_B(s)}{1+G_B(s)G_P(s)(1-e^{-\tau s})} \tag{6.5}$$

整个控制系统的闭环传递函数为：

$$\Phi(s)=\frac{Y(s)}{R(s)}=\frac{\dfrac{G_B(s)G_P(s)e^{-\tau s}}{1+G_B(s)G_P(s)e^{-\tau s}}}{1+\dfrac{G_B(s)G_P(s)e^{-\tau s}}{1+G_B(s)G_P(s)e^{-\tau s}}}=\frac{G_B(s)G_P(s)e^{-\tau s}}{1+G_B(s)G_P(s)} \tag{6.6}$$

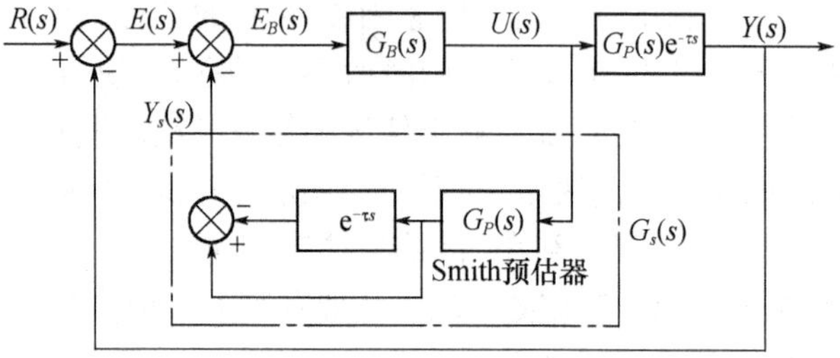

图 6.3 大纯滞后 Smith 预估控制系统框图

相应的等效系统框图如图 6.4 所示。由式(6.6)可见，在系统的特征方程中，已经不包含 $e^{-\tau s}$项。这就说明这个系统已经消除了纯滞后环节对系统控制品质的影响。从图 6.4 中也可看到，这里纯滞后部分 $e^{-\tau s}$已经在等效的闭环控制回路之外，不会影响系统的稳定性，在闭环传递函数的分子上包含有 $e^{-\tau s}$，这说明被控参数的时域值 $y(t)$的影响比设定值滞后时间 τ。将式(6.6)稍加变化，我们还可以将纯滞后补偿理解为超前控制作用。

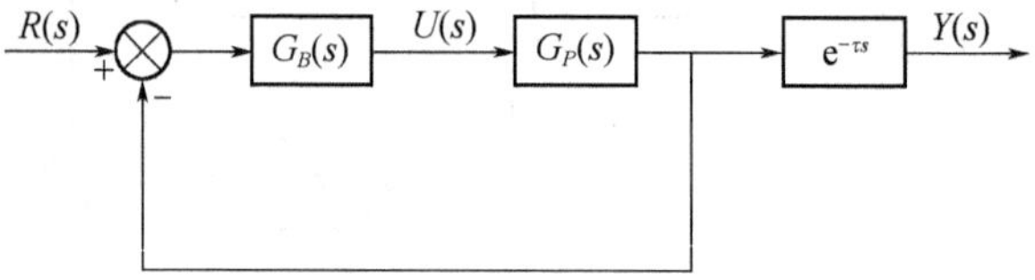

图 6.4 Smith 预估控制系统等效框图

令
$$G(s)=G_P(s)e^{-\tau s},$$
则
$$G_P(s)=G(s)e^{\tau s} \tag{6.7}$$

将式(6.7)代入式(6.6)得：

$$\Phi(s)=\frac{G_B(s)G(s)}{1+G_B(s)G(s)e^{\tau s}} \tag{6.8}$$

由上式可以看出，带纯滞后补偿的控制系统就相当于控制器为 $G_B(s)$，被控对象为 $G(s)$，反馈回路串上了 $e^{\tau s}$的反馈环节的控制系统，其等效图如图 6.5 所示，即检测信号通过超前环节 $e^{\tau s}$后进入控制器。相对于时域信号来说，这个进入控制器里的信号 $y'(t)$比实际检测到的信号 $y(t)$提早 τ，即 $y'(t)=y(t+\tau)$。从相位上可以认为，进入控制器的信号比实际检测到的信号超前 $\tau\omega$ 弧度。因此，从形式上可以把纯滞后补偿视为具有超前控制作用，而实质上是对被控参数 $y(t)$的预估。这也就是把上述 Smith 补偿器称为 Smith 预估控制器的原因。

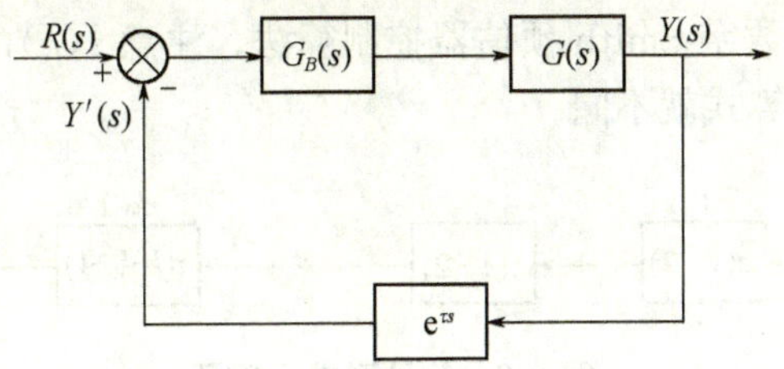

图 6.5 Smith 预估控制系统等效图

6.1.2 Smith 预估器的数字实现

当大纯滞后系统采用计算机控制时,Smith 预估控制器可以用计算机实现。这时,需要将式(6.4)给出的模拟 Smith 预估控制器离散为数字预估控制器,即求出 Smith 预估器的数字控制算法。离散的数字预估器控制框图如图 6.6 所示。令 $k_0 = \tau/T$(取整数),则数字 Smith 预估器的输出为:

$$y_s(k) = z(k) - z(k - k_0) \tag{6.9}$$

式中,$z(k)$为一中间变量,其算法与对象模型有关。

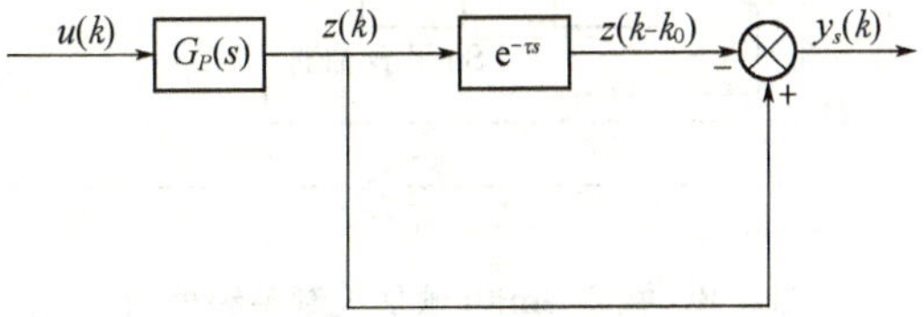

图 6.6 Smith 预估器框图

设对象模型为一阶惯性环节加纯滞后环节形式,即

$$G(s) = G_P(s)e^{-\tau s} = \frac{K}{T_0 s + 1}e^{-\tau s} \tag{6.10}$$

式中,K 为对象放大倍数;T_0 为对象等效时间常数;τ 为纯滞后时间。

考虑到实际应用中,被控对象前有零阶保持器。为了得到 $u(k)$和 $z(k)$之间的关系,先求 $u(k)$和 $z(k)$之间的 z 传递函数,即零阶保持器加上对象的惯性环节形成的 z 传递函数:

$$\begin{aligned} G_P(z) = \frac{Z(z)}{U(z)} &= Z\left[\frac{1-e^{-\tau s}}{s}G_P(s)\right] \\ &= Z\left[\frac{1-e^{-\tau s}}{s}\frac{K}{T_0 s+1}\right] = \frac{K(1-a)z^{-1}}{1-az^{-1}} \end{aligned} \tag{6.11}$$

式中,$a = e^{-T/T_0}$,化简后相应的差分方程为:

$$z(k) = az(k-1) + bu(k-1) \tag{6.12}$$

式中,$a = e^{-T/T_0}$,$b = K(1-a)$。

有了 $z(k)$,$z(k-k_0)$可以这样来形成:在计算机内存中开辟 k_0+1 个存储单元用来存放历史数据。每次采样前,把 k_0-1 单元中的内容存入 k_0 单元,把 1 单元中的内容存入 2 单元,把 0 单元中的内容存入 1 单元,然后将采样结果存入 0 单元。这样 0 单元中存放的就是 $z(k)$ 信号,k_0 单元中存放的就是滞后了 k_0 个采样周期的 $z(k-k_0)$ 信号,此过程如图 6.7 所示。

式(6.9)和式(6.12)就是数字 Smith 预估器控制算法。注意 $z(k)$ 的算式与对象模型有关，对象的模型不同，$z(k)$ 的算式就不同。

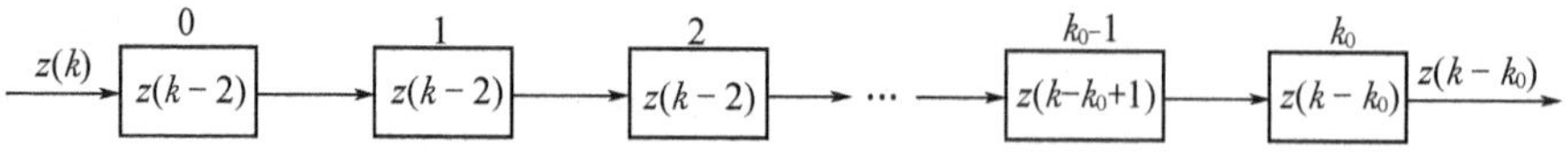

图 6.7　信号形成示意图

6.1.3　数字 Smith 预估控制系统

数字 Smith 预估控制系统框图如图 6.8 所示。图中反馈控制器采用 Smith 预估器。数字 PID 控制算法和数字 Smith 预估器算法均由计算机实现。假设 PID 控制器采用普通数字 PID 控制算法。

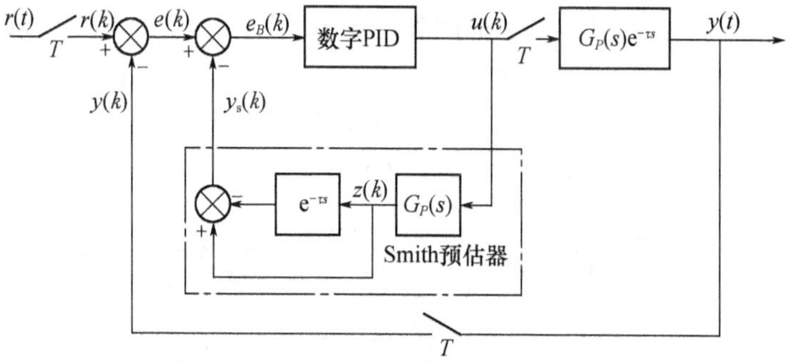

图 6.8　数字 Smith 预估控制系统框图

计算机应完成的计算任务是：

(1) 计算反馈回路的偏差 $e(k)=r(k)-y(k)$。

(2) 计算中间变量 $z(k)$。当对象为一阶惯性环节加纯滞后环节时，$z(k)$ 按式(6.12)计算。

(3) 求取 $z(k-k_0)$。

(4) 计算 Smith 预估器的输出，$y_s(k)=z(k)-z(k-k_0)$。

(5) 计算 PID 控制器的输入，$e_B(k)=e(k)-y_s(k)$。

(6) 进行 PID 运算，计算 PID 控制器的输出。

$$u(k)=u(k-1)+K_P[e_B(k)-e_B(k-1)]+K_Ie_B(k)+K_D[e_B(k)-2e_B(k-1)+e_B(k-2)]$$

6.2　串级控制算法

串级控制是一种复杂控制系统，顾名思义，即它是由两个控制器(主环、副环)串联连接组成，一个控制器的输出作为另一个控制器的设定值，每一个回路中都有一个属于自己的调节器和控制对象。

6.2.1　串级控制工作原理

加热炉是工业生产中的重要装置，它是加热某种介质的最常用的设备，以保证介质加热到一定的温度。加热炉的工艺过程如图 6.9 所示，燃料油经过蒸汽雾化后在炉膛中燃烧，被加热介质流过炉膛四周的管路后，被加热到出口温度 T_1。燃料油管道上安装了一个调节阀，用来控制燃油流量，以达到调节温度 T_1 的目的。

如果燃料油的压力恒定不变，为了维持被加热介质出口温度 T_1 恒定，需测量出口介质的实际温度，用它与温度设定值比较，利用二者的偏差控制燃料油管道上的调节阀。这就是典型的单回路控制，如图 6.9(a)所示。当燃料油管道压力恒定时，阀位与燃料油流量成线性关系，一定的阀位对应一定的流量，而控制量的大小与阀位是相对应的，从而可保证控制量与燃料油流量相对应，控制效果好。但当燃料油管道压力随负荷的变化而变化时，阀位与流量不再成单值关系，控制量与流量不再一一对应。管道压力的变化必将引起燃料油流量的变化，随之引起炉膛温度变化，致使被加热介质出口温度 T_1 变化。只有在出口温度发生偏离后才会引起调整，使温度回到给定值。这样，在控制时间上就存在一个滞后，由于控制的不及时，系统很难获得满意的控制质量和精度。实际上，引起炉膛温度变化从而导致被加热介质出口温度变化的扰动因素有多种：例如，燃料油方面的扰动 F_2，包括燃料油压力和成分；喷油用的过热蒸汽压力波动 F_3；配风、炉膛漏风和大气温度方面的扰动 F_4。

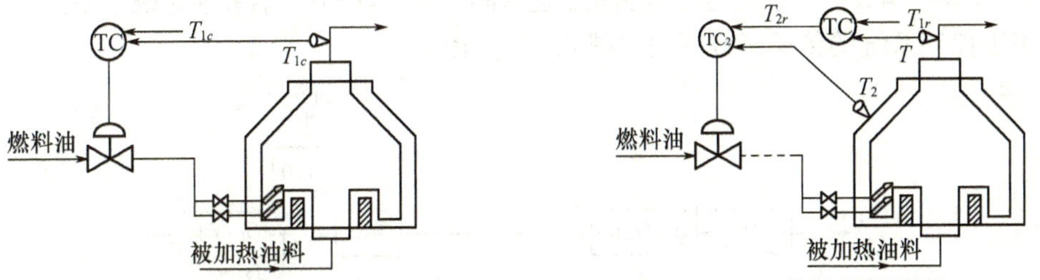

(a) 单回路控制 (b) 控制系统结构图

图 6.9 加热炉温度控制系统

显然，如果在上述扰动出现的情况下，仍能保持炉膛温度恒定，那么上述扰动的出现就不会引起被加热介质出口温度变化，其扰动作用被抑制。能达到这一目的的方案是用炉膛温度 T_2 来控制调节阀，然后再用出口介质温度 T_1 来修正炉膛温度的给定值 T_{2r}。控制系统结构图如图 6.9(b)所示，控制系统框图如图 6.10 所示。

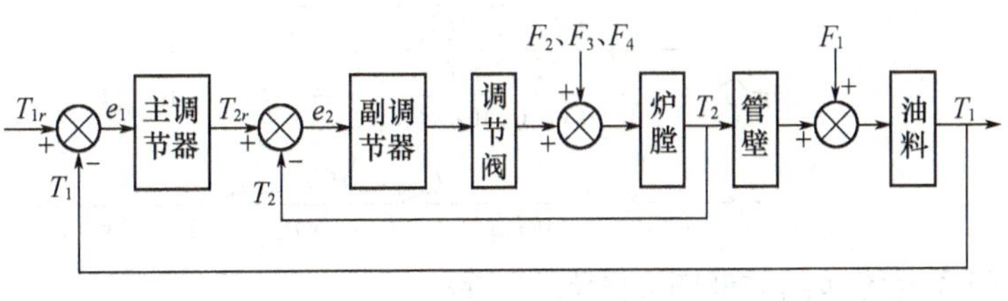

图 6.10 加热炉温度串级控制系统框图

由图 6.10 可知，控制系统中存在两个回路，干扰 F_2、F_3 和 F_4 出现在内回路中，它们一出现，势必引起炉膛温度变化，这时通过副调节器及时调节，使炉膛温度回到设定值，维持不变。这样，干扰 F_2、F_3 和 F_4 在内回路中就得到了及时的抑制，不会引起 T_1 变化，从而提高了控制精度。当被加热油料的流量和入口温度（干扰 F_1）变化时，它将引起 T_1 变化，这时通过外回路主调节器进行调节，通过修正内回路给定值，即炉膛温度给定值来调节。具有这种结构的系统，就称为串级控制系统。

一般的串级控制系统结构框图如图 6.11 所示。从图中可以看到,串级控制系统有如下的特点:

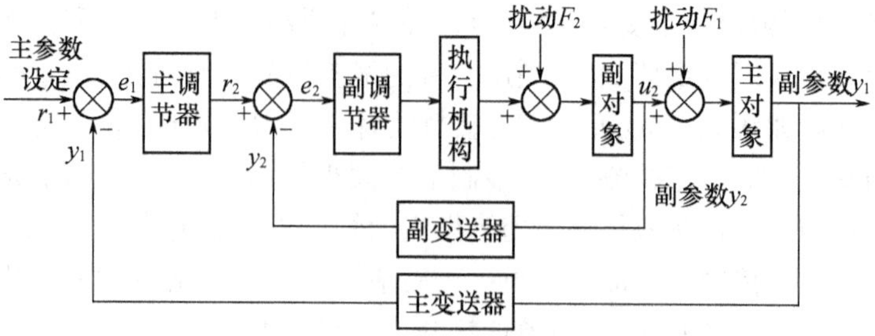

图 6.11　串级系统框图

(1) 能迅速克服进入副回路扰动的影响。因为当扰动进入副回路后,首先,副被控变量检测到扰动的影响,并通过副回路的定值作用及时调节操纵变量,使副被控变量回复到副设定值,从而使扰动对主被控变量的影响减少。即副回路回复对扰动进行粗调,主回路对扰动进行细调。因此,串级控制系统能够迅速克服进入副回路扰动的影响,并使系统余差大大减小。

串级控制系统的传递函数框图如图 6.12 所示。

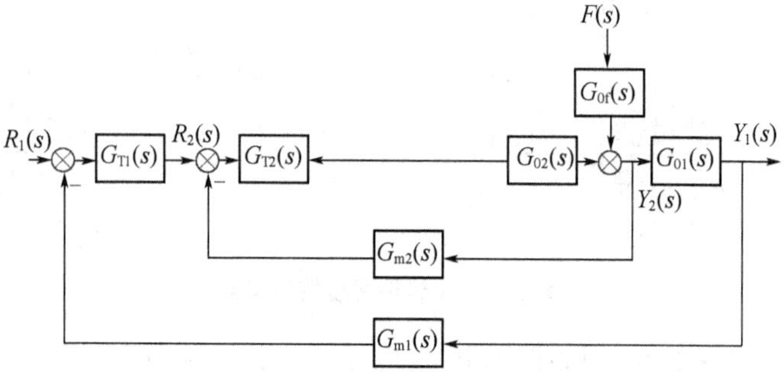

图 6.12　串级控制系统传递函数框图

由图 6.12 可以写出干扰信号 $F(s)$ 到主控参数 $Y_1(s)$ 的传递函数为:

$$\frac{Y_1(s)}{F(s)}=\frac{\dfrac{G_{0f}(s)G_{01}(s)}{1+G_{T2}(s)G_{02}(s)G_{m2}(s)}}{1+G_{T1}(s)\dfrac{G_{T2}(s)G_{02}(s)}{1+G_{T2}(s)G_{02}(s)G_{m2}(s)}G_{01}(s)G_{m1}(s)}$$

$$=\frac{G_{0f}(s)G_{01}(s)}{1+G_{T2}(s)G_{02}(s)G_{m2}(s)+G_{T1}(s)G_{T2}(s)G_{02}(s)G_{01}(s)G_{m1}(s)}$$

单回路控制系统传递函数框图如图 6.13 所示。

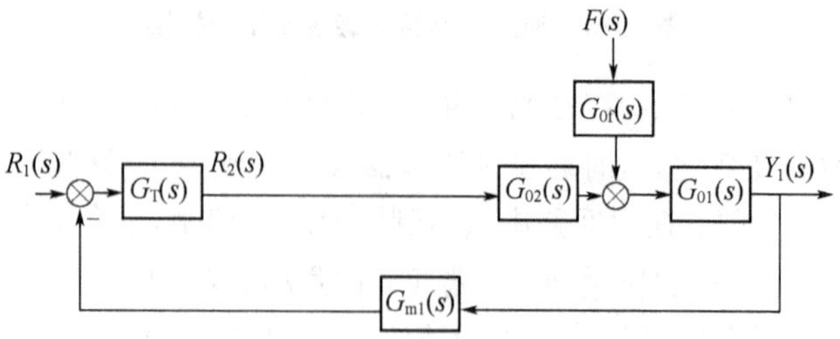

图 6.13　单回路控制系统传递函数框图

可以得到干扰信号 $F(s)$ 到主控参数 $Y_1(s)$ 的传递函数为：

$$\frac{Y_1(s)}{F(s)}=\frac{G_{0f}(s)G_{01}(s)}{1+G_T(s)G_{01}(s)G_{02}(s)G_{m1}(s)}$$

从上面公式可以看出，串级控制系统相比于单回路控制系统 $\frac{Y_1(s)}{F(s)}$ 的分母中多了一项 $G_{T2}(s)G_{02}(s)G_{m2}(s)$，一般情况下，副控制器的比例增益大于 1，所以，被控量受进入副回路扰动 F 的影响可以大大地减少。

(2) 串级控制系统可以串级控制、主控和副控等多种控制方式，主控方式是切除副回路，以主被控变量作为被控变量的单回路控制；副控方式是切除主回路，以副被控变量作为被控变量的单回路控制。因此，在串级控制系统运行过程中，如果某些部件发生故障，可灵活地进行切换，减少对生产过程的影响。

(3) 由于副回路的存在，减小了对象的时间常数，提高了系统的响应速度。

比较图 6.12 和图 6.13，可以将串级控制系统的整个副回路看成一个等效对象，记作 $G_{02}^*(s)$，则 $G_{02}^*(s)=\frac{Y_2(s)}{R_2(s)}$。

假设副回路中各个环节的传递函数为：

$$G_{02}(s)=\frac{K_{02}}{T_{02}s+1},G_{T2}(s)=K_{T2},G_{m2}(s)=K_{m2}$$

那么

$$G_{02}^*(s)=\frac{Y_2(s)}{R_2(s)}=\frac{K_{T2}\frac{K_{02}}{T_{02}s+1}}{1+K_{T2}\frac{K_{02}}{T_{02}s+1}K_{m2}}=\frac{K_{T2}K_{02}}{1+T_{02}s+K_{T2}K_{02}K_{m2}}=\frac{\frac{K_{T2}K_{02}}{1+K_{T2}K_{02}K_{m2}}}{1+\frac{T_{02}s}{1+K_{T2}K_{02}K_{m2}}}$$

比较 $G_{02}(s)$ 和 $G_{02}^*(s)$，由于 $1+K_{T2}K_{02}K_{m2}>1$，这个不等式在任何条件下都是成立的，因此 $T_{02}^*<T_{02}$。这表明：副控制器的比例增益 K_{T2} 可以取得很大。这样，等效时间常数 T_{02}^* 减小得更加明显。时间常数的减小，意味着控制通道的缩短，从而使得控制作用更加及时。

(4) 提高了系统的工作频率，改善了系统的控制质量

将整个副回路看成一个等效的对象 $G_{02}^*(s)$，等效对象的时间常数缩小了，而且随着副控制器比例增益的增大而减小，从而加快了副回路的响应速度，提高了系统的工作频率，也改善了控制系统的工作品质。

(5) 串级系统有一定的自适应能力

由于副回路通常是一个随动控制系统，当负荷变化时，主控制器将改变其输出值，副控制器能快速跟踪，及时而又精确地控制副参数，从而保证控制系统的控制品质。

6.2.2 串级控制的实现

在一般情况下，串级控制系统的算法是从外回路向内依次进行计算的，其计算步骤如下：

(1) 计算主回路的偏差，即

$$e_1(k)=r_1(k)-y_1(k) \tag{6.13}$$

式中，$r_1(k)$ 为主回路设定值，上例中为被加热油料的出口温度设定值；$y_1(k)$ 为主回路的被

控参数，上例中为被加热油料的出口温度 T_1。

（2）计算主调节器的输出增量 $\Delta r_2(k)$。对于普通的 PID 调节器有：

$$\Delta r_2(k)=K_{P1}[e_1(k)-e_1(k-1)]+K_{I1}e_1(k)+K_{D1}[e_1(k)-2e_1(k-1)+e_1(k-2)] \tag{6.14}$$

（3）计算主调节器的位置输出，即

$$r_2(k)=r_2(k-1)+\Delta r_2(k) \tag{6.15}$$

式中，$r_2(k)$副回路的设定值，上例中为炉膛温度设定值 T_{2r}。

（4）计算副回路的偏差，即

$$e_2(k)=r_2(k)-y_2(k) \tag{6.16}$$

式中，$y_2(k)$为副回路被控参数，上例中为炉膛温度 T_2。

（5）计算副调节器的输出增量 $\Delta u_2(k)$，即

$$\Delta u_2(k)=K_{P2}[e_2(k)-e_2(k-1)]+K_{I2}e_2(k)+K_{D2}[e_2(k)-2e_2(k-1)+e_2(k-2)] \tag{6.17}$$

式中，$\Delta u_2(k)$为作用于执行机构的控制增量。

上述算法每个采样周期计算一次，并将副调节器的输出 $\Delta u_2(k)$送至执行机构，以控制被控对象。串级控制算法程序流程图如图 6.14 所示。

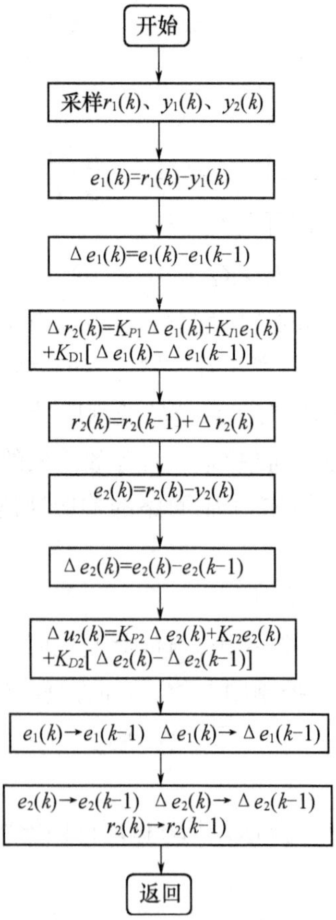

图 6.14　串级控制流程图

6.2.3 控制系统中副回路的设计

如果把串级控制系统整个副回路作为一个等效对象来考虑，可以看到主回路与一般单回路控制系统区别不大。由于副回路是随动系统，对包含在其中的二次扰动具有很强的抑制能力和自适应能力，二次扰动通过主、副回路的调节对主被控量的影响很小，因此在选择副回路时应尽可能把被控过程中变化剧烈、频繁、幅度大的主要扰动包括在副回路中，此外要尽可能包含较多的扰动。到底如何选择副回路，总结如下几个原则：

(1) 副回路参数的选择应该使得副回路的时间常数小，反应灵敏。

(2) 副回路中应包含被控对象所受到的主要扰动。

(3) 将更多的扰动包括在副回路中。

(4) 要将被控对象具有明显非线性或时变特性的一部分归于副对象中。

(5) 在需要以流量实现精确跟踪时，可选流量为副被控量。

图 6.9 所示的以物料出口温度为主被控参数、炉膛温度为副被控参数的串级控制系统中，假定燃料流量和气热值变化是主要扰动，那么，系统设计时把这两个主要扰动包含在副回路内是合理的。

6.2.4 主回路和副回路的匹配问题

串级控制系统的设计中，考虑使副回路中应尽可能包含较多的扰动，同时也要注意主回路、副回路扰动数量的匹配问题。副回路中如果包括的扰动越多，其通道就越长，时间常数就越大，副回路控制作用就不明显了，其快速控制的效果就会降低。如果所有的扰动都包括在副回路中，主调节器也就失去了控制作用。原则上，在设计中要保证主、副回路扰动数量、时间常数之比值在 3～10 之间。比值过高，即副回路的时间常数较主回路的时间常数小得太多，副回路反应灵敏，控制作用快，但副回路中包含的扰动数量过少，对于改善系统的控制性能不利；比值过低，副回路的时间常数接近主回路的时间常数，甚至大于主回路的时间常数，副回路虽然对改善被控过程的动态特性有益，但是副回路的控制作用缺乏快速性，不能及时有效地克服扰动对被控量的影响。严重时会出现主、副回路“共振”现象，系统不能正常工作。

6.2.5 主、副调节器正反作用方式的确定

一个控制系统正常工作必须保证采用的反馈是负反馈。串级控制系统有两个回路，主调节器和副调节器作用方式的确定原则是要保证两个回路均为负反馈。首先确定保证内环是负反馈应选用的作用方式，然后再确定主调节器的作用方式。在图 6.9 所示的物料出口温度与炉膛温度构成的串级控制系统中，首先确定副调节器的作用方式。出于生产工艺安全考虑，燃料调节阀应选用气开式，即如果调节阀的控制信号中断，阀门应处于关闭状态，控制信号上升，阀门开度增大，流量增加，是正作用方式，调节阀的 $K_v>0$，当调节阀开度增大，燃料量增大，炉膛温度上升，所以副被控过程的 $K_{o2}>0$，为保证副回路是负反馈，各环节放大系数(即增益)乘积必须为正，所以副调节器 $K_2>0$，副调节器作用方式为反作用方式。炉膛温度升高，物料出口温度也升高，主被控过程的 $K_{o1}>0$，为保证主回路为负反馈，各环节放大系数乘积必须为正，所以主调节器的放大系数 $K_1>0$，主调节器作用方式为反作用方式。

6.2.6　控制系统调节器的选型和参数整定

在串级控制系统中，主调节器和副调节器的任务不同，对于它们的选型即调节规律的选择也有不同考虑。主调节器的任务是确保被控参数符合生产要求，不允许被控参数存在偏差。因此，主调节器都必须具有积分作用，可以采用 PI 调节器，如果副回路外面惯性环节较多，同时有主要扰动落在副回路外面的话，可以考虑采用 PID 调节器；副调节器的任务是要快速动作以迅速抵消落在副回路内的扰动，而且副回路系统一般并不要求无差，所以一般都选 P 调节器，也可采用 PD 调节器。如果主、副回路的工作频率相差很大，也可以考虑采用 PI 调节器。

串级控制系统的参数整定一般都先整定副回路，后整定主回路，由内层向外层逐层进行，两步整定法的整定步骤是：

(1) 在主回路闭合的情况下，将主调节器的比例系数 K_{P1} 设置为 1，积分时间 T_{I1} 置∞，微分时间 T_{D1} 置 0，然后，按通常的 PID 控制器参数整定方法整定副调节器的参数。

(2) 把副回路视为控制系统的一个组成部分，用一般的方法整定主调节器的参数，使被控参数达到工艺要求。

6.2.7　串级控制系统的工业应用

相对于单回路控制系统，由于串级控制系统增加了一个副回路，而且可以通过合理设计副回路来很好的提高系统的性能，因此，串级控制系统被广泛应用于一些工业控制中，主要应用于以下领域。

(1) 用于克服被控过程较大的容量滞后

在过程控制系统中，被控过程的容量滞后较大，特别是一些被控量是温度等参数时，控制要求较高，如果采用单回路控制系统往往不能满足生产工艺的要求。利用串级控制系统存在副回路而改善过程动态特性，提高系统工作频率，合理构造副回路，减小容量滞后对过程的影响，加快响应速度。在构造副回路时，应该选择一个滞后较小的副回路，保证快速动作的副回路。

(2) 用于克服被控过程的纯滞后

被控过程中存在纯滞后会严重影响控制系统的动态特性，使控制系统不能满足生产工艺的要求。使用串级控制系统，在距离调节阀较近、纯滞后较小的位置构成副回路，把主要扰动包含在副回路中，提高副回路对系统的控制能力，可以减小纯滞后对主被控量的影响。改善控制系统的控制质量。

(3) 用于抑制变化剧烈幅度较大的扰动

串级控制系统的副回路对于回路内的扰动具有很强的抑制能力。只要在设计时把变化剧烈幅度大的扰动包含在副回路中，即可以大大削弱其对主被控量的影响。

(4) 用于克服被控过程的非线性

在过程控制中，一般的被控过程都存在着一定的非线性。这会导致当负载变化时整个系统的特性发生变化，影响控制系统的动态特性。单回路系统往往不能满足生产工艺的要求，由于串级控制系统的副回路是随动控制系统，具有一定的自适应性，在一定程度上可以补偿非线性对系统动态特性的影响。

6.3　比值控制

在生产过程中，常常要求两种物料的流量按照一定的比例混合或者参加反应，例如合成氨生产中的氢/氨比，煤气加热炉的煤气/空气比等。将两种物料的流量保持一定的比例的控制称为比值控制。

比值控制系统的两种物料，必然有一种处于主导地位，称为主物料；另一种处于从动地位，称为副物料。一般以主物料的流量作为主流量。有时也可以把不可控制的物料作为主流量，而把可控制的物料作为副流量。

常见的比值控制系统有以下几种类型。

6.3.1　单闭环比值控制

图 6.15(a)是用模拟仪表构成的煤气加热炉单闭环比值控制系统。相应的方块图如图 6.15(b)、(c)所示。图 6.15(d)是控制程序框图。

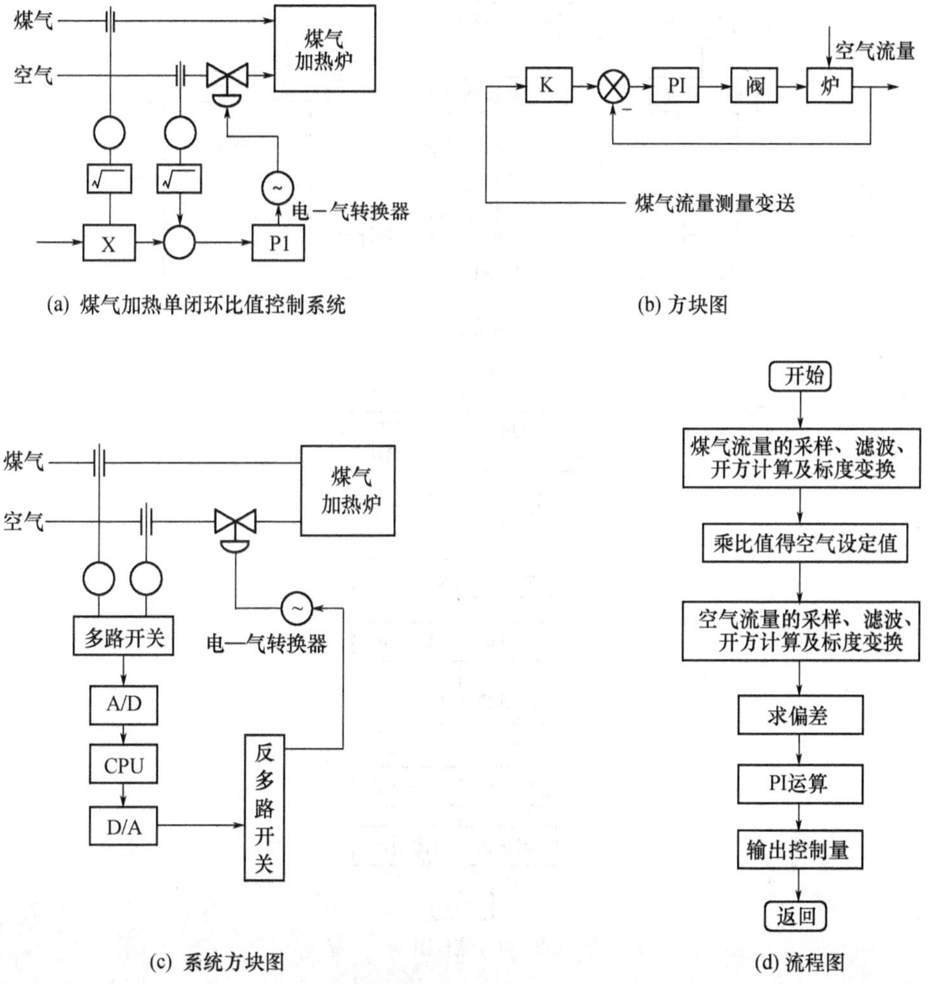

(a) 煤气加热单闭环比值控制系统　　(b) 方块图

(c) 系统方块图　　(d) 流程图

图 6.15　单闭环比值控制

单闭环控制系统中，只要求控制从动量，使其快速准确地跟随主流量的变化，所以是一种随动系统，控制运算一般采用 PI 控制规律。

6.3.2　双闭环比值控制

有些生产工艺不仅要求主动/从动流量保持一定的比例，而且要求生产负荷稳定，因而对主流量也要加以控制。如图 6.16 所示的反应器双闭环控制系统中，不仅要求进入反应器

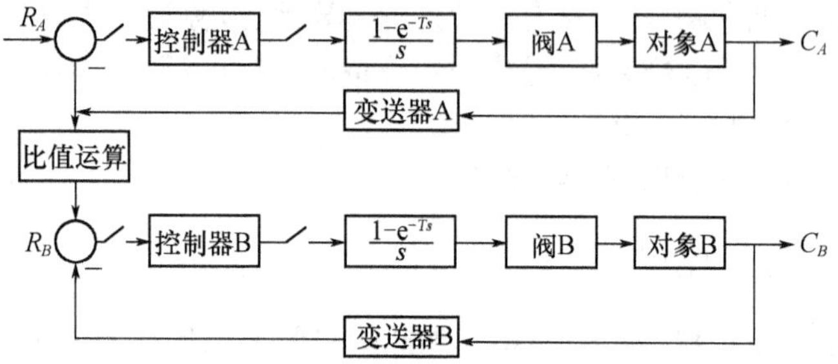

(a) 方框图1

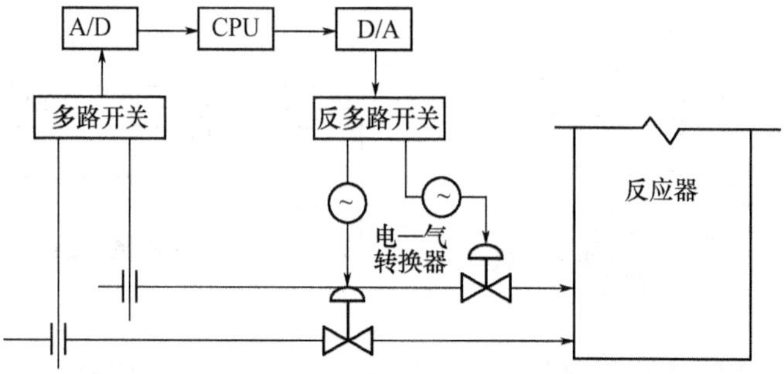

(b) 方框图2

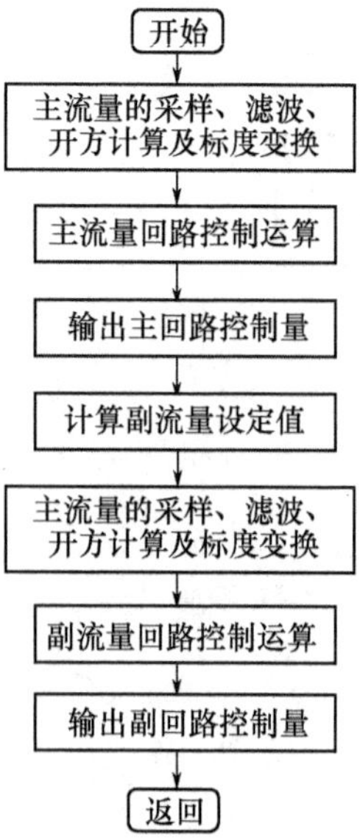

(c) 流程图

图 6.16　双闭环比值控制

的异丁烷—丁烯和反应催化剂硫酸的流量按照一定的比值，又要求两流量各自比较稳定，因此采用了两个流量闭合回路。由于催化剂的设定值又是异丁烷-丁烯流量的一定比值，所以两个回路之间又有一定的联系，当主流量受干扰变化时，一方面通过控制器 A 进行定值控制，另一方面改变控制器 B 的设定值，从而实现比值控制。经过一定时间，两者又都重新回到设定值，并保持原比值不变。

双闭环比值控制系统中，副回路的过渡过程对主回路没有影响。由于主流量实现了定值控制，从动流量的给定值也是基本上恒定的，所以，主、副回路都可选用 PI 控制并按照单回路整定。

6.3.3 变比值控制

在实际的生产过程中，可能要求两物料的比值随某种条件而变化。例如污水处理系统，简单的比值控制是根据污水流量按比例加入药剂。但是污水成分变化时，固定比值不能保证处理后的水的 pH 值达到规定的要求，因此应该根据 pH 值随时修正比值系数。这种根据第三个参数的要求随时修正系数的比值控制系统称为变比值控制系统。

6.4 前馈控制

按照偏差控制能产生控制作用的前提是被控制量必须偏离给定值。即在干扰的作用下，被控制量必须先偏离给定值，然后通过对偏差的测量才能产生控制作用去抵消干扰的影响，如果不断地受到干扰，则系统总是跟在干扰作用下波动，特别是当滞后严重时，波动会更严重。前馈控制是按照扰动量进行控制的开环控制，当影响系统的扰动出现以后，就按照扰动量直接产生校正作用，因此可以更好地抵消扰动的影响，在控制算法及参数选择恰当时，可以达到很高的控制精度。

6.4.1 前馈控制的原理

以加热炉的温度控制为例。当主要扰动为负荷变化，即被加热流体的流量发生变化时，采用图 6.17 所示的控制流程是颇有成效的。

当被加热流体的流量增加时，要使出口处保持同样的温度，显然应该增加传热量，应该增加燃料阀的开度。如果采用反馈控制的话，那要等到出口温度低于设定值，出现偏差后才会调整阀门的开度，这样显然不够及时，甚至将出现较大的动态偏差。这时应该随着负荷的增加，不必等到出口温度出现偏差，立即适当加大阀门的开度。在偏差还没有显现出来的时候就及时地发出控制作用，把偏差消除在萌芽状态。前馈控制系统就是基于这种思想而提出的。

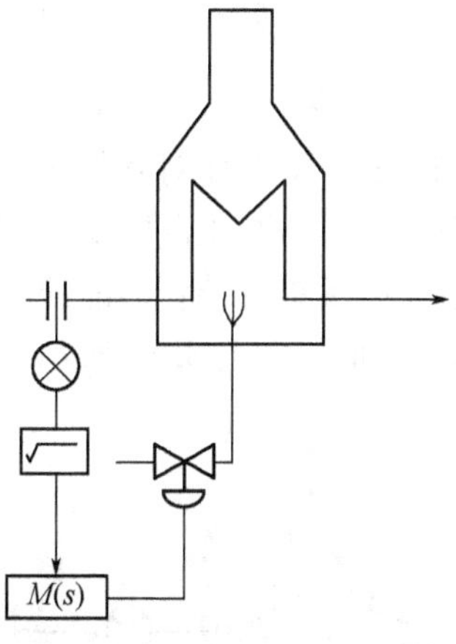

图 6.17 加热炉温度前馈控制

前馈控制系统特别适合于扰动可测不可控而且扰动量较大的场合。在加热炉控制中，流量检查变送器的输出信号代表了被加热流体的流量，也反映了加热炉的负荷。当检测变送器是差压型时，还需要经过开方器，以获得线性关系。然后送往前馈补偿环节，乘以系数 K，并进行滞后—超前校正后，得到前馈控制作用，用以操纵控制阀。

前馈控制方框图如图 6.18 所示，从方框图中可以看出，扰动信号经过检测变送，通过前馈补偿环节的运算，作用于控制阀，然后影响被控变量，这条信息通道是一直向前的，没有反馈，这就是命名为前馈控制的原因。

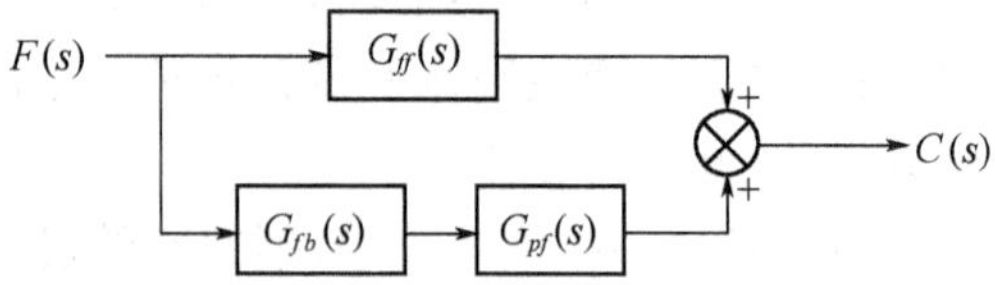

图 6.18　前馈控制方框图

6.4.2　完全补偿的条件

要使扰动的影响完全得到补偿，必要条件是扰动作用直接对被控变量的效应，正好与扰动测量值引起的控制作用对被控变量的效应大小相等，方向相反。设扰动直接作用于被控变量的传递函数即扰动通道的传递函数是 $G_{ff}(s)$，前馈补偿环节即前馈控制器的传递函数是 $G_{fb}(s)$，由前馈补偿环节输出至被控变量的传递函数即前馈控制通道的传递函数是 $G_{pf}(s)$，则上述条件可以表述为：

$$G_{ff}(s)+G_{fb}(s)G_{pf}(s)=0$$

即前馈控制器

$$G_{fb}(s)=-\frac{G_{ff}(s)}{G_{pf}(s)} \tag{6.18}$$

当 $G_{ff}(s)$ 和 $G_{pf}(s)$ 比较复杂时，要实现精确的补偿是很困难的。为了便于工程施工，常取：

$$G_{fb}(s)=K\frac{T_1s+1}{T_2s+1}$$

式中，K 是静态增益；T_1、T_2 分别是超前、滞后环节的时间常数。在 $T_1>T_2$ 时，补偿环节具有超前性；$T_1<T_2$ 时，补偿环节具有滞后性；$T_1=T_2$ 时，动态环节的分子分母项抵消，只进行比例控制。这种只用比例控制的前馈控制称为静态前馈。

6.4.3　前馈—反馈控制

在实际使用中，由于前馈控制器在控制过程中完全不测取被控参数的信息，只对待定的扰动有控制作用，而对其他的扰动无任何控制手段。而且，即使是对于特定的干扰，由于数学模型上的简化、工况的变化、对象特性的漂移等，也很难获得完全补偿，因此在工程上广泛采用前馈、反馈相结合的前馈—反馈控制系统，由反馈控制解决前馈控制不能解决的问题，其相应的框图如图 6.19 所示。

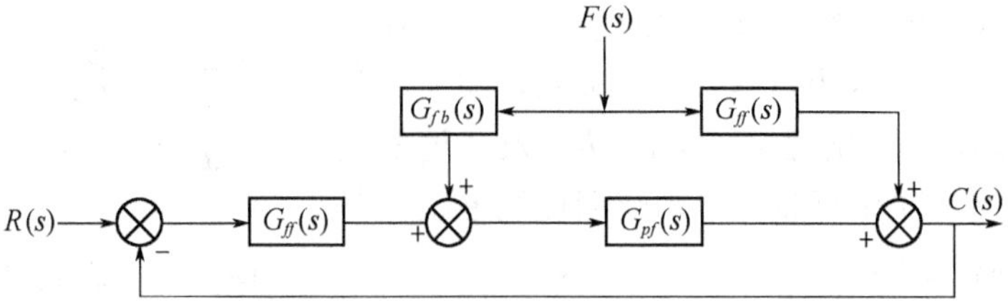

图 6.19　前馈—反馈控制框图

根据这个框图，可以写出被控参数 $C(s)$ 对干扰 $F(s)$ 的闭环传递函数($R(s)=0$)：

$$\begin{aligned} C(s) &= F(s)G_{ff}(s) + [F(s)G_{fb}(s) - C(s)G_{ff}(s)]G_{pf}(s) \\ &= F(s)G_{ff}(s) + F(s)G_{fb}(s)G_{pf}(s) - C(s)G_{ff}(s)G_{pf}(s) \end{aligned}$$

式中：$F(s)G_{ff}(s)$——干扰对被控参数的影响；

$C(s)G_{fb}(s)G_{pf}(s)$——前馈通道的控制作用；

$C(s)G_{ff}(s)G_{pf}(s)$——反馈通道的控制作用。

将上式化简可以得到干扰作用下的闭环传递函数：

$$\frac{C(s)}{F(s)} = \frac{G_{ff}(s) + G_{fb}(s)G_{pf}(s)}{1 + G_{ff}(s)G_{pf}(s)}$$

在完全补偿的情况下，应有 $\frac{C(s)}{F(s)} = 0$，即：

$$G_{ff}(s) + G_{fb}(s)G_{pf}(s) = 0$$

或

$$G_{fb}(s) = -\frac{G_{ff}(s)}{G_{pf}(s)}$$

由此可以得出结论：把单纯的前馈控制与反馈控制结合起来，对于主要干扰，原来的前馈控制算式不变。

归纳起来，前馈—反馈控制的优点在于：

(1) 在前馈控制的基础上设置反馈控制，可以大大简化前馈控制系统，只需对影响被控参数最显著的干扰进行补偿，而对其他许多次要的干扰，可以依靠反馈予以克服，这样既保证了精度，又简化了系统。

(2) 由于反馈回路的存在，降低了对前馈控制算式精度的要求。如果前馈控制不是很理想，不能做到完全补偿干扰对被控参数的影响时，则前馈—反馈控制系统与单纯的前馈系统相比，被控参数的影响要小得多，前者仅为后者的 $\frac{1}{1+G_{ff}(s)G_{pf}(s)}$。由于对前馈控制的精度要求降低，为工程上实现较简单的前馈控制创造了条件。

(3) 在反馈系统中提高反馈控制的精度与系统稳定性有矛盾，往往为了保证系统的稳定性，而不能实现高精度的控制。而前馈—反馈控制则可以实现控制精度高、稳定性好和控制及时的作用。

(4) 由于反馈控制的存在，提高了前馈控制模型的适应性

在实际工作中，如果对象的主要干扰频繁而又剧烈，而产生过程对被控参数的控制精度要求又很高，这时可以采用前馈—串级控制。由于串级系统的副回路对进入它的干扰有较强的克服能力，同时前馈控制作用又及时，因此，这种系统的优点是能同时克服进入前馈回路和进入串级副回路的干扰对被控参数的影响，此外，还由于前馈算式的输出不直接加在调节阀上，而作为副控制器的给定值，这样便降低了对阀门特性的要求，实践证明，这种前馈—串级控制系统可以获得很高的控制精度，在计算机控制系统中常被采用。

6.5 动态矩阵控制算法

近年来，现代控制理论促进了计算机控制技术的发展，如最优控制理论和极点配置法等

方法。虽然这些方法已经在很多领域中得到了广泛的应用，但是在工业过程控制领域中，有时不能充分显现出其优越性，其主要原因如下：

(1) 这类控制必须基于对象精确的数学模型，也就是必须求出对象的状态方程或传递函数。为了得到这样的数学模型，我们需要对被控对象进行系统辨识，这需要花费很多的时间和精力，而且即使得到了这样的数学模型，也通常是一个近似于实际过程的数学模型；而且从实用考虑，还要进行模型简化。这样使得现代控制设计方法中，需要精确数学模型的前提通常难以保证。

(2) 工业过程具有较大的不确定性，对象参数和环境常常随时间发生变化，引起对象和模型的不匹配。此外，各类不确定干扰也会影响控制过程，在对复杂工业对象实施控制时，按照理想模型设计的最优控制律实际上往往不能保证最优，有时甚至还会引起控制品质的严重下降。在这里，更要强调的是控制的鲁棒性，即在模型失配和环境变化时，控制系统保持稳定和良好控制性能的能力。基于理想模型的最优控制，在实际的工业过程若不加以改进，是难以兼顾控制的鲁棒性的。

(3) 有些现代控制算法不能用计算机来实现。用于工业过程的控制算法必须要简单可行，而且能用计算机来实现，以便于进行计算和现场操作。

鉴于以上的困难，一些基于现代控制理论的好的方法不能用于工业过程中。因此，有学者提出了新的计算机控制算法，如动态矩阵控制和模型算法控制。它们都是以被控对象的阶跃响应或脉冲响应直接作为模型，采用动态预测和滚动优化的策略，具有易于建模和鲁棒性强的优点，十分适合复杂工业过程控制的特点和要求。

早期的预测控制算法采用工程方法建立预测模型，通常使用脉冲响应和阶跃响应直接建模。在预测控制的思想带动下，其他先进控制算法的研究者也开始吸收预测控制的优点。由于计算机的运算速度、存取速度和内存的容量都有了很大提高，有了存储更多的信息和支持较为复杂运算的条件，模型预测控制算法就是在这种背景下产生的一类新型多变量优化控制算法。

动态矩阵控制(Dynamic Matrix Control, DMC)算法是一种基于对象阶跃响应模型的预测控制算法。它首先在美国 Shell 公司的过程控制中得到应用，近 10 年来，在化工和石油部门的过程控制中已被证实是一种成功有效的控制算法。

6.5.1　DMC 的基本原理

1) 控制结构的组成

DMC 算法是基于被控对象阶跃响应的一种算法。其控制结构主要由预测模型、优化策略和反馈校正三部分组成。

(1) 预测模型

我们可以用阶跃响应来描述被控对象的模型，即对象的动态特性可以用它的阶跃响应在采样时刻 $t=T,2T,\cdots,NT$ 的值 $a_1,a_2,\cdots,a_N$ 来描述，如图 6.20 所示。这里，NT 是阶跃响应的截断点，N 称为模型时域长度。在一般情况下，N 的选择应该使 $a_i(i>N)$ 的值与阶跃响应的静态终值 a_s 之差具有与测量误差、计算误差相同的数量级，以至可以忽略 N 以后的动态系数值。

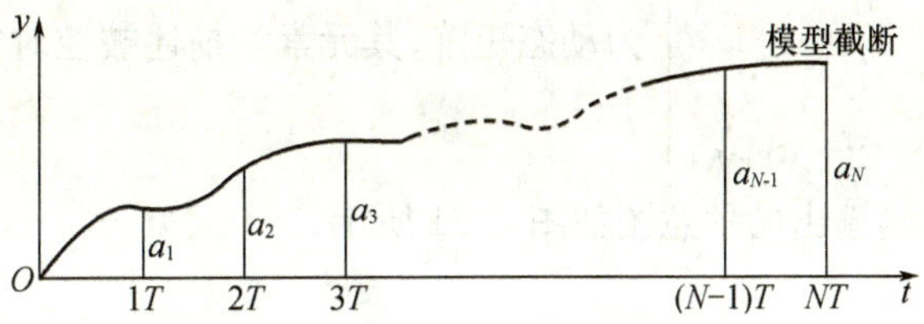

图 6.20 被控对象的离散阶跃响应

我们知道，被控对象的阶跃响应曲线是比较容易得到的，因此，一些比较复杂和难以用数学表达式来进行描述的被控对象可以用此方法来描述。

根据线性系统的叠加性质和原理，运用被控对象的这个模型，可以由给定的输入控制增量预测系统在未来时刻的输出量。在 $t = kT$ 时刻，假如控制量不再变化时，系统在未来 N 个时刻的输出值为 $\tilde{y}_0(k+1 \mid k), \tilde{y}_0(k+2 \mid k), \cdots, \tilde{y}_0(k+N \mid k)$，那么在控制增量 $\Delta u(k)$ 作用后系统的输出可以由下式进行预测：

$$\tilde{y}_{N1}(k) = \tilde{y}_{N0}(k) + \alpha \Delta u(k) \tag{6.19}$$

式中，$\tilde{y}_{N0}(k) = \begin{bmatrix} \tilde{y}_0(k+1 \mid k) \\ \vdots \\ \tilde{y}_0(k+N \mid k) \end{bmatrix}$ 表示在 $t = kT$ 时刻，没有 $\Delta u(k)$ 作用时，未来 N 个时刻的系统输出预测值；$\tilde{y}_{N1}(k) = \begin{bmatrix} \tilde{y}_1(k+1 \mid k) \\ \vdots \\ \tilde{y}_1(k+N \mid k) \end{bmatrix}$ 表示在 $t = kT$ 时刻，有控制增量 $\Delta u(k)$ 作用时，未来 N 个时刻的系统输出预测值；$a = (a_1, a_2, \cdots, a_N)^{\mathrm{T}}$ 为阶跃响应向量，其元素为描述被控对象阶跃响应特性的 N 个系数；上标"～"表示预测，$k+i \mid k$ 表示在 $t = kT$ 时刻预测 $t = (k+i)T$ 时刻。同样，如果考虑到现在和未来 M 个时刻控制增量的变化，我们可以在 $t = kT$ 时刻预测在控制增量 $\Delta u(k), \cdots, \Delta u(k+M-1)$ 作用下系统在未来 P 个时刻的输出为：

$$\tilde{y}_{PM}(k) = \tilde{y}_{P0}(k) + A \Delta u_M(k) \tag{6.20}$$

式中，$\tilde{y}_{P0}(k) = \begin{bmatrix} \tilde{y}_0(k+1 \mid k) \\ \vdots \\ \tilde{y}_0(k+P \mid k) \end{bmatrix}$ 为 $t = kT$ 时刻预测的无控制增量时，未来 P 个时刻的系统输出预测值；$\tilde{y}_{PM}(k) = \begin{bmatrix} \tilde{y}_M(k+1 \mid k) \\ \vdots \\ \tilde{y}_M(k+P \mid k) \end{bmatrix}$ 为当存在 M 个控制增量 $\Delta u(k), \cdots, \Delta u(k+M-1)$ 时在 $t = kT$ 时刻预测的未来 P 个时刻的系统输出值；

$\Delta u_M(k) = \begin{bmatrix} \Delta u(k) \\ \vdots \\ \Delta u(k+M-1) \end{bmatrix}$ 为从 $t = kT$ 时刻起 M 个时刻的控制增量；

$$A=\begin{bmatrix} a_1 & 0 & \cdots & 0 \\ a_2 & a_1\cdots & 0 & \\ \vdots & & \vdots & \cdots \\ a_P & a_{P-1} & \cdots & a_{P-M+1} \end{bmatrix}$$ 为动态矩阵，其元素为描述被控对象阶跃响应特性的系数。根据控制增量预测输出的示意图如图 6.21 所示。

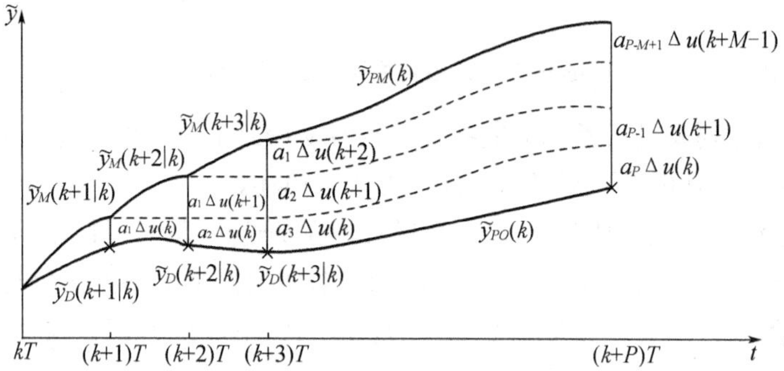

图 6.21　根据控制增量预测输出

(2) 优化策略

DMC 采用了“滚动优化”的控制策略，所谓“滚动优化”，就是指优化时域随时间不断地向前推移。在采样时刻 $t=kT$ 的优化性能指标可取为：

$$\min J(k)=\sum_{i=1}^{P}q_i[\omega(k+i)-\tilde{y}_M(k+i\mid k)]^2+\sum_{j=1}^{M}r_j\Delta u^2(k+j-1) \tag{6.21}$$

式中，q_i 和 r_j 为权系数；P 和 M 分别称为优化时域长度和控制时域长度。

式(6.21)表明，通过选择该时刻起 M 个时刻的控制增量 $\Delta u(k),\cdots,\Delta u(k+M-1)$，使系统在未来 $P(M\leqslant P\leqslant N)$ 个时刻的输出值 $\tilde{y}_M(k+1\mid k),\cdots,\tilde{y}_M(k+P\mid k)$ 尽可能接近其期望值 $\omega(k+1),\cdots,\omega(k+P)$，如图 6.22 所示。性能指标中的第二项是对控制增量的约束，即不允许控制量的变化过于剧烈。显然，在不同时刻，优化性能指标是不同的，但是其相对形式却是一致的，都具有类似于式(6.21)的形式，引入向量和矩阵记号：

$$\omega_P(k)=\begin{bmatrix}\omega(k+1)\\ \vdots \\ \omega(k+P)\end{bmatrix},Q=\mathrm{diag}(q_1,\cdots,q_P),R=\mathrm{diag}(r_1,\cdots,r_M)$$

则优化性能指标式(6.21)可改写为：

$$\min J(k)=||\omega_P(k)-\tilde{y}_{PM}(k)||_Q^2+||\Delta u_M(k)||_R^2 \tag{6.22}$$

式中，Q 和 R 分别称为误差权矩阵和控制权矩阵。

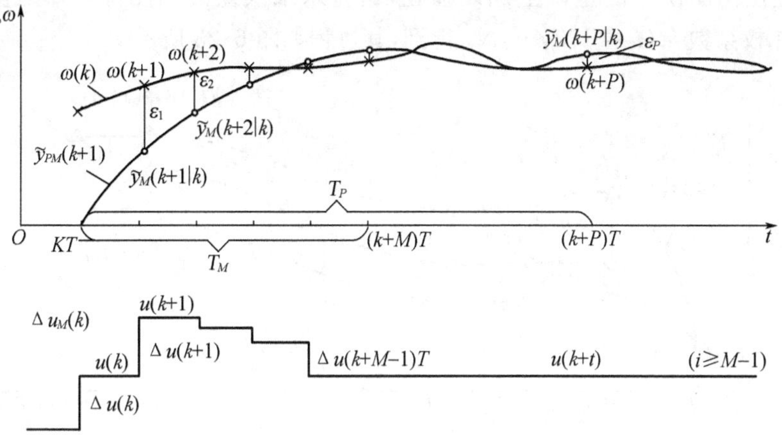

图 6.22 DMC 控制的优化策略

在不考虑输入输出约束的情况下，上述优化问题可直接用解析方法求解。根据预测模型，式(6.22)中的 $\tilde{y}_{PM}(k)$ 可以由式(6.20)表示，代入式(6.22)可得：

$$\begin{aligned}J(k) &= \|\omega_P(k)-\tilde{y}_{P0}(k)-A\Delta u_M(k)\|_Q^2+\|\Delta u_M(k)\|_R^2\\&=[\omega_P(k)-\tilde{y}_{P0}(k)-A\Delta u_M(k)]^{\mathrm{T}}Q[\omega_P(k)-\tilde{y}_{P0}(k)-A\Delta u_M(k)]\\&\quad+\Delta u_M^{\mathrm{T}}(k)R\Delta u_M(k)\end{aligned}$$

对 $\Delta u_M(k)$ 求导，可以解出：

$$\Delta u_M(k)=(A^{\mathrm{T}}QA+R)^{-1}A^{\mathrm{T}}Q[\omega_P(k)-\tilde{y}_{P0}(k)] \tag{6.23}$$

这就是 $t=kT$ 时刻解得的最优控制增量序列，这一最优解完全是基于预测模型求得的。

(3) 反馈校正

由于模型误差、弱非线性特性及其他在实际过程中存在的不确定因素，按预测模型式(6.20)得到的开环最优控制规律式(6.23)不一定能使系统输出紧密地跟随期望值，也不能顾及对象受到的扰动。为了纠正模型预测与实际的不一致，必须及时地利用过程的误差信息对输出预测值进行修正，而不应等到这 M 个控制增量都实施后再作校正。为此，我们在 $t=kT$ 时刻首先实施 $\Delta u_M(k)$ 中的第一个控制作用：

$$\begin{aligned}\Delta u_M(k)&=c^{\mathrm{T}}\Delta u_M(k)=c^{\mathrm{T}}(A^{\mathrm{T}}QA+R)^{-1}A^{\mathrm{T}}Q[\omega_P(k)-\tilde{y}_{P0}(k)]\\&=d^{\mathrm{T}}[\omega_P(k)-\tilde{y}_{P0}(k)]\end{aligned} \tag{6.24}$$

$$u(k)=u(k-1)+\Delta u(k) \tag{6.25}$$

式中 $$c^{\mathrm{T}}=[10\cdots0];d^{\mathrm{T}}=c^{\mathrm{T}}(A^{\mathrm{T}}QA+R)^{-1}A^{\mathrm{T}}Q=(d_1,d_2,\cdots,d_P) \tag{6.26}$$

由于 $\Delta u(k)$ 已经作用于对象，对系统未来输出的预测便要叠加上 $\Delta u(k)$ 产生的影响，即由式(6.19)算出 $\tilde{y}_{N1}(k)$。在下一个采样时刻，检测系统的实际输出 $y(k+1)$，并与按照模型预测得到的该时刻输出，即 $\tilde{y}_{N1}(k)$ 中的第一个分量 $\tilde{y}_1(k+1\mid k)$ 进行比较，得到预测误差：

$$e(k+1)=y(k+1)-\tilde{y}_1(k+1\mid k) \tag{6.27}$$

从式(6.27)，我们看出，这一误差反映了模型和系统中没有包含的各种不确定因素，如被控对象模型的失配因素和系统干扰因素等。由于预测误差的存在，以后各时刻对输出值的预测也应在预测误差的基础上加以校正，这些未来误差的预测值，可通过对现时误差 $e(k+1)$ 加权系数 $h_i(i=1,2,\cdots,N)$ 得到，其过程如图 6.23 所示。

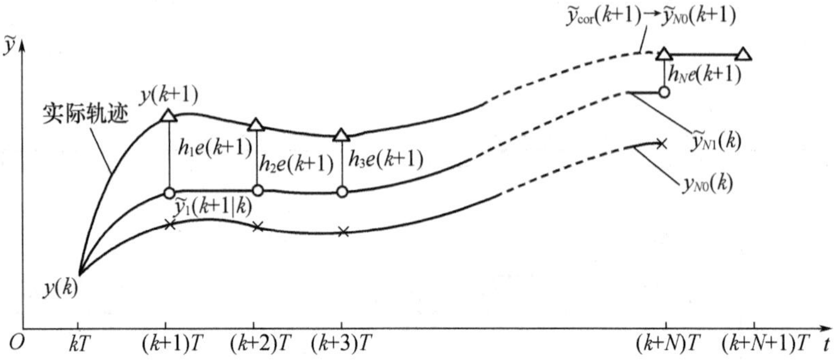

图 6.23　误差校正及移位设初值

以向量形式记为：

$$\tilde{y}_{cor}(k+i \mid k+1)=\tilde{y}_1(k+i \mid k)+h_i e(k+1) \quad (i=1,2,\cdots,N) \tag{6.28}$$

$$\tilde{y}_{cor}(k+1)=\tilde{y}_{N1}(k)+he(k+1) \tag{6.29}$$

式中 $\tilde{y}_{cor}(k+1)=\begin{bmatrix}\tilde{y}_{cor}(k+1 \mid k+1)\\ \vdots \\ \tilde{y}_{cor}(k+N \mid k+1)\end{bmatrix}$ 为 $t=(k+1)T$ 时刻，经误差校正后的系统在 $t=(k+i)T(i=1,2,\cdots,N)$ 时刻的预测输出。

$h=\begin{bmatrix}h_1\\ \vdots \\ h_N\end{bmatrix}$ 为误差校正向量，其中 $h_1=1$。

经校正后的 $\tilde{y}_{cor}(k+1)$ 的各分量中，除了第一项外，其余各项分别是 $t=(k+1)T$ 时刻在尚无 $\Delta u(k+1)$ 等未来控制增量作用时，对输出在 $t=(k+2)T,\cdots,(k+N)T$ 时刻的预测值，显然，它们可作为 $t=(k+1)T$ 时刻 $\tilde{y}_{N0}(k+1)$ 的前 $N-1$ 个分量，即

$$\tilde{y}_0(k+1+i \mid k+1)=\tilde{y}_{cor}(k+1+i \mid k+1), i=1,2,\cdots,N-1$$

而 $\tilde{y}_{N0}(k+1)$ 中的最后一个分量，即 $t=kT$ 时刻对 $t=(k+1+N)T$ 输出的预测，只能用 $\tilde{y}_{N0}(k+N \mid k+1)$ 来近似，即

$$\tilde{y}_0(k+1+N \mid k+1)=\tilde{y}_{cor}(k+N \mid k+1)$$

上述关系可以用向量形式写成：

$$\tilde{y}_{N0}(k+1)=S\tilde{y}_{cor}(k+1) \tag{6.30}$$

式中，$S=\begin{bmatrix}0 & 1 & 0 & \cdots & 0 & 0\\ 0 & 0 & 1 & \cdots & 0 & 0\\ \vdots & \vdots & \vdots & & \vdots & \vdots\\ 0 & 0 & 0 & \cdots & 0 & 1\\ 0 & 0 & 0 & \cdots & 0 & 1\end{bmatrix}$ 为移位矩阵。

在 $t=(k+1)T$ 时刻，有了 $\tilde{y}_{N0}(k+1)$，将 $k+1$ 时刻重新定义为 k 时刻，又可以像前面

所述 $t = kT$ 时刻那样进行新的预测优化，整个控制在这样移动的过程中滚动进行。

由此可以看出，整个动态矩阵控制算法是由调节、预测和校正三部分组成的，该算法结构可用图 6.24 加以描述。图中粗箭头表示向量数据流，细箭头表示标量数据流。对此结构图可这样理解：在每一时刻，未来 P 个时刻的期望输出与预测输出所构成的偏差向量按式(6.24) 与动态向量 d^{T} 点乘，得到该时刻的控制增量 $\Delta u(k)$。这一控制增量一方面通过数字积分(累加) 运算求出控制量 $u(k)$ 作用于对象，另一方面与阶跃响应向量 α 相乘，并按式(6.19) 计算出在其作用后所预测的系统输出 $\tilde{y}_{N1}(k)$。到了下一采样时刻，首先测定系统的实际输出 $y(k+1)$，并与原来预测的该时刻的值相比较，按式(6.27) 计算出预测误差 $e(k+1)$。这一误差与校正向量 h 相乘后，再按式(6.28) 校正预测的输出值。由于时间的推移，经校正的预测输出 $\tilde{y}_{\mathrm{cor}}(k+1)$ 将按式(6.30) 移位，并置为该时刻的预测初值 $\tilde{y}_{N0}(k+1)$。图 6.24 中的 z^{-1} 表示时移算子。如果把新的时刻重新定义为 k 时刻，则预测初值 $\tilde{y}_{N0}(k)$ 的前 P 个分量将与期望输出一起，参与新时刻控制增量的计算。如此循环进行，以实现在线控制。这里，当控制启动时，预测输出的初值可取为启动时测得的系统实际输出。

DMC 算法是一种增量式算法，可以证明，不管有否模型误差，它总能将系统输出调节到期望值而不产生静差。对于作用在对象输入端的阶跃形式的扰动，该算法也总能使系统输出恢复到原来的设定状态。

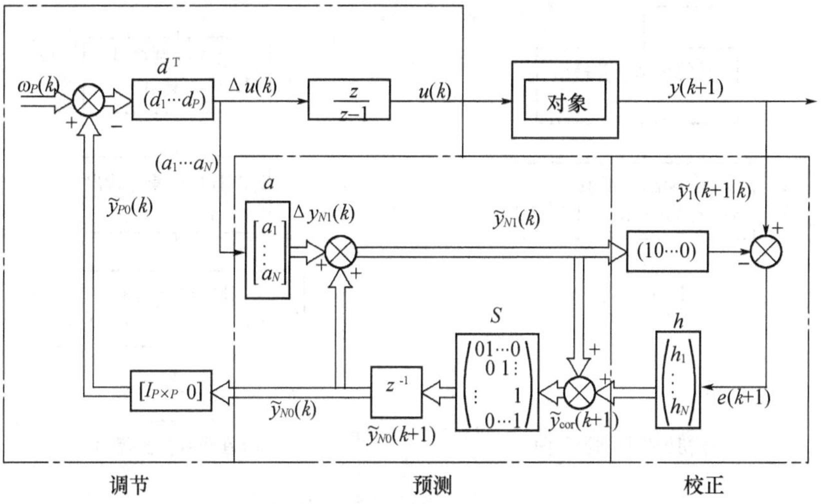

图 6.24 动态矩阵控制算法结构图

2) 动态矩阵控制算法的实现

动态矩阵控制算法的实现中包含离线计算、初始化和在线计算三个部分的内容。

(1) 离线计算

在进行离线计算时，首先得到被控对象的阶跃响应曲线，把响应曲线离散化后，对模型截断，在各个采样时刻得到系统的模型系数 $a_1, a_2, \cdots, a_N$；然后选择优化策略并计算控制系数 $d^{\mathrm{T}} = (d_1, d_2, \cdots, d_P) = (10\cdots0) \cdot (A^{\mathrm{T}}QA + R)^{-1}A^{\mathrm{T}}Q$；最后选择校正系数 $h_1, h_2, \cdots, h_N$。

离线计算参数确定后，可置入微机的 ROM 内存单元。

(2) 初始化

在控制的第一步，由于没有预测初值，也没有误差，需进行初始化。其算法与在线算法略有不同，其程序流程如图 6.25(a)所示。

(3) 在线计算

在线计算的程序流程图如图 6.25(b)所示。在图 6.25 中，是以设定值 ω 为定值而画出程序流程图的。若设定值 ω 为时变参数，则还应编制一个在线模块计算 $\omega(i)(i=1,2,\cdots,P)$，并以 $\omega(i)$ 代替图中 ω。

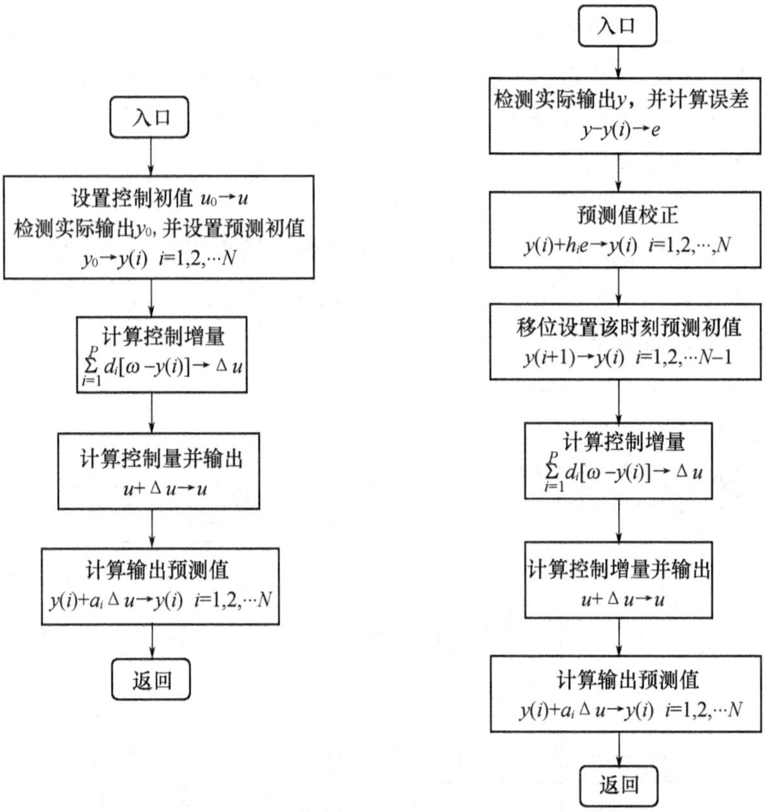

(a) 初始化算法流程图　　(b) 在线算法流程图

图 6.25　动态矩阵控制程序流程图

6.5.2　动态矩阵控制系统设计参数的选择

在没有约束的情况下，在线的滚动优化可以解析求解，最优控制量已由式(6.24)给出，其中控制向量 d^{T} 在确定了优化策略后，可以一次性地由式(6.26)离线计算出。在计算机内存中只需存放下列三组动态系数供在线计算用：模型系数 $a_i(i=1,2,\cdots,N)$；控制系数 $d_i(i=1,2,\cdots,P)$；校正系数 $h_i(i=1,2,\cdots,N)$。

动态矩阵控制系统的设计问题，就是如何确定这三组系数，以使系统获得良好的动态性能、抗干扰性和鲁棒性。

然而根据以上所述的控制原理可以知道，这些系数中除了 h_i 可独立选取外。a_i 的数值是根据对象的阶跃响应由采样周期 T 决定的，d_i 则取决于模型参数 a_i，以及优化策略式(6.22)。从设计的角度可以看到，原始的设计参数应该是：采样周期 T、优化时域长度 P、控制时域长度 M，误差权矩阵 Q、控制权矩阵 R，误差校正系数 h_i。

由于这些参数都有比较直观的物理含义，使我们可以用凑试的方法对其进行整定。通常 T 的选择要根据过程的特点及对象的动态特性；h_i 取决于系统鲁棒性及抗干扰性的要求；而影响最优性的其他 4 个设计参数，一般可以固定其中 2～3 个，只需整定 1～2 个即可，这样有助于整定。下面简要讨论各设计参数对系统性能及实时计算的影响。

1) 采样周期 T

采样周期 T 在动态矩阵控制算法中既直接影响到模型的阶跃响应系数 a_i，又影响到控制系数 d_i。采样周期的选择一般根据如下的原则来选取：

(1) 香农定理：$T_h \leqslant \pi/\omega_{\max}$($\omega_{\max}$ 为系统输入信号的最高频率)。

(2) 系统抗干扰性能的要求。采样周期越小，离散化后的系统在采样时刻的值越接近真实的连续系统，所包含的关于系统的信息也就越多，故一般可取得较好的跟踪和整定效果，但是相应的控制能量将会增大，计算量将大大增加。在 DMC 算法中，对于同样的模型，由于时域 $t=NT$ 以及优化时域 $t_p=PT$，故当采样周期 T 减小到原来的 $1/m$ 时，不但计算的频率要增大到原来的 m 倍，而且在每一计算周期内的计算量会因为 N 和 P 的增大，为原来的 m 倍。因此，采样周期的下限 T_l 将受到计算机容量和运算速度的限制。一般说来，我们应选择适当的采样周期，使得系统的模型维数 N 保持在 20～50。

结合对采样周期上、下限的考虑，可以在合理的范围内，即在 $T_l \leqslant T \leqslant T_h$ 内选择合适的采样周期。

2) 优化时域长度 P

优化时域长度 P 对于系统的稳定性有着重要的作用，因此，为了保证控制系统的稳定性，应该合理地选择优化时域长度 P。优化时域长度 P 的选择主要取决于下列因素：

(1) 在控制时域长度 M 很小时，并且控制增量不受限制的情况下(即 M 很小，$R=0$)，我们总可通过增大 P 得到一个稳定的控制。

(2) 对于任意控制时域 M，控制回路总可以通过加大控制权矩阵 R 的元素 r 达到稳定，且 P 必须满足条件：

$$\sum_{i=1}^{P} a_i q_i \text{ 与 } a_s \text{ 同号} \tag{6.31}$$

式中，a_s 为被控对象的阶跃响应 $a(t)$ 的稳态值。

(3) 如果 P 的选择使得 $\sum_{i=1}^{P} a_i q_i$ 与 a_s 异号，则不管如何压制控制增量，都有可能使控制回路无法稳定。因此，在选择 P 时，应设法保证式(6.31)成立。

应该注意 DMC 中的优化是对未来有限时域进行的，而 P 反映了这一时域的长度。为了使这一优化确有意义，优化时域 $t_P=PT$ 应该覆盖系统动态的主要变化部分，即阶跃响应

在 t_P 后应该平稳地趋于稳态值，而不再发生剧烈的变化。但是 P 取得过大，对进一步改善动态性能不会有更多的影响，相反要增加计算时间。

3) 控制时域长度 M

控制时域长度 M 在优化性能指标式(6.22)中表示优化变量的个数。M 越小，越难保证在各个采样点上的输出准确跟踪给定值，对于动态复杂的对象，不易得到良好的动态响应。加大 M 值，则表示有较多的优化变量，增大了控制的能力，因而能获得较好的性能指标和快速的动态响应，但是控制的灵敏度将相应提高，有可能引起不稳定。因此，在选择 M 时，必须兼顾控制的稳定性和快速性。经验表明，对于许多系统增大 P 与减小 M 有着相似的作用，因此，在系统设计时，往往可以固定 M，只对 P 进行整定。

M 为矩阵 $A^{T}QA+R$ 的维数。在计算控制系数 d_i 时，必须对该矩阵求逆，因此，减小 M 有利于控制系统的计算。特别当 $M=1$ 时，矩阵求逆退化为求倒数，计算量将显著减少。在无自校正的情况下，模型和控制策略都保持不变，由式(6.26) 计算 d_i 是离线进行的，M' 取的大或者小，对在线计算没有影响。

4) 误差权矩阵 Q

误差权矩阵 $Q=\text{diag}(q_1,q_2,\cdots,q_P)$ 为一对角阵，权系数 q_i 的选择决定于相应误差项在性能指标中所占的比重。对 q_i 通常有下列几种选择方式：

(1) $q_1=q_2=\cdots=q_P=q$ 这是一种等权选择，即对未来 P 个时刻的预测输出是否接近其期望值给予同等的考虑。

(2) $q_1=\cdots=q_{P_b}=0, q_{P_{b+1}}=\cdots=q_P=q$ 这表明未来前 P_b 时刻的预测输出是否接近其期望值可不予考虑，优化性能指标只是强调从未来 P_{b+1} 时刻起到 P 时刻的预测输出应尽可能接近给定的期望值。

一般情况下，对 Q 阵中的各个 q_i，取不同值的意义不大。在上面两种典型选择下 Q 阵都可归结为单个参数 q 的选择，这样有利于参数的整定。

5) 控制权矩阵 R

控制权矩阵 $R=\text{diag}(r_1,r_2,\cdots,r_P)$ 中，r_i 常取同一系数，记作 r。r 与系统动态性能之间存在着复杂的关系，对于某些系统(例如二阶系统)，可能在 r 接近于零和充分大时得到稳定控制，而对于某些 $0<r_1<r<r_2<\infty$ 相对应的控制却是不稳定的。

在一定条件下，任何系统都可通过增大 r 得到稳定的控制。但是过大的 r 虽然使系统稳定，动态响应却十分缓慢。因此，一般 r 常取得很小。事实上，即使是很小的 r 值，对于压制控制增量的作用也是明显的。一个在 $r=0$ 时控制量强烈振荡的系统，在略微加大 r 后，很快就可使控制量的变化缓和。

6) 误差校正向量 h

误差校正向量 h 的选择不取决于其他设计参数，它仅在对象受到未知的扰动或存在模型误差时，即预测的输出值与实际输出值不一致时才起作用，h 必须根据对系统抗干扰性及鲁棒性的要求来选择。下面介绍两种选择方式。

(1) $h_1=1, h_2=h_3=\cdots=h_N=\alpha(0\leqslant\alpha\leqslant 1)$，对于这种选择，系统的鲁棒性将取决于参数 α，α 越接近于 0，表明校正越小，反馈越弱，系统越接近于开环控制。当有较大的模型失配时,能保持控制稳定,但对常值扰动的抑制作用弱;反之 α 越接近于 1,系统的鲁棒性将减弱,而抗干扰作用将会加强。

(2) $h_i = 1+\alpha+\cdots+\alpha^{i-1}(0<\alpha<1, i=1,2,\cdots,N)$ 选择这样的校正方式,将有利于对常值扰动的抑制。通过分析可知,这样的校正相当于在反馈回路引入零点,它部分抵消了反映常值扰动的极点,因而可加快对此类扰动的抑制作用,但是系统的鲁棒性将会削弱。

由此看到,如同在选择控制系数 d_i 时,必须在调节的稳定性与快速性之间求得折中一样,在选择校正系数 h_i 时,也应该兼顾快速性与系统的鲁棒性。h_i 的选择将取决于控制任务的要求。应该指出的一点是,由于 h_i 可独立于其他设计参数选择,因此,在算法中可以考虑在线设置与改变。

思考题与习题 6

6.1 简述 Smith 预估控制的基本思想。

6.2 设对象的传递函数为 $\frac{1}{0.4s+1}e^{-s}$,闭环反馈控制采用 PI 控制器,其传递函数为 $G_B(s)=0.3\left(1+\frac{1}{0.5s}\right)$,采样周期为 0.5 s,试设计 Smith 预估控制器。

6.3 串级控制系统有什么特点?一般用于何种被控对象?

6.4 串级控制系统整定的一般步骤是怎么样的?

6.5 串级控制系统的数字实现需要完成哪些工作?

6.6 比值控制分为哪几类?

6.7 前馈—反馈控制的原理是什么?

6.8 写出 DMC 算法中滚动优化的数字描述的形式,说明 DMC 算法中的滚动优化的概念。

6.9 动态矩阵控制算法结构分为几个部分?各有什么功能?涉及什么动态系数和在线计算?

7 工业控制计算机

工业控制计算机是用于工业控制现场的计算机，它是处理来自检测传感器的输入信息，并把处理结果输出到执行机构去控制生产过程，同时可对生产进行监督、管理的计算机系统。应用于工业控制的计算机主要有单片微型计算机、可编程序控制器(PLC)、总线工控机等类型。

根据计算机控制系统的大小和控制参数的复杂程度，我们可以采用不同的微型计算机。对于小系统，一般监视控制量为开关量和少量数据信息的模拟量，这类系统采用单片机或可编程控制器就能满足控制要求。对于数据处理量大的系统，则往往采用基于各类总线结构的工控机，如 STD 总线工控机、IBM－PC 总线工控机、Multibus 工控机等。对于多层次、复杂的机电一体化系统，则要采用分级分步式控制系统，在这种控制系统中，根据各级及控制对象的特点，可分别采用单片机、可编程控制器、总线工控机和微型机来分别完成不同的功能。

7.1 工业控制计算机的特点及要求

由于工业控制计算机的应用对象及使用环境的特殊性，决定了工业控制机主要有以下一些特点和要求。

1) 实时性

实时性是指计算机控制系统能在限定的时间内对外来事件作出反应的能力。为满足实时控制要求，通常既要求从信息采集到生产设备受到控制作用的时间尽可能短，又要求系统能实时地监视现场的各种工艺参数，并进行在线修正，对紧急事故能及时处理。因此，工业控制计算机应具有较完善的中断处理系统以及快速信号通道。

2) 高可靠性

工业控制计算机通常控制着工业过程的运行，如果其质量不高，运行时发生故障，又没有相应的冗余措施，则轻者使生产停顿，重者可能产生灾难性的后果。很多生产过程是日夜不停地连续运转，因此要求与这些过程相连的工业控制机也必须无故障地连续运行，实现对生产过程的正确控制。另外，许多用于工业现场工业控制机，环境恶劣，振动、冲击、噪声、高频辐射及电磁波干扰往往十分严重，以上这一切都要求工业控制计算机具有高质量和很强的抗干扰能力，并且具有较长的平均无故障间隔时间。

3) 硬件配置的可装配可扩充性

工业控制计算机的使用场合千差万别，系统性能、容量要求、处理速度等都不一样，特别是与现场相联接的外围设备的接口种类、数量等差别更大，因此宜采用模块化设计方法。

4) 可维护性

工业控制计算机应有很好的可维护性，这要求系统的结构设计合理，便于维修，系统使用的板级产品一致性好，更换模板后，系统的运行状态和精度不受影响；软件和硬件的诊断功能强，在系统出现故障时，能快速准确的定位。另外，模块化模板上的信号应加上隔离措施，保证发生故障时故障不会扩散，这也可使故障定位变得容易。

作为计算机控制系统的设计者，应该根据计算机控制系统(或产品)中的信息处理量、应用环境、市场状况及操作者的特点、经济合理优选的工业控制机产品。

7.2 单片微型计算机

单片微型计算机简称为单片机，它是将 CPU、RAM、ROM 和 I/O 接口集成在一块芯片上，同时还具有定时/计数、通讯和中断等功能的微型计算机。自 1976 年 Intel 公司首片单片机问世以来，随着集成电路制造技术的发展，单片机的 CPU 依次出现了 8 位和 16 位机型，并使运行速度、存储器容量和集成度不断提高。现在比较常用的单片机一般具有几十千字节的闪存、16 位的 A/D 及看门狗等功能，而各种满足专门需要的单片机也可由生产厂家定做。

单片机以其体积小、功能齐全、价格低等优点，越来越被广泛地应用在机电一体化产品中，特别是在数字通信产品、智能化家用电器和智能仪器领域，单片机以其几元到几十元人民币的价格优势独霸天下。由于单片机的数据处理能力和接口限制，在大型工业控制系统中，它一般只能辅助中央计算机系统测试一些信号的数据信息和完成单一量控制。

单片机的生产厂家和种类很多，如：美国 Intel 公司的 MCS 系列、Zilog 公司的 SUPER 系列、Motolora 公司的 6801 和 6805 系列，日本 National 公司的 MN6800 系列、HITACHI 公司的 HD6301 系列等，其中 Intel 公司的 MCS 单片机产品在国际市场上占有最大的份额，在我国也获得最广泛的应用。下面以 MCS 系列单片机为例来介绍单片机的结构、性能及使用上的特点。

1) MCS-48 单片机系列

MCS-48 系列是 8 位的单片机，根据存储器的配置不同，该系列包括有 8048、8049、8021、8035 等多种机型，由于价格低廉，目前仍有简单的控制场合在使用。其主要特点是：

(1) 8 位 CPU，工作频率 1～6 MHz；

(2) 64 字节 RAM 数据存储器，1KB 程序存储器；

(3) 5 V 电源，40 引脚双列直插式封装；

(4) 6 MHz 工作频率时机器周期为 2.5 μs，所有指令为 1～2 个机器周期；

(5) 有 96 条指令，其中大部分为单字节指令；

(6) 8Byte 堆栈，单级中断，2 个中断源；

(7) 两个工作寄存器区；

(8) 一个 8 位定时/计数器。

2) MCS-51 单片机系列

MCS-51 系列比 48 系列要先进得多，也是市场上应用最普遍的机型。它具有更大的存储器扩展能力、更丰富的指令系统和配置了更多的实用功能。MCS-51 单片机也是 8 位的单片机，该系列包括有 8031、8051、8751、2051、89C51 等多种机型。其主要特点是：

(1) 8 位 CPU，工作频率 1～12 MHz；

(2) 128Byte RAM 数据存储器,4 KB ROM 程序存储器;

(3) 5 V 电源,40 引脚双列直插式封装;

(4) 12 MHz 工作频率时机器周期为 1 μs,所有指令为 1～4 个机器周期;

(5) 外部可分别扩展 64 K 数据存储器和程序存储器;

(6) 2 级中断,5 个中断源;

(7) 21 个专用寄存器,有位寻址功能;

(8) 2 个 16 位定时/计数器,1 个全双工串行通讯口;

(9) 4 组 8 位 I/O 口。

3) MCS-96 单片机系列

MCS-96 系列是 16 位单片机,适用于高速的控制和复杂数据处理系统中,硬件和指令系统的设计上较 8 位机有很多不同之处。MCS-96 单片机系列主要有 8096、8094、8396、8394、8796 等多种机型。其主要特点是:

(1) 16 位 CPU,工作频率 6～12 MHz;

(2) 32 Byte RAM 数据存储器,8 KB ROM 程序存储器;

(3) 48 和 68 两种引脚,多种封装形式;

(4) 高速 I/O 接口,能测量和产生高分辨率的脉冲(12 MHz 时是 2 μs),6 条专用 I/O,2 条可编程 I/O;

(5) 外部可分别扩展 64 K 数据存储器和程序存储器;

(6) 可编程 8 级优先中断,21 个中断源;

(7) 脉宽调制输出,提供一组能改变脉宽的可编程脉宽信号;

(8) 2 个 16 位定时/计数器,4 个 16 位软件定时器;

(9) 5 组 8 位 I/O 口;

(10) 10 位 A/D 转换器,可接收 4 路或 8 路的模拟量输入;

(11) 6.25 μs 的 16 位乘 16 位和 32 位除 16 位指令;

(12) 运行时可对 EPROM 编程,ROM/EPROM 的内容可加密;

(13) 全双工串行通讯口及专门的波特率发生器。

另外一种 16 位的单片机是 8098 单片机,其内部结构和性能与 8096 完全一样,但外部数据总线却只有 8 位,因此是准 16 位单片机。由于 8098 减少了 I/O 线,其外形结构简化,芯片的制造成本降低,因此应用非常广泛。MCS-98 单片机系列主要有 8398、8798 等几种机型。

7.3　可编程序控制器

在制造业的自动化生产线上,各道工序都是按预定的时间和条件顺序执行的,对这种自动化生产线进行控制的装置称为顺序控制器。以往顺序控制器主要是由继电器组成,改变生产线工序、执行次序或条件需改变硬件连线。随着大规模集成电路和微处理器在顺序控制器中的应用,顺序控制器开始采用类似微型计算机的通用结构,把程序存储于存储器中,用软件实现开关量的逻辑运算、延时等过去用继电器完成的功能,形成了可编程序逻辑控制器 PLC(Programable Logic Controller)。现在它已经发展成了除了可用于顺序控制,还具有数据处理、故障自诊断、PID 运算、联网等能力的多功能控制器。因此,现已把它们统称为可编程序控制器 PC(Programable Controller)。

图 7.1 是 PLC 应用于逻辑控制的简单实例。输入信号由按钮开关、限位开关、继电器触点等提供各种开关信号,并通过接口进入 PC,经 PC 处理后产生控制信号,通过输出接口送给线圈、继电器、指示灯、电动机等输出装置。

目前,世界上生产 PC 的工厂有上百家,总产量已达千万台的数量级,其中通用电气、得克萨斯仪器、Honey-Well、西门子、三菱、富士、东芝等公司的产品最为著名,这些公司为开拓市场,竞争十分激烈,竞相发展新的机型系列。而我国在 PC 技术上,不论是 PC 的制造水平,还是使用 PC 的广度与深度,与发达国家相比差距仍比较大。

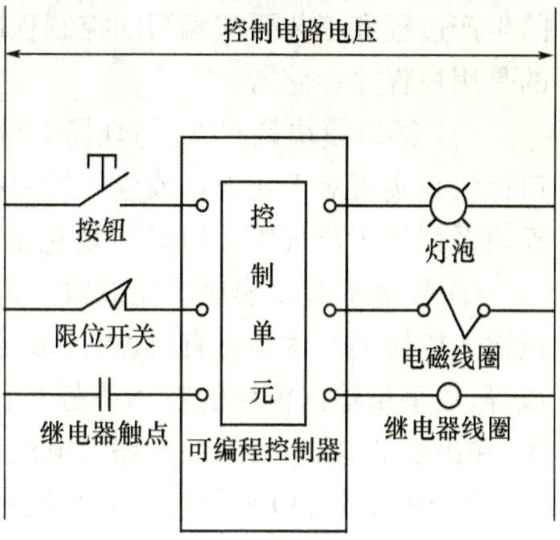

图 7.1 PLC 逻辑控制电路

1) PC 的组成原理

PC 实际上是一个专用计算机,它的结构组成与通用微机基本相同,主要包括:CPU、存储器、接口模块、外部设备、编程器等。下面介绍 PC 的各主要部分。

(1) CPU　与通用微机 CPU 一样,它按 PC 的系统程序的要求,接收并存储从编程器键入的用户程序和数据;用扫描的方式接收现场输入装置的状态和数据,并存入输入状态表或数据寄存器中;诊断电源、内部电路的故障和编程过程中的语法错误等。PC 进入运行状态后,从存储器逐条读入用户程序,经过命令解释后按指令规定的任务产生相应的控制输出,去启动有关的控制门电路,分时、分渠道地执行数据的存取、传送、组合、比较和变换等工作;完成用户程序规定的逻辑和算术运算等任务;根据运算结果更新有关标志位的状态和输出状态寄存器的内容,再由输出状态表的位状态和数据寄存器的有关内容,实现输出控制、制表打印和数据通信等内容。

PC 的运行方式是采取扫描工作机制,这是和微处理器的本质区别。扫描工作机制就是按照定义和设计的要求连续和重复地检测系统输入,求解目前的控制逻辑,以及修正系统输出。在 PC 的典型扫描机制中,I/O 服务处于扫描周期的末尾,并且为扫描计时的组成部分。这种典型的扫描称为同步扫描。扫描循环一周所花费的时间为扫描周期。根据不同的 PC 扫描周期一般为 10～100 ms。在多数 PC 中,都设有一个"看门狗"计时器,测量每一次扫描循环的长度,如果扫描时间超过预设的长度(例如 150～200 ms),系统将激发临界警报。参考图 7.2,在同步扫描周期内,除 I/O 扫描之外,还有服务程序,通信窗口,内部执行程序等。

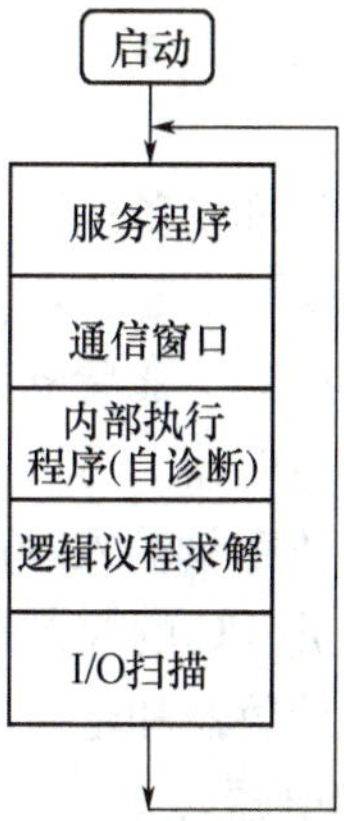

图 7.2 PLC 的扫描工作机制

(2) 存储器分为系统程序存储器和用户程序存储器。

系统程序存储器的作用是存放监控程序、命令解释、功能子程序、调用管理程序和各种系统参数等。系统程序是由 PC 生产厂家提供的，并固化在存储器中。

用户存储器的作用是存储用户编写的梯形逻辑图等程序。用户程序是使用者根据现场的生产过程和工艺要求编写的控制程序。PC 产品说明中提供的存储器型号和容量一般指的是用户程序存储器。

(3) 接口模块是 CPU 与现场 I/O 装置和其他外部设备之间的连接部件。PC 是通过接口模块来实现对工业设备或生产过程的检测、控制和联网通信。各个生产厂家都有各自的模块系列供用户选用。PLC 模块包括：如下几种类型：

① 数字量 I/O 模块。完成数字量信号的输入/输出，一般替代继电器逻辑控制。数字量输入模块的技术指标有：输入点数、公共端极性、隔离方式、电源电压、输入电压和输出电流等；数字量输出模块的技术指标有：输出形式、输出点数、公共端极性、隔离方式、电源电压、输出电流、响应时间和开路端电流等。

② 模拟量 I/O 模块。控制系统中，经常要对电流、电压、温度、压力、流量、位移和速度等模拟量进行信号采集和输入给 CPU 进行判断和控制，模拟量输入模块就是用来将这些模拟量输入信号转换成 PC 能够识别的数字量信号的模块，模拟量输入模块的技术指标包括：输入点数、隔离方式、转换方式、转换时间、输入范围、输入阻抗和分辨率等。模拟量输出模块就是将 CPU 输出的数字信息转换成电压或电流对电磁阀、电磁铁和其他模拟量执行机构进行控制，它的技术指标包括：输出点数、隔离方式、转换时间、输出范围、负载电阻和分辨率等。

③ 专用和智能接口模块。上述的接口模块都是在 PC 的扫描方式下工作的，能满足一般的继电器逻辑控制和回路调节控制，然而对于同上位机通信、控制 CRT 和其他显示器、连接各种传感器和其他驱动装置等工作需要专门的接口模块完成。专用和智能接口模块主要有：扩展接口模块、通信模块、CRT/LCD 控制模块、PID 控制模块、高速计算模块、快速响应模块和定位模块等。

(4) 编程器为用户提供程序的编制、编辑、调试和监控的专用工具，还可以通过其键盘去调用和显示 PC 的一些内部状态和系统参数。它通过通信端口与 CPU 联系，完成人机对话功能。各个厂家为自己的 PC 提供专用的编程器，不同品牌的 PC 编程器一般不能互换使用。

(5) 外部设备一般 PC 都可以配置打印机、EPROM 写入器、高分辨率大屏幕显示器等外围设备。

2) PC 的性能特点

(1) 存储器　可以是带有电源保护的 RAM、EPROM 或 E^2PROM。

(2) 数字量输入/输出端子　具有继电逻辑控制中的输入/输出继电器功能，端子点数多少是决定 PC 的控制规模的主要参数。

(3) 计数器和定时器　在 PC 的逻辑顺序控制中，替代继电器逻辑控制中的时间继电器和计数继电器。

(4) 标志(软继电器)　在 PC 的逻辑顺序控制中用作中间继电器，其中部分的标志具有保持作用。

(5) 平均扫描时间　指扫描用户程序的时间，决定了 PC 的控制响应速度。

(6) 诊断　由通电检查和故障指示的软件完成

(7) 通信接口 一般采用RS232接口标准,可以连接打印机和上位机等设备。

(8) 编程语言 一般采用继电器控制方式的梯形图语言和语句表,并在此基础上建立的控制系统流程图和顺序功能图等语言。

除上述一般特性外,高性能的PC还具有下列特性:

(9) 数据传送和矩阵处理功能 可以满足工厂管理的需要。

(10) PID调节功能 备有模拟量的输入/输出模块和PID调节控制软件包,以满足闭环控制的要求。

(11) 远程I/O功能 输入/输出通道可分散安装在被控设备的附近,以减少现场电缆布线和系统成本。

(12) 图形显示功能 借助图形显示软件包(组态软件等),可显示被控设备的运行状态。方便操作者监控系统的运行。

(13) 冗余控制 控制系统设计中,备用一台同样的PC系统作为待机状态,当原系统出现故障时,系统会自动切换,使待机的PC投入运行,从而提高控制的可靠性。

(14) 网络功能 通过数据通道与其他数台PC连接或与管理计算机连接,以构成控制网络,实现大规模生产管理系统。

3) PC的结构特点

PC的结构分成单元式和模块式两种。

(1) 单元式 特点是结构紧凑、体积小、成本低、安装方便。它是将所有的电路都装在一个机箱内,构成一个整体。为了实现输入输出点数的灵活配置和易于扩展,通常都有不同点数的基本单元和扩展单元,其中某些单元为全输入和全输出型。

(2) 采用积木式组成方式 在机架上按需要插上CPU、电源、I/O模块及各种特殊功能模块,构成一个综合控制系统。这种结构的特点是CPU与各种接口模块都是独立的模块,因此配置很灵活,可以根据不同的系统规模要求选用不同档次的CPU等各种模块。由于不同档次模块的结构尺寸和连接方式相同,对I/O点数很多的系统选型、安装调试、扩展、维护都非常方便。目前大的PC控制系统均采用该种结构。这种结构形式的PC除了各种模块外,还需要用主基板、扩展基板及基板间连接电缆将各模块连成整体。

7.4 总线工控机

总线工控机是目前工业领域应用相当广泛的工业控制计算机,它具有丰富的过程输入/输出接口功能、迅速响应的实时功能和环境适应能力。总线工控机的可靠性较高,如:STD总线工控机的使用寿命达到数十年,平均故障间隔时间(MTBF)超过上万小时,且故障修复时间(MTTR)较短。总线工控机的标准化、模板式设计大大简化了设计和维修难度,且系统配置的丰富的应用软件多以结构化和组态软件形式提供给用户,使用户能够在较短的时间内掌握和熟练应用。

下面介绍两类在工业现场得到广泛使用的工业控制机。

1) STD总线工业控制机

STD总线最早是由美国的Pro-log公司在1978年推出的,是目前国际上工业控制领域最流行的标准总线之一,也是我国优先重点发展的工业标准微机总线之一,它的正式标准为

IEEE-961 标准。按 STD 总线标准设计制造的模块式计算机系统，称为 STD 总线工业控制机。

开发 STD 总线的最初目的是为了推广一个面向工业控制的 8 位机总线系统。STD 标准可以支持几乎所有的 8 位处理机。如 Intel 的 8080，Motorola 的 6800，Zilog 公司的 Z80，Nationnal 公司的 NSC800 等。在 16 位机大量生产之后，改进型的 STD 总线可支持 16 位处理机，如 8086，68000，80286 等。为了进一步提高 STD 总线系统的性能，新近已推出了 STD32 位总线。

STD 总线工业控制机采用了开放式的系统结构，模块化是 STD 总线工业控制机设计思想中最突出的特点，其系统组成没有固定的模式和标准机型，而是提供了大量的功能模板，用户根据需要，通过对模板的品种和数量的选择与组合，即可配置成适用于不同工业对象、不同生产规模的生产过程的工业控制机。现在 STD 工业控制机已广泛应用于工业生产过程控制、工业机器人、数控机床、钢铁冶金、石油化工等各个领域，成为我国中小型企业和传统工业改造方面主要的机型之一。

典型 STD 总线工控机系统的构成如图 7.3 所示，其突出特点是：模块化设计，系统组

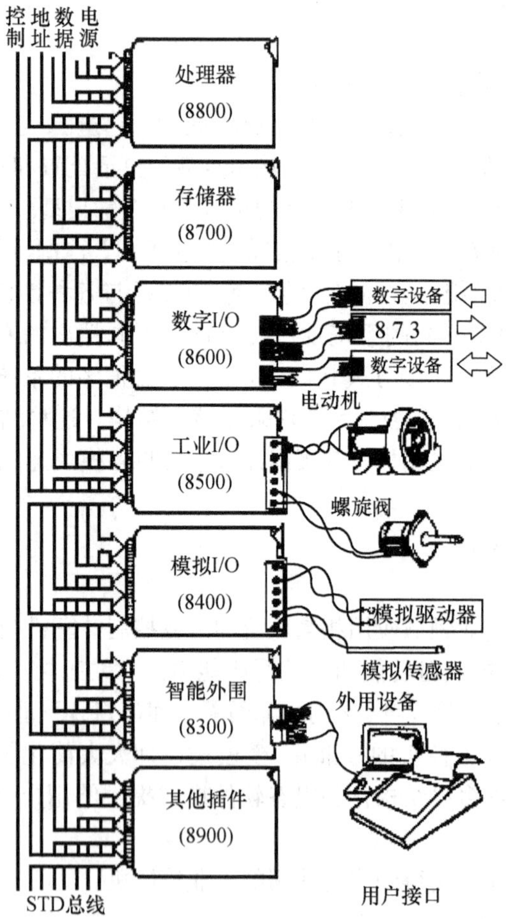

图 7.3　用 STD 总线工业控制机组成的计算机控制系统

成、修改和扩展方便;各模块间相对独立,使检测、调试、故障查找简便迅速;有多种功能模板可供选用,大大减少了硬件设计工作量;系统中可运行多种操作系统及系统开发的支持软件,使控制软件开发的难度大幅降低。因此,在用 STD 总线进行控制系统设计的主要硬件设计工作是选择合适的标准化功能模板,并将这些模板通过 STD 总线连接成所需的控制装置。下面分别介绍各种模板的特点。

(1) 数字量 I/O 模板　数字量 I/O 模板用于处理开关信号的输入和输出,其主要功能是滤波、电平转换、电气隔离和功率驱动等。工业上常用的开关信号有 BCD 码、计数和定时信号、各种开关的状态、指示灯的亮和灭、晶闸管的导通和截止、电动机的启动和停止等等。这些开关信号可通过数字量 I/O 模板经总线与 CPU 模板相连。针对不同的开关信号,有各种各样的数字量 I/O 模板可供选用。图 7.4 是一种典型的数字量 I/O 模板电路原理。

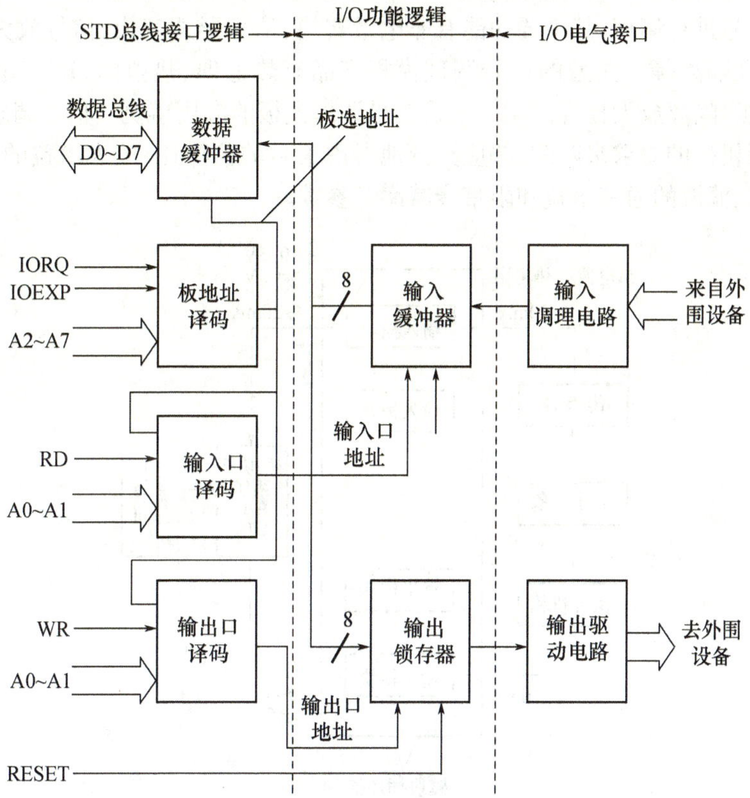

图 7.4　数字量 I/O 模板原理框图

(2) 模拟量 I/O 模板　模拟量 I/O 模板用于处理模拟信号的输入和输出,其主要功能是对微处理机和被控对象之间的模拟信号进行 A/D 和 D/A 转换。STD 总线工控机也有多种多样的模拟量 I/O 模板可供选用,图 7.5 所示是一种光电隔离型 A/D 模板的结构示意图,D/A 模板的结构与之类似。在模板选用时主要考虑系统中信号的最高频率、电平范围、信号数量等参数及系统对信号的转换速度、精度及分辨率等要求,以既满足控制系统需要又不造成过大的浪费为原则。

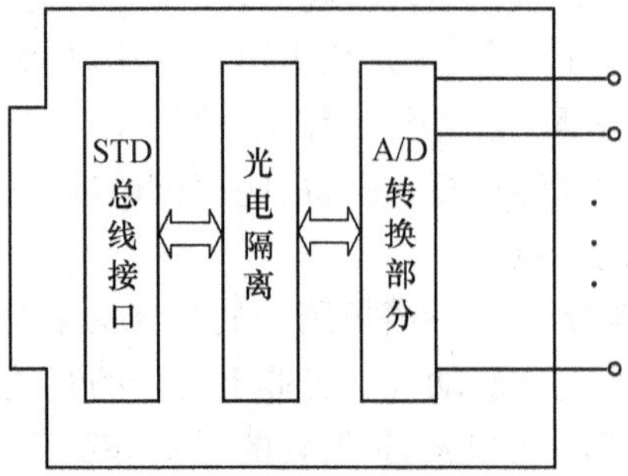

图 7.5　光电隔离型 A/D 模板的结构示意图

(3) 信号调理模板信号调理模板用于在传感器与 A/D 转换器之间、D/A 转换器与执行元件之间对信号进行调理，其主要功能有非电量转换、信号形式变换、信号放大、滤波、线性化、共模抑制及隔离等。典型的信号调理模板产品有热电偶、热电阻、I/U(电流/电压)转换、前置放大板、隔离放大板等。图 7.6 是信号调理模板的应用事例。信号调理模板应根据传感器与执行机构的要求来匹配，并应充分地考虑信号的信噪比、放大增益的可调范围、零点的调整方法、滤波的通带增益和阻带衰减率等参数。

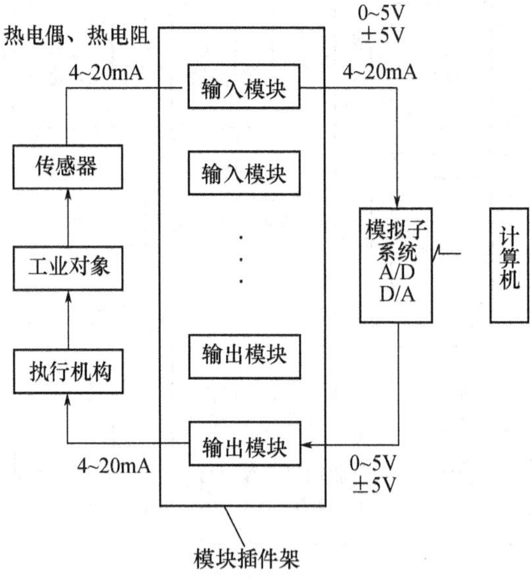

图 7.6　信号调理模板应用

(4) CPU 模板　STD 总线所支持的微处理器有 Z80、8080、8086、80286、80386、80486 以及 MCS51/96 系列单片机等。选用时应根据所设计的控制方法的复杂程度、计算工作量、采样周期等来情况选择合适字长和执行速度的 CPU 模板，或选择带有专门算法或 DMA(直接存储器存取)通道的 CPU 模板。

(5) 存储器模板　CPU 板上一般都有一定容量的工作存储器，但有些控制系统往往还需要选用专用的存储器扩展插件，如有电池支持的 RAM 插件、EPROM 插件、E^2PROM 插件等。存储器的扩展应根据控制系统的程序量、需存储的数据量以及程序和数据存储和运行方式来合理选择。

(6) 其他特殊功能模板　STD 总线工控机还可提供多种具有特殊功能的模板,如步进电机和伺服电机控制模板、机内仪表和远程仪表接口模板等。当系统中有该类控制时,应优先选用特殊功能模板,以减少硬件设计工作量和获得较高的性价比。

STD 总线工控机系统的设计除简单的硬件设计外,主要是软件设计。STD 总线工控机上可以运行多种丰富的支持软件,如 STD-DOS(一种与 MS-DOS 兼容,专用于 STD 总线工控机的操作系统)、ROM-DOS(一种与 MS-DOS 兼容,并把 DOSAA 代码固化在 EPROM 中运行的操作系统)、VRTX 嵌入式实时多任务操作系统等,并提供丰富的标准算法程序库,因此软件的开发也是相对比较容易的,通常只需开发适用于所设计的控制系统的应用软件即可。应用软件开发的主要工作是:借助于支持软件提供的各种开发工具,利用程序库中所提供的各种标准计算和控制算法程序,针对所设计系统的特点和要求,开发专用的接口软件,将选用的各种标准模块和算法程序连接和拼装成所需的控制系统应用软件。

2) PC 总线工业控制机

IBM 公司的 PC 总线微机最初是为了个人或办公室使用而设计的,它早期主要用于文字处理、或一些简单的办公室事务处理。早期产品基于一块大底板结构,加上几个 I/O 扩充槽。大底板上具有 8088 处理器,加上一些存储器,控制逻辑电路等。加入 I/O 扩充槽的目的是为了外接一些打印机、显示器、内存扩充和软盘驱动器接口卡等。

随着微处理器的更新换代,为了充分利用 16 位机,如 Intel 80286 等的性能,通过在原 PC 总线的基础上增加一个 36 引脚的扩展插座,形成了 AT 总线。这种结构也称为 ISA (Industry Standard Architecture)工业标准结构。

PC/AT 总线的 IBM 兼容计算机由于价格低廉,使用灵活,软件资源非常丰富,因而用户众多,在国内更是主要流行机种之一。一些公司研制了与 PC/AT 总线兼容的诸如数据采集、数字量、模拟量 I/O 等模板,在实验室或一些过程闭环控制系统中使用。但是未经改进的 PC/AT 总线微机,其设计组装形式不适于在恶劣工业环境下长期运行。比如,PC/AT 总线模板的尺寸不统一、没有严格规定的模板导轨和其他固定措施,抗振动能力差;大底板结构功耗大,没有强有力的散热措施,不利于长期连续运行;I/O 扩充槽少(5～8 个),不能满足许多工业现场的需要。

为克服上述缺点,使 PC/AT 总线微机适用于工业现场控制,近几年来许多公司推出了 PC/AT 总线工业控制机,一般对原有微机作了以下几方面的改进:

(1) 机械结构加固,使微机的抗振性能好。

(2) 采用标准模板结构。改进整机结构,用 CPU 模板取代原有的大底板,使硬件构成积木化,便于维修更换,也便于用户组织硬件系统。

(3) 加上带过滤器的强力通风系统,加强散热,增加系统抵抗粉尘的能力。

(4) 采用电子软盘取代普通的软磁盘,使之能适于在恶劣的工业环境下工作。

(5) 根据工业控制的特点,常采用实时多任务操作系统。

采用 PC 总线工业控制机有许多优点,尤其是支持软件特别丰富,各种软件包不计其数,这可大大减少软件开发的工作量,而且 PC 机联网方便,容易构成多微机控制与管理一体化的综合系统、分级计算机控制系统和集散控制系统。

表给出了常用工业控制计算机的性能比较关系。

表　常用工业控制计算机的性能比较

比较项目	PC 计算机	单片微型计算机	可编程序控制器(PLC)	总线工控机
控制系统的设计	一般不用作工业控制(标准化设计)	自行设计(非标准化)	标准化接口配置相关接口模板	标准化接口配置相关接口模板
系统功能	数据、图像、文字处理	简单的逻辑控制和模拟量控制	逻辑控制为主,也可配置模拟量模板	逻辑控制和模拟量控制功能
硬件设计	无需设计(标准化整机,可扩展)	复杂	简单	简单
程序语言	多种语言	汇编语言	梯形图	多种语言
软件开发	复杂	复杂	简单	较复杂
运行速度	快	较慢	慢	很快
带负载能力	差	差	强	强
抗干扰能力	差	差	强	强
成本	较高	很低	较高	很高
适用场合	实验室环境的信号采集及控制	家用电气、智能仪器、单机简单控制	逻辑控制为主的工业现场控制	较大规模的工业现场控制

思考题与习题 7

7.1　工业控制计算机有哪些特点?

7.2　单片机的制造厂家有哪些? MCS-51 系列单片机有哪些特点?

7.3　可编程序控制器由哪些部分组成? 它的工作方式是什么?

7.4　总线工控机有哪些特点? 常用的总线工控机有哪些?

7.5　PC 总线工业控制机与普通个人计算机相比,有何不同?

8　网络集成式分散控制系统

在信息时代，对计算机除了要求具备很好的数据计算和处理能力外，还要求具备良好的数据传输功能和数据存取，包括远程存取数据的能力，前者与计算机本身的性能指标有关，后者则是指计算机的联网技术和开放性技术。在过程控制应用中，由单台工业控制计算机组成的系统，其功能毕竟是有限的。借助于通信技术，可将地理位置分散的多台控制机联结成网。可靠的工业网络通信手段支持了分散型计算机控制系统的稳步发展。集散控制系统和现场总线控制系统正是当今自动化领域重要的新型计算机控制系统，它们构成了工业过程控制典型的实现模式。

8.1　数据通信与工业网

工业计算机网络是在通用计算机网络基础上发展起来的，用于完成与工业自动化相关的各种生产任务的计算机网络系统，其目的是实现资源共享、分散处理和工业控制与管理的一体化。工业网络在体系结构上可分为信息网和控制网两个层次，信息网位于上层，是企业决策级数据共享和协同操作的载体；控制网位于下层，与信息网紧密地集成在一起，在服从信息网操作的同时又具有独立性和完整性。因此，工业计算机网络可理解为是利用传输媒体把分布在不同地点的多个独立的计算机系统、自动控制装置、现场设备等按照不同的拓扑结构，应用各种数据通信方式连接起来的一种网络。计算机数据通信技术则是计算机网络的支撑技术之一。

8.1.1　数据通信技术

数据通信的基本目的是在信源系统与目标系统之间传递信息。数据通信模型如图 8.1 所示，从图上可以看出，数据从信源系统经发送设备变换为在某种传输介质（即信道）上传送的信号，送到目标系统的接收设备，然后在目标系统中将信号还原成数据。由于实际的信道都有延迟、损耗和干扰，会使传送的信号衰减、失真，导致接收信号与发送信号可能不一致，因此，需要采用各种数据信号传输技术、数据同步技术和差错控制等技术，以保证数据无差错地传输。

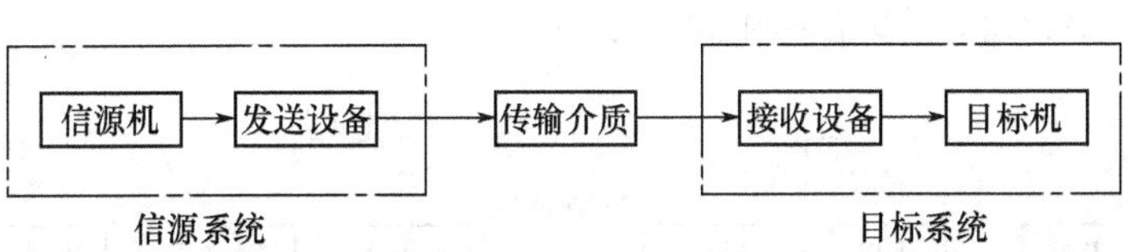

图 8.1　数据通信模型

1) 数据传送方式

计算机之间或计算机与控制设备交换信息方式有两种：数据各位同时传送的并行通信方式和数据各位依次传送的串行通信方式。

并行通信的优点是传送速度快(同时传送多位数据)，缺点是通信成本高，适用于近距离数据通信。串行通信传送数据只需一根数据线，数据依次传递，因此线路结构简单，抗干扰能力强，适用于远距离传送。串行通信的传送速度比并行慢，但随着通信技术的发展，通信速度在不断提高，因此，串行通信被广泛用于各通信网络中。

按通信线路上信息传送方向与时间的关系，串行数据通信方式有以下三种形式：

(1) 单工通信　如果通信双方A和B，只能是A方发送，B方接收；或B方发送，A方接收，则它们的通信是单工模式。

(2) 半双工通信　如果通信双方A和B，可以是A方作为发送方，B方作为接收方；也可以是B方作为发送方，A方作为接收方，但同一时刻只能是一方发送另一方接收，不能A方、B方同时发送，则它们的通信是半双工模式。

(3) 全双工通信　如果进行通信的双方A和B，各自可以同时收、发数据，则它们的通信是全双工模式。此时，A方与B方必须具有独立的发送器和接收器，且两个方向的数据通道必须完全分开。

2) 数据传输模式

目前，数据传输的基本形式分为基带传输和频带传输。

(1) 基带传输

在数据通信中，表示计算机二进制的比特序列的数字数据信号是典型的矩形脉冲信号，矩形脉冲信号的固有频带称作基本频带，简称为基带，矩形脉冲信号就叫做基带信号；在数字通信信道上，直接传送基带信号的方法称为基带传输；在发送端，基带传输的数据经过编码器变换变为直接传输的基带信号，例如曼彻斯特编码或差分曼彻斯特编码信号，在接收端由解码器恢复成与发送端相同的矩形脉冲信号；基带传输是一种最基本的数据传输方式。

(2) 频带传输

频带传输就是采用调制和解调技术，用基带脉冲信号对载波进行调制。在远程数据传输中，载波通常采用正弦波。正弦波有三个能携带信息的参数：振幅、频率和相位。在发送端用基带脉冲对载波波形的某些参数(如振幅、频率、相位)进行控制，使其随基带脉冲的变化而变化，发送方把串行通信波形中的“0”、“1”信号转换成不同频率(振幅、相位)正弦波信号的过程叫做调制，完成调制任务的装置叫做调制器；当信号到达接收端时再作相应的反变换，以便还原成与发送端相同的基带信号。把正弦波信号转换成串行通信波形信号的过程叫做解调，能够完成解调任务的装置叫做解调器。通常把调制器和解调器合在一起形成调制解调器(MODEM)，其工作原理图如图8.2所示。

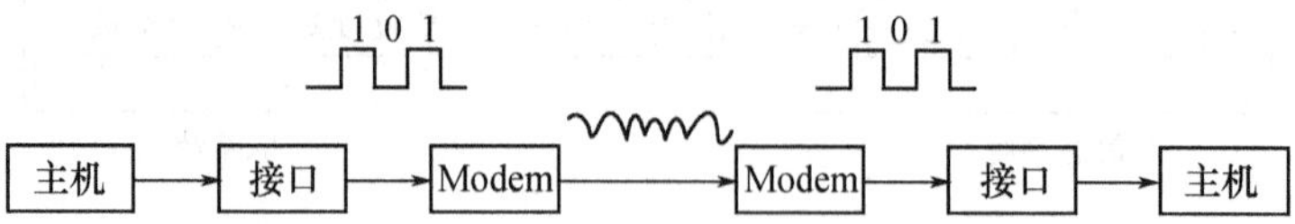

图8.2　采用调制解调实现远程通信原理示意图

3）同步技术

数据被发送在通信线上传输时，接收端是否能正确地接收下来，关键是要解决“同步”问题，即接收端要按发送端所发送的每个字符的重复频率以及起止时间来接收数据。常用的同步方法有两种：异步（Asynchronous）式和同步（Synchronous）式。

（1）同步通信方式

同步通信每次传送 n 个字节的数据块，用 1 个或多个同步字符表示传送字符的开始，接着是 n 个字节的数据块，字符之间不允许有间隙，当没有字符发送时，则连续发送全 1 或 0101…，其结构如图 8.3 所示。同步字符由用户选择，可以选择一个特殊的 8 位二进制码作为同步字符。

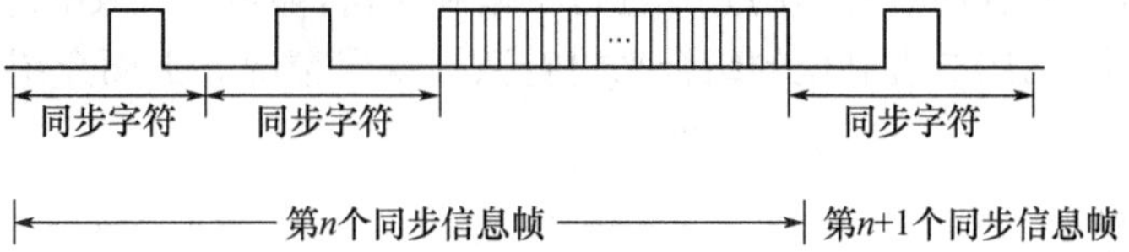

图 8.3　同步通信信息帧结构

发送端发送数据时，先要对被传送的原始数据进行编码。编码后的信息位中包含原始数据和发送端的时钟信息。在接收端进行解码，得到解码数据（或称接收数据）和解码时钟，因此接收端无需设置独立的接收时钟，而由发送端发送的编码自带时钟，实现了收发双方的自同步功能。由于数据块可以是任意长字节，所以数据传送效率高，一般高速传输数据系统中采用同步方式。

（2）异步通信方式

异步通信方式又称为起止同步方式，是计算机通信中常用的同步方式。在这种方式中，每次传送一个字符都要在传送的字符前加一个起始位，表示字符传输的开始，而在字符后加 1～2 个停止位表示字符的结束，其结构如图 8.4 所示。

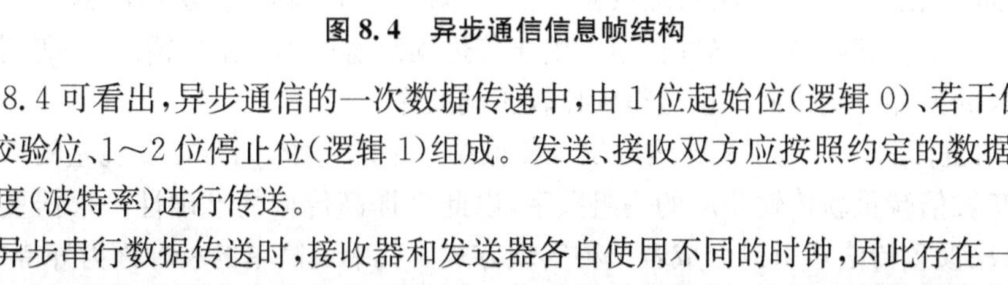

图 8.4　异步通信信息帧结构

从图 8.4 可看出，异步通信的一次数据传递中，由 1 位起始位（逻辑 0）、若干位数据位、1 位奇偶校验位、1～2 位停止位（逻辑 1）组成。发送、接收双方应按照约定的数据格式和数据传送速度（波特率）进行传送。

由于异步串行数据传送时，接收器和发送器各自使用不同的时钟，因此存在一个同步检测问题，这时起始位和停止位起着重要作用。发送端发送数据时，是从低位到高位逐位顺序传送。为了对传送的信息进行定位，必须有发送时钟 T_c，每位的持续时间 T，为 T_c 的 n 倍，即 $T = nT_c$。另外，在接收端也必须有接收时钟 R_c，为了保证发送与接收同步，接收时钟 R_c

应等于发送时钟周期 T_c。

接收端检测到持续 0.5T 以上的逻辑 0 时，则知道检测到起始位(若逻辑 0 持续时间小于 0.5T，则被认为是干扰信号)，把这一时刻作为接收新字符的开始。异步串行通信的线路比较简单，但是每一帧中的位数比较少，而且还要有起始位、停止位等用于同步的位，所以传送的效率不高，速度比较慢。

4) *差错控制技术*

在通信线路上传送的数据会因噪声和串扰而出错，这会影响通信系统的可靠性，所以对通信中差错控制的能力是衡量一个通信系统好坏的重要内容。差错控制技术包括检验错误和纠正错误。在实际应用中，检错、纠错的方法有很多，常用的有奇偶检验、循环冗余码检验、海明码检验等。不管用哪种编码方式进行检错和纠错，都是在有效信息位的基础上附加一定的冗余信息位，利用二进制位的组合来检查数据误码情况。下面介绍两种检错方法和三种纠错方法。

(1) 奇偶校验

奇偶校验是在被检验的数据序列中设置一位校验位。由于奇偶校验一般是一个字符检验一次，因此通常在每个字符中附加一个奇偶校验位。例如，一个字节用 $A_0 \sim A_7$ 表示，其中 $A_0 \sim A_6$ 为字符码位，而最高位 A_7 为校验位。这个校验位可为 1 或 0，以便保证整个字节中为 1 的位数是奇数(称奇校验)或偶数(称偶校验)。

发送端按奇或偶校验的原则编码后，以字节为单位发送，接收端则也按同样的原则检查收到每个字节中“1”的位数。若为奇(偶)校验，发送端发出的每个字节中“1”的位数应为奇(偶)数，若接收端收到的字节中“1”的位数为偶(奇)数，则传输出错。

(2) CRC 校验

CRC 校验码，即循环冗余检验码(Cyclic Redundancy Code)。它的检错能力强，且编译码电路简单，因而在差错控制中被广泛应用。CRC 校验的基本思想是利用线性编码理论，在发送端根据要发送的串行二进制码序列(信息码)，按一定的规则产生校验用的冗余码(CRC 码)附在信息码后面，构成一个新的二进制码序列(循环码)送出。在接收端则根据信息码、CRC 码以及约定的通信规则进行检测，以确定传送过程是否出错。

(3) 纠错方式

在数据传输中发现错误后，控制差错的方法主要有两种：一是采用具有纠错能力的检验码自动纠正错误；二是采用只具有检错能力的检验码。发现错误后，控制数据重发。因此，常用的纠错方法有三种：前向纠错法、反馈重传法和混合纠错法。

① 前向纠错法　差错控制系统只包含信道编码器和译码器。从信源输出的数字序列在信道编码器中被编码，然后送往信道。由于信道编码器使用的是纠错码，译码器可以纠正传输中带来的大部分差错而使信道得到比较正确的序列。

② 反馈重传法　只利用检错码以发现传输中带来的差错，同时在发现差错以后通过反向信道通知发信端重新传输相应的一组数字，以此来提高传输的准确性。根据重传控制方法的不同，反馈重传法还可以分成若干种实现方式。其中最简单的一种称为等待重传方式。采用这种方式时发信端每送出一组数字就停下来等待收信端的回答。这时信道译码器如未发现差错便通过收信端重传控制器和反向信道向发信端发出表示正确的回答。发信端收到后通过发信端重传控制器控制信源传输下一组数字，否则信源会重新传输原先那组数字。

③ 混合纠错法 在信道干扰较大时，单用反馈重传会因不断重传而使消息的传输速率下降过多，而仅用前向纠错又不能保证足够的准确性，这时两者兼用比较有利，这就是混合法。此法所用的信道编码是一种既能纠正部分差错又能发现大部分差错的码。信道译码器首先纠正那些可以纠正的差错，只对那些不能纠正但能发现的差错才要求重传，这会大大降低重传的次数。同时，由于码的检错能力很强，最后得到的数字消息的准确性是比较高的。

差错控制已经成功地应用于卫星通信和数据通信。在卫星通信中一般用卷积码或级联码进行前向纠错，而在数据通信中一般用分组码进行反馈重传。此外，差错控制技术也广泛应用于计算机，其具体实现方法大致有两种：

① 利用纠错码由硬件自动纠正产生的差错；

② 利用检错码在发现差错后通过指令的重复执行或程序的部分返回以消除差错。

8.1.2 网络拓扑结构

网络拓扑结构是从网络拓扑的观点来讨论和设计网络的特性，也就是讨论网络中的通信节点和通信信道连接构成的各种几何构形，用以反映出网络各组成部分之间的结构关系，从而反映整个网络的结构外貌。局域网常见的拓扑结构有星形、环形、总线型等。

1) 星形结构

星形拓扑结构是一种以中央节点为中心，把若干个外围节点连接起来的辐射式互连结构，其结构图如图 8.5 所示。星形的中心是通信交换节点，而外围节点则是各个远程站。每个节点都是通过点对点线路与中央节点相连接，呈星形状态，因而得名。

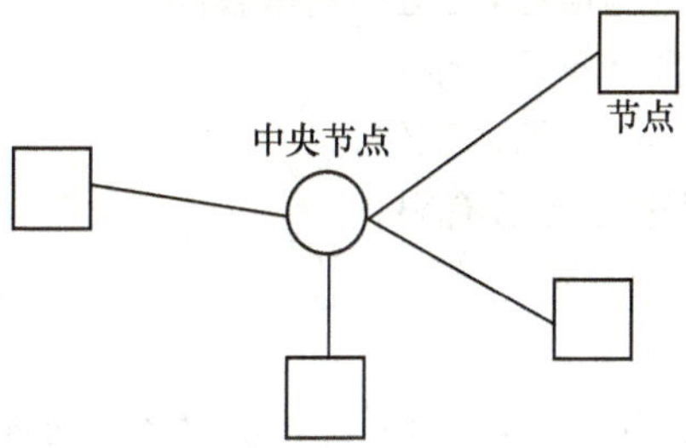

图 8.5 星形拓扑结构

星形结构有如下的几个特点：

(1) 网络结构简单，便于管理(集中式)；

(2) 每台入网机均需物理线路与处理机互连，线路利用率低；

(3) 处理机负载重(需处理所有的服务)，因为任何两台入网机之间交换信息，都必须通过中心处理机；

(4) 入网主机故障不影响整个网络的正常工作，中心处理机的故障将导致网络的瘫痪。

2) 环形结构

所有节点连接成环状，如图 8.6 所示。在这种结构中线路上的信息按点对点的方式传输，即由一个节点发出的信息只传到下一个节点，若该节点不是信息的接收站，就再把信息传到下一个节点，重复进行，直到信息到达目的节点为止。环形网具有如下特点：

(1) 由于它是一种多点式访问型网络结构，即可以实现点对点通信，也可实现广播式数据通信，覆盖地域较远。

(2) 环形网由于数据在整个网上顺序传输，因此中间环节中任一节点或信道故障都会终止网络的工作，因此可靠性较差。此外，加入新的节点也较困难。

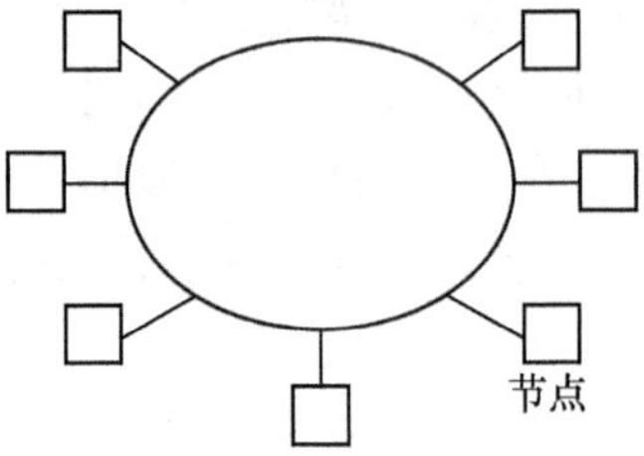

图 8.6　环形拓扑结构图

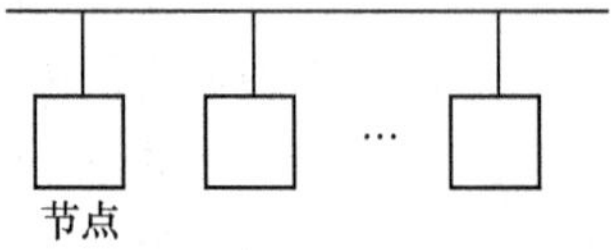

图 8.7　总线形拓扑结构

3) 总线形结构

总线形结构是一种通信信道共享式的结构，如图 8.7 所示。这种网络采用一条传输介质（总线），所有外围节点均通过硬件接口（网卡）连接到该线上。线上任何一个外围节点发送的信息都在介质上传播，并能被所有的外围节点接收。由于所有节点共享一条传输介质，所以每一时刻只允许一个外围节点发送信息。为了确定下一次哪个节点可发送数据，需要某种访问控制方式。常用的方式有载波监听多路访问/冲突检测（CSMA/CD）方式和令牌访问控制方式。

总线形网络结构有如下特点：

(1) 多台机器共用一条传输信道，信道利用率较高；

(2) 同一时刻只能由两台计算机通信；

(3) 某个节点的故障不影响网络的工作；

(4) 网络的延伸距离有限，结点数有限。

8.1.3　网络通信协议

在通信网络中，对所有节点来说，它们都要共享网络中的资源或相互之间要进行信息交换。而不同实体要想成功地通信，它们必须具有相同的语言，必须遵从某种都能接受的规则，这些规则的集合称为协议。通信协议又称通信规程，它是通信双方如何进行对话的约定与规则，它决定了网络通信中传输的信息/报文格式与控制方式。协议的主要功能是数据交换、信息编码、差错控制与线路合理利用等。

通信协议从功能看分为若干层，每一层都利用下一层提供的服务来实现本层的功能，形成层次结构，层与层之间通过接口来互相联系。

为了便于网络互联，国际标准化组织 ISO（International Standardization Organization）在 1978 年建立了一个开放系统互联技术委员会，提出了一个标准的协议结构——开放式系统互联 OSI（Open System Interconnection）参考模型，为连接分布式应用处理的“开放”系统提供了基础。

1) OSI 参考模型结构

开放型互联 OSI 参考模型共分为七层功能及协议，从下至上依次为物理层、数据链路层、网络层、传输层、对话层、表示层、应用层，其参考模型如图 8.8 所示。

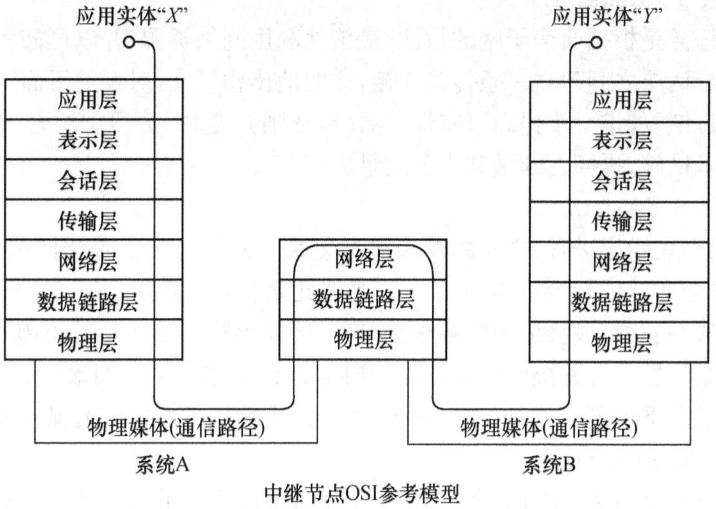

图 8.8 OSI 参考模型

2) OSI 参考模型各层协议

(1) 物理层 PH(Physical)

物理层并不是物理媒体本身,它只是开放系统中利用物理媒体实现物理连接的功能描述和执行连接的规程。物理层主要任务是为通信各方提供物理信道(如电缆类型、信号、电平、传输速率等)。

(2) 数据链路层 DL(Data Link)

数据链路层负责在两个相邻的节点间的线路上无差错地传送以帧为单位的数据,为其上层提供透明的无差错的通道服务。具体的工作是:接收来自上层的数据,并加上某种差错校验位(如 CRC 校验),从物理信道发送出去;同时处理接收端的回答,重传出错和丢失的数据帧,保证数据帧的正确发送。

数据链路层又分逻辑链路控制层(LLC)和介质访问控制层(MAC)两个子层,前者主要解决信息正确有序地在有噪信道上传输,后者主要解决物理信道的使用。数据链路层的典型协议有 HDLC 等。

(3) 网络层 N(Network)

网络层是 OSI 七层协议模型中的第三层,它是主机与通信网络的接口。网络层也称分组层,它的任务是使网络中传输分组。它以链路层提供的无差错传输为基础,向高层(传输层)提供两个主机之间的数据传输服务。网络层规定了分组(第三层的信息单位)在网络中是如何传输的。网络层提供的服务主要有以下三种:

① 网络地址是网络层识别传输实体的标志,也是传输实体间相互识别的标志。

② 网络连接为建立、维护和释放网络连接提供方法。

③ 网络服务数据单元的传输网络服务数据单元在网络连接上的传输由网络层提供保证。它的长度不受限制,有开始和结束标志,其内容在传输期间保持完整性。通常称该单元为信息包或报文分组。

(4) 传输层 T(Transport)

传输层的任务是根据通信子网的特性,最佳地利用网络资源,并以可靠和经济的方式为两个端系统的会话层之间建立一条传输连接,透明地传输报文,对经过下面三层之后仍然存在传输差错进行恢复,进一步提高可靠性。另外,还通过复用、分段和组合、连接和分离、分流和合流等技术措施,提高吞吐量和服务质量。

(5) 会话层 S(Session)

用户(即两个表示层进程)之间的连接称为会话。为了建立会话,用户必须提供希望连接的远程地址(会话地址),会话双方首先需要彼此确认,以证明它有权从事会话和接收数据,然后两端必须同意在该会话中的各种选择项(例如半双工或全双工)的确定,在这以后开始数据传输。会话层检查并决定一个正常的通信是否正在发生。如果没有发生,这一层在不丢失数据的情况下恢复会话,或根据规定,在会话不能正常发生的情况下终止会话。

(6) 表示层 P(Presentation)

表示层提供两类服务:相互通信的应用进程间交换信息的表示方法与表示连接服务。通过一些编码规则定义在通信中传送这些信息所需要的传送语法,实现不同信息格式和编码之间的转换。

(7) 应用层 A(Application)

应用层是 OSI 模型的最高层,实现的功能分两大部分,即用户应用进程和系统应用管理进程。系统应用管理进程管理系统资源,如优化分配系统资源和控制资源的使用等。由管理进程向系统各层发出下列要求:请求诊断、提交运行报告、收集统计资料和修改控制等。

综上所述,开放系统的参考模型不仅为各种数据通信系统提供了一个共同的规范,还为它们互联成通信网提供了方便。同时,开放系统的层次结构形式也便于修改、扩充及进行模块化设计。

8.2 集散控制系统

集散控制系统(DCS),即所谓的分布式控制系统,或在有些资料中称之为集散系统,是相对于集中式控制系统而言的一种新型计算机控制系统,它是在集中式控制系统的基础上发展、演变而来的。在系统功能方面,DCS 和集中式控制系统的区别不大,但在系统功能的实现方法上却完全不同。随着计算机技术、信息处理技术、测量控制技术和人机接口技术的发展以及工业生产对计算机水平要求的提高,管理的集中性与控制的分散性这一实际需要,推动了集散计算机控制系统的发展。目前,集散控制系统已经发展为工业控制的主流。因此,研究与开发集散系统是整个工业控制面临的一项重要任务。

计算机控制系统按总体结构来分,有集中型控制和集散型控制两大类。

1) 集中型控制系统

由一台计算机对大型生产装置或生产过程进行控制和管理。计算机、指示仪表等安装在中央控制室,现场传感器、执行器等都通过电缆与之相连,计算机采集过程数据、进行运算并发出控制信号,这样构成的系统,称为集中型控制系统。它的结构简单,便于维护,但具有如下缺点:系统主机过于庞大,一旦出现故障,影响全局,因此可靠性差;同一台计算机完成若干不同任务,工作效率低;信息源和执行机构距离主机远,传输信息的线路(指电缆、光纤等)费用增加;缺乏扩展的灵活性。

2) 集散型控制系统

集散型控制系统把一个工业大系统按系统结构进行垂直分解,将其分为过程控制级和控制管理级,各级即相互独立又相互联系,每一级又可水平分解成若干子集。从功能分散看,纵向分散意味着不同级的不同功能,如实时控制、实时监视、生产过程管理等;横向分散则意味着同级设备具有类似功能。

集散型控制系统又称为分布式控制系统(Distributed Control System,DCS),从整体逻辑结构上看是一个以通信网络为纽带的集中管理、分散控制的多级计算机控制系统。

8.2.1 集散控制系统的特点

集散控制系统是采用标准化、模块化和系列化的设计,由过程控制级、操作监控级和生产管理级组成的一个以通信网络为纽带的集中监视、操作和管理而控制相对分散,配置灵活,组态方便,具有高可靠性的实用系统。其特点可归纳如下:

(1) 自主性 系统上各工作站是通过网络接口连接起来,各工作站独立自主地完成自己的任务,且各站的容量可扩充,配套软件随时可组态加载,是一个能独立运行的高可靠性子系统。

(2) 协调性 实时高可靠的工业控制局部网络使整个系统信号共享,各站之间从总体功能及优化处理方面具有充分的协调性。

(3) 在线性和实时性 通过人机接口和I/O接口,对过程对象的数据进行实时采集、分析、记录、监视、操作控制,可进行系统结构组态、回路的在线修改、局部故障的在线维修。

(4) 高可靠性 高可靠性是DCS的生命力所在,它从结构上采用容错设计,使得在任一个单元失效的情况下,仍然保持系统的完整性,即使全局性通信或管理失效,局部站点仍能维持工作。其硬件上包括操作站、控制站,通信链路都采用双重化配置;软件上采用分段与模块化设计、积木式结构,并采用程序卷回或指令复执的容错设计。

(5) 适应性、灵活性和可扩充性 硬件和软件采用开放式、标准化设计和系统积木式结构,具有灵活的配置,可适应不同用户的需要。工厂改变生产工艺、生产流程时,只需改变系统配置和控制方案,相应使用组态软件填一些表格即可实现。

(6) 友好性 DCS软件面向工业控制技术人员、工艺技术人员和生产操作人员,采用了实用而简捷的人机会话系统、CRT高分辨率交互图形显示、复合窗口技术,其画面丰富,纵观、控制、调整、趋势流程图,回路一览,批量控制,计量报表,操作指导画面,菜单功能等均具有实时性,平面密封式薄膜操作键盘,触摸式屏幕、鼠标器、跟踪球等更便于操作。提供的组态软件包括系统组态、过程控制组态、画面组态、报表组态,用户的方案及显示方式,由它来解释生成DCS内部可理解的目标数据。使用组态软件可以生成相应的实用系统,便于灵活更改与扩充。

8.2.2 集散控制系统发展过程及典型产品

集散控制系统随着计算机网络技术、控制技术、通信技术的发展,共经历了三个重要的发展阶段,每个阶段的系统特点和典型产品如下:

第一阶段(1975—1980年)的典型产品有美国Honeywell公司的TDC2000。它是一个具有多微处理器的分级控制系统，以分散的控制设备来适应分散的过程对象，将 CRT 操作站与控制单元相分离，并通过数据高速公路与之相连，互相协调，实现对工业过程的控制和监视，达到掌握全局的目的。它是控制技术、计算机技术、通信技术和 CRT 技术（即 4C 技术）互相融合的结晶。这一阶段比较著名的产品还有美国贝利（Bailey）公司的 Network90、日本横河（Yokogawa）公司的 Centum 等。

第二阶段（1980—1985 年）是 DCS 的成长与完善时期。计算机局域网技术的发展直接促使第二代 DCS 的产生。第二代 DCS 的通信变为无主站的 $n:n$ 通信，各控制单元/CRT 操作站/上位机等在通信系统中处于"平等地位"，输出方式是广播式，网络控制以令牌传送为主。由于在第一代 DCS 基础上加入了网络技术，使得 DCS 的面貌大大改变，实现了全系统的信息综合管理。

这一阶段的代表产品有 Honeywell 公司的 TDC3000、美国西屋（Westing House）公司的 Wdpf 和 Yokogawa 公司的 CentrmA. B. C 等。

第三阶段（1985 年以后）是 DCS 的扩展期。第三代 DCS 由以制造自动化标准通信协议 MAF（Manufacturing Automation Protocol）或 TOP（Technical and Office Protocol）为基础的局域网络所组成，力图解决全企业的综合问题。另外，还引进了智能变送器和现场总线（Field Bus），使网络通信覆盖到现场级（包括传感器和执行器），真正实现了系统的自动化和智能化，并向更宏伟的目标 CIMS（Computer Integrated Manufacturing System）前进。

这一代的典型产品有 Honeywell 公司的 TDC3000/PM、Yokogawa 公司的 Centum-XL、Bailey 公司的 INFI-90 等。

8.2.3　集散控制系统的功能层次结构

典型的 DCS 采用了如图 8.9 所示的三层结构，第一层为分散过程控制级；第二层为集中操作监控级；第三层为综合信息管理级。第一层作为上一层的基础，接收上一层的控制指令，同时又将控制结果和各控制参数送上一层，各级之间由通信网络连接。

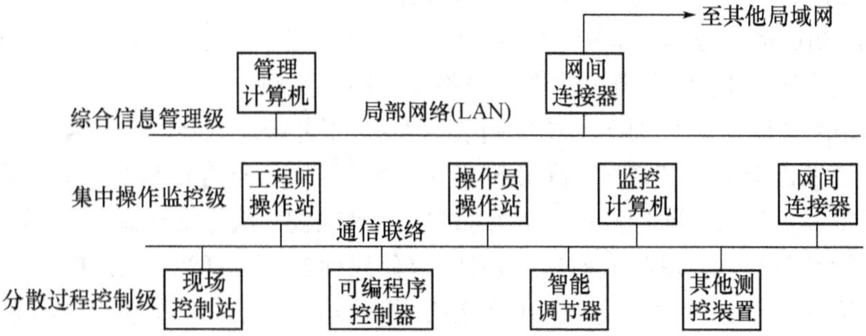

图 8.9　DCS 的层次结构图

1）分散过程控制级

此级是整个系统体系结构中的最低层，直接与生产过程现场的传感器、执行器相连，完成生产过程的数据采集、闭环控制、顺序控制等功能。

构成这一级的主要装置有现场控制站、智能调节器、可编程序控制器（PLC）及其他测控装置。

(1) 现场控制站

现场控制站又称I/O控制站，控制站中主要设备为工业控制计算机(IPC)，它不同于通用PC机，它是以计算机为核心的测量与控制系统，处理来自工业系统的输入信号，并根据要求将处理结果输出去控制生产过程，同时，对生产进行监视和管理。因此，要求工业控制机系统实时性好、可靠性高、通信功能强及系统开放性与扩充性好。

(2) 智能调节器

智能调节器是一种数字化的过程控制仪表，其外形类似于一般的盘装仪表，而其内部是由微处理器CPU、存储器RAM、ROM，模拟量和数字量I/O通道、电源等部分组成的一个微型计算机系统。一般有单回路、2回路、4回路或8回路的调节器，至于控制方式除一般的PID之外，还可组成串级调节、前馈控制等。

智能调节器不仅接收4～20 mA电流输入设定值，还具有异步通信接口RS-422/485，RS-232等，可与上位机连成主从式通信网络，接受上位机下传的控制参数，并上报各种过程参数。

(3) 可编程序控制器(PLC)

PLC与智能调节器最大的不同点是：它主要配置的是开关量输入/输出通道，用于执行顺序控制功能。PLC主要用于生产过程中按时间顺序控制或逻辑控制的场合，以取代复杂的继电接触控制系统。

随着微处理技术的飞速发展，PLC已经开始全面使用16位、32位高性能处理器，多CPU集成、多信道处理技术以及嵌入式操作系统的发展，使当今的PLC成为具有逻辑控制、实时控制、程控、联网通信等多种功能的控制器。

PLC在硬件上采用较强的抗干扰措施(如隔离滤波、屏蔽、接地等)，对元器件精心挑选，机箱有完善的电磁兼容设计，软件上采用诸如数字滤波、软件陷阱、差错校验等一系列抗干扰和故障恢复技术。正是由于PLC具有的多种独特工作方式，使得其具有适合于工业环境的高可靠性，因此被称为“专为适应工作环境而设计的计算机”。

2) 集中操作监控级

集中操作监控级是面向现场操作员和系统工程师的。这一级配备有技术手段先进、功能强大的计算机系统及各类外部设备，通常采用较大屏幕、较高分辨率的CRT显示器和工业键盘，计算机系统配有较大存储容量的硬盘或软盘，另外还有功能强大的软件支持，确保工程师和操作员对系统进行组态、监视和操作，对生产过程实行高级控制策略、故障诊断、质量评估等。

集中操作监控级以操作监视为主要任务，兼有部分管理功能。它把过程参量的信息集中化，对各个现场控制站的数据进行收集，并通过简单的操作进行工程量的显示、各种工艺流程图的显示、趋势曲线的显示，并可改变过程参数(如设定值、控制参数、报警状态等信息)，这就是它的操作监视功能。集中操作监控级另一管理功能是进行控制系统的生成、组态。

(1) DCS操作员站

DCS的操作员站的主要功能就是为系统的运作操作人员提供人机界面，使操作员及时了解现场运行状态、各种运行参数的当前值，并可通过输入设备对工艺进行控制和调节。

目前新推出的DCS一般都采用工业PC机来作为操作员站的主机及用于监控的监控

计算机。操作员键盘多采用有防水、防尘能力、有明确图案标志的工业键盘，它是一种根据系统的功能用途及应用现场的要求进行设计的专用键盘。这种键盘侧重于功能键的设置、盘面的布置安排及特殊功能键的定义等。

打印机是操作员站的不可缺少的外设。一般的 DCS 配有两台打印机，一台对预定的参数按平均值或累计值的一次性日报表打印；另一台对事故报警、开关量状态、CRT 屏幕显示复制（例如模拟图、曲线及各种报表、参数）的随机打印。

(2) DCS 的系统工程师站

工程师站是对 DCS 进行离线的配置、组态工作和在线的系统监督、控制、维护的网络节点。使系统工程师可以通过工程师站及时调整系统配置及一些系统参数的设定，使 DCS 随时处在最佳的工作状态下。

工程师站一般放在中央控制室，工作环境较好，因此选用一般的微型计算机或工作站就可以了。

工程师站应提供如下功能：

① 硬件配置组态功能。其中包括定义各个现场 I/O 控制站的站号、网络节点号等网络参数以及站内的 I/O 配置等。

② 数据库组态功能。定义系统中数据库的各种参数，系统的数据库包括实时数据库和历史数据库。实时数据库组态主要对各数据库逐点定义其名称、工程量转换系数、上下限值、线性化处理、报警特性、报警条件等，历史数据库组态需要定义各个历史库的点的保存周期。

③ 控制回路组态功能。该功能定义各个控制回路的控制算法、调节周期及调节参数、某些系数等。

④ 逻辑控制及批控制组态这种组态定义预先确定的处理过程。

⑤ 控制算法语言的组态用一些类似程序语言的语句组合来描述一个控制过程，以实现预定的控制功能。

⑥ 操作员站显示画面的生成使用在 CRT 屏幕上以人机交互方式直接作图的方法生成显示画面。

3) 综合信息管理级

这是企业控制系统体系结构中的最高层，它广泛地涉及工程、经济、商务、人事以及其他各种功能。将这些功能集成到一个大的软件系统，通过这个软件系统，整个工厂的复杂生产调度和计划等问题可以得到优化解决。这一级主要完成的功能有市场分析、用户信息收集、定单能力与订货平衡、生产和分销渠道的监督、生产合同、订货的各种统计报表、生产效率、产值、经营额、利润/成本以及其他财政分析报表。

以上介绍了应用 DCS 时可以实现的控制系统功能层次。对于大部分系统来说，DCS 主要完成第一级和第二级的功能。而这二级的功能主要是与装置生产过程密切相关的实时控制。因此，这部分控制得好，可以大大提高生产过程的直接经济效益、降低能耗和减少污染等。

8.2.4　集散控制系统的发展趋势

当前工控机仍以大系统、分散对象、连续生产过程（如：冶金、石化、电力）为主，采用分布式系统结构的分散型控制系统仍在发展。由于开放结构和集成技术的发展，促使大型分散型控制系统销售增加。

1) DCS主要发展趋势为

(1) 向综合方向发展

由于标准化数据通信线路和通信网络的发展，将各种单(多)回路调节器、PLC、工业比、NC等工控设备构成大系统，以满足工厂自动化要求，并适应开放化的大趋势。

(2) 向智能化方向发展

由于数据库系统、推理机能等的发展，尤其是知识库系统(KBS)和专家系统(ES)的应用，如自学习控制、远距离诊断和自寻优等，人工智能会在DCS各级实现。和FF现场总线类似，以微处理器为基础的智能设备，如智能I/O智能PID控制、智能传感器、变送器、执行器、智能人接口及可编程调节器相继出现。

(3) 专业化

DCS为更适合各相应领域的应用，就要进一步了解这个专业的工艺和应用要求，以逐步形成如核电站DCS，变电站DCS、玻璃DCS及水泥DCS等。

2) 新一代开放式集散控制系统

为了适应面临的挑战，新一代开放式DCS应具备以下特点。

(1) 工业PC机在DCS中的应用

由于计算机技术的发展，微处理器性能有极大地提高，使得PC机深入到各个领域，包括DCS。由于PC的开放性，使得PC兼容厂商生产了很多按工业标准设计生产的兼容机来满足工业市场的应用要求。

工业PC机在DCS中的应用，极大地提高了DCS的性价比，DCS可以采用PC的成熟技术，把PC作为操作员站和I/O控制站。

(2) 通用化、标准化软件包在DCS中的应用

在软件这个领域内，完全依靠一个厂家自己的开发研制能力来满足市场需要已相当困难。DCS中将更多地采用商品化的软件产品，包括组态软件和监控软件。

组态软件是开放式DCS不可缺少的部分，是DCS通用性的表现，组态生成不同的数据实体(包括图形文件、报表文件和控制回路文件等)能使系统满足应用设计要求。

DCS在控制领域的成功之处不仅在于灵活的配套，更在于开发手段的完善，开放的模块化结构、强大的运算能力和通信功能、极高的可靠性、使用和维护上的方便性等，使DCS深受青睐。在这方面，过程监控软件起了重要的作用，它以图形化、仪表化的软件界面使得操作简单而又直观，易于为操作员接受。

新型开放式集散系统将在I/O控制站这一层进一步分散化，并采用现场总线网络技术，形成以现场总线网络为基础的由智能I/O模块构成分布式I/O控制站。也就是说，将传统的DCS集中式的I/O控制站变成分布式的I/O控制站，在DCS网络的下一层再引入一层现场网络，形成控制网络(以现场总线网络为基础)、系统网络(传统的DCS网络)和管理网络(适用于管理控制一体化要求的计算机集成制造系统CIMS的上层网)这样三层网络结构，以此来满足不断提高的应用需要。

引入现场总线网络技术以后，I/O控制站中各个智能I/O模块和智能设备、智能仪表均具有独立运行的能力。这种系统的特点就是各个智能处理单元并不完全依赖上位机的运行，即使在上位机出故障或失败的情况下，各个智能单元仍可独立地运行并执行预定的功

能，甚至可以通过现场总线网相互传递信息，以完成某些协调功能。

8.3 现场总线控制系统

随着控制技术、计算机技术、网络通信技术及智能传感技术的发展，信息交换沟通的领域正在迅速覆盖从工厂的现场设备层到控制管理的各个层次，覆盖从工段、车间、工厂、企业到世界各地的市场。信息技术的飞跃发展，引起了自动化系统结构的变革，逐步形成以网络集成自动化系统为基础的企业信息系统。现场总线就是顺应这一形势发展起来的新技术。

1984 年，现场总线的概念得到正式提出。国际电工委员会(IEC International Electrotechnical Commission)对现场总线(Fieldbus)的定义为：现场总线是一种应用于生产现场，在现场设备之间、现场设备和控制装置之间实行双向、串形、多节点的数字通信技术。不同的机构和不同的人可能对现场总线有着不同的定义，不过通常情况下，大家公认现场总线的本质为以下几个方面：

(1) 现场通信网络　用于过程自动化和制造自动化的现场设备或现场仪表互联的现场通信网络。

(2) 现场设备互联　依据实际需要，使用不同的传输介质把不同的现场设备或者现场仪表相互关联。

(3) 互操作性　用户可以根据自身的需求选择不同厂家或不同型号的产品构成所需的控制回路，从而可以自由地集成 FCS。

(4) 分散功能块　FCS 废弃了 DCS 的输入/输出单元和控制站，把 DCS 控制站的功能块分散地分配给现场仪表，从而构成虚拟控制站，彻底地实现了分散控制。

(5) 通信线供电　通信线供电方式允许现场仪表直接从通信线上摄取能量，这种方式提供用于本质安全环境的低功耗现场仪表，与其配套的还有安全栅。

(6) 开放式互联网络　现场总线为开放式互联网络，既可以与同层网络互联，也可与不同层网络互联，还可以实现网络数据库的共享。

现场总线技术是将专用微处理器置入传统的测量仪表、执行装置中，使得诸如传感器、执行机构、驱动装置等现场设备具备智能化，以完成线性化、量程转换、数字滤波、回路调节等功能。对于这些智能现场设备增加一个串行数据接口是非常方便的。有了这样的接口，控制器只需用一对通信电缆就可把分散的现场设备连接起来，并按其规定的协议通过串行通信方式而不是 I/O 方式完成对现场设备的控制，这就是现场总线的初始想法。应用现场总线技术组成的计算机控制系统称为现场总线控制系统。

8.3.1 现场总线的体系结构

现场总线系统相对于集散系统其体系结构是不同的，主要特点是将 DCS 的“操作站—控制站—现场仪表”三层结构变革为“工作站—现场智能仪表”两层结构。可从以下 6 个方面了解现场总线的体系结构。

(1) 现场通信网络　现场总线将通信一直延伸到生产现场的设备，用来构建把过程自动化和制造自动化的现场设备或现场仪表互连的现场通信网络。图 8.10 所示为现场总线控制系统的网络结构。

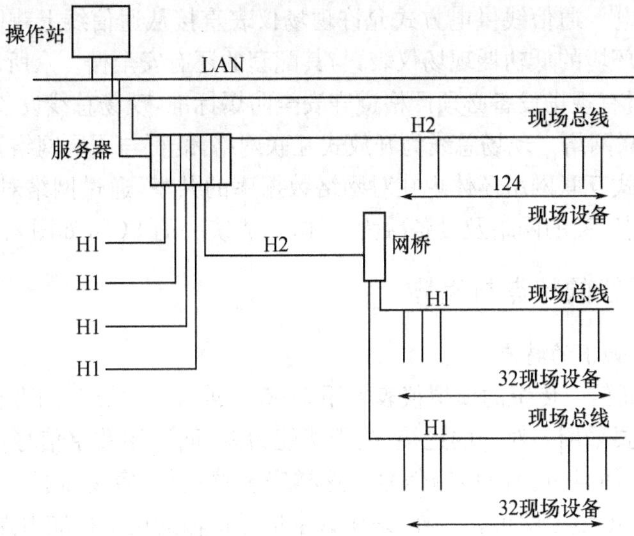

图 8.10　FCS 的网络结构图

(2) 现场设备互连　现场设备或现场仪表主要指变送器、执行器、服务器与网桥、辅助设备和监控设备等，由图 8.10 知，所有以上设备都经过一对传轴线互连。可选择双绞线、同轴电缆、光纤和电源线等作为传输媒介。

(3) 互操作性　工业过程的现场设备和现场仪表的种类繁多，没有任何一家制造商能提供一个工厂所需的所有现场设备和仪表，因而，用户选用不同厂商的产品在所难免。他们希望不同厂商的产品能互换和交互操作，而不用在软、硬件上花费精力。用户特别青睐能选用各厂商性价比最优的产品集成在一起，实现“即接即用”，亦即对不同品牌的现场设备、仪表统一组态，构成所需的控制回路，这就是现场总线设备互操作性的含义。现场设备互连是基本要求，是实现互操作的基础。

(4) 分散功能块　FCS 废弃了 DCS 的控制站及 I/O 单元，并把控制站的功能块分散地分配给现场仪表，构成虚拟控制站。由于功能分散在多台现场仪表中，并可统一组态，供用户灵活选用各种功能块，构成所需控制系统，以达到实现彻底的分散控制，如图 8.11 所示。图 8.11 中，差压变送器含有模拟量输入功能块（AI110），调节阀含有 PID 控制功能块（PID110）及模拟量输出功能块（AO110），这三个功能块构成了流量控制回路。

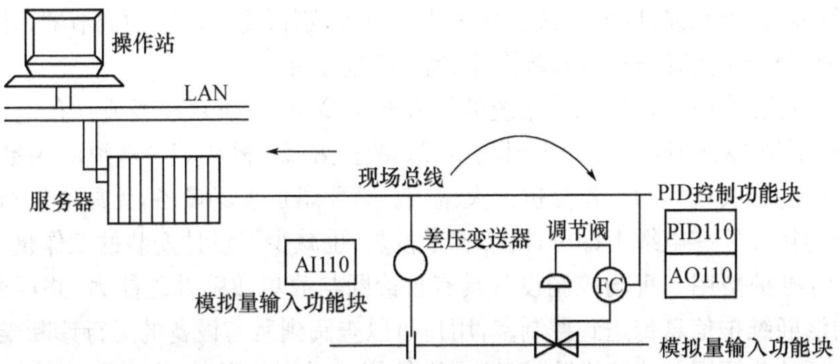

图 8.11　FCS 中的分散功能块

（5）通信线供电　通信线供电方式允许现场仪表直接从通信线上获取能量，这种方式提供用于本质安全环境的低功耗现场仪表，与其配套的还有安全栅。众所周知，许多生产现场有可燃性物质，所有现场设备必须严格遵守安全防爆标准，现场总线设备也不例外。

（6）开放式互联网络　现场总线为开放式互联网络，既可与同层网络互联，也可与不同层网络互联。开放式互联网络还体现在对网络数据库的共享，通过网络对现场设备和功能块统一组态，使不同厂商的网络及设备融为一体，构成统一的 FCS，如图 8.10 所示。

8.3.2　现场总线的特点与优势

1）现场总线有如下的特点

（1）全数字化通信　传统的模拟仪表采用 1～5 V 或 4～20 mA 的直流模拟信号，由于模拟信号的传递需要采用一对一的连接，抗干扰能力差，而采用数字信号传输，一对传输电缆可挂接多个仪表，而且可双向传输信号。这样安装费用低，容易维护。若需增加现场设备，只需并行挂接在电缆上即可。另外，采用数字信号传输的抗干扰能力强，信号精度高。

（2）开放性　开放是指对系统对某种标准的一致公开和对该标准的共同遵守程度，它的标准是公开的。因此，它可以和任何厂商生产的遵守同一标准的系统、设备相连，并进行信号传递和通信。这一特性对系统功能的增加和系统维护是极为方便的。

（3）智能化　由于现场总线设备具有内置高性能的微处理器，很多基本算法被集成到现场设备中，使其具有测量变速、运算、控制及数据通信、自诊断、自标定等功能。

（4）互换性　由于现场总线的标准是一致公开的，不同厂家遵守相同标准的设备可相互连接构成一个系统，并且可互换。这意味着用户可以不必对所有厂家的产品做备件，从而减少了用户备件费用的开支。

（5）风险分散性　现场总线将控制功能彻底下放到现场设备中，通过现场设备就可以构成控制回路，从根本上改变了集中式数字控制系统和现有 DCS 集中、分散结合的集散控制体系结构，从而提高了系统的可靠性和灵活性。

（6）适应性　现场总线工作在现场前端，专为现场环境而设计，支持双绞线、同轴电缆、光纤、射频、红外线、电力线等。传输介质具有较强的抗干扰能力。可采用总线供电，满足安全防爆要求。

2）现场总线系统的优势

（1）节省硬件数量　由于现场总线系统中分散在现场的智能设备能直接执行多种传感、控制、报警和计算功能，因而可减少变送器的数量，不再需要单独的调节器、计算单元等，也不再需要 DCS 系统的信号处理、转换、隔离等功能单元。

（2）节省安装费用　现场总线系统的接线非常简单，一对双绞线或一条电缆上可挂接多个设备，而不像 DCS 那样，要用大量的电缆、端子、槽盒、桥架等。电缆的用量大大减少，使得接线设计与接头校对的工作量也大大减少。若要增加现场设备，无需增设新的电缆，只需就近并行挂接在原有电缆上即可，既节省了投资，也减少了设计安装的工作量。

（3）节省维护费用　现场控制设备具有自诊断与简单故障处理能力，并可通过数字通信将相关的诊断维护信息传送到控制室，用户可以查阅到所有设备的运行诊断维护信息，以便在早期分析故障原因并快速排除，缩短了维护停工时间。同时，由于系统结构的简化，接线简单，减少了维护的工作量。

(4) 用户具有系统集成的主动权　用户可以选择不同厂商提供的设备来集成系统，避免了因选择某一品牌的产品而被限制了使用设备的选择范围，不会在系统集成中出现因协议、接口而带来的不兼容，使系统集成过程中的主动权始终掌握在用户手中。

(5) 提高了系统的准确性与可靠性　由于现场总线设备的智能化、数字化，与模拟信号相比，从根本上提高了测量与控制的精确度，减少了传送误差。同时，由于系统的结构简单、设备与接线减少，提高了系统的工作可靠性。

此外，由于现场总线的设备标准化化、功能模块化，因而现场总线系统还具有设计简单，易于重构等特点。

8.3.3　现场总线通信协议

现场总线是用于支持现场装置，实现传感、变送、调节、控制、监督以及各装置之间透明通信等功能的通信网络，保证网内设备相互透明有序的传递信息和正确理解信息是它的主要任务。此外，随着技术发展和应用需求的提高，将现场总线与上层信息网络有效地集成到一起也是必然的。于是，对现场总线的实质内容——通信协议便提出如下要求：

(1) 通信介质的多样性　支持多种通信介质，以满足不同现场环境要求。

(2) 实时性　信息传送不允许有较大的时延或时延的不确定性。

(3) 信息的完整性、精确性确保通信质量。

(4) 可靠性　具有抗各种干扰的能力和完善的检错、纠错能力。

(5) 可互操作性　不同厂商制造的现场仪表可在同一总线上互相通信和操作。

(6) 开放性　基本符合 OSI 参考模型，形成一个开放系统。

下面简单介绍现场总线的一般通信协议。

现场总线通信协议是参照 ISO/OSI 开放系统互联参考模型而建立的。IEC/ISA 现场总线通信协议模型规定了形成应用进程之间的相互可互操作性、通信方式、层次化的通信功能划分、信息的流向及传送规则。OSI 参考模型共分 7 层，现场总线通信协议则根据自身特点加以简化，采用了物理层、数据链路层和应用层。同时，考虑到现场装置的控制功能和具体应用，又增加了用户层。各功能定义如下：

第一层：物理层 PL(Physical Layer)定义了网络信道上信号与连接方式(基带、宽带、总线型、树形等)、传输介质(双绞线、同轴电缆、光纤和无线传输)、传送速率(低速总线 H1：31.25 kbit/s、高速总线 H2：1 M bit/s 和 2.5 Mbit/s)、每条线路挂连接设备数量(H1：2～32 个、H2：127 个)、最大传输距离(H1：1 900 m，H2：1 M bit/s 时 750 m、2.5 M bit/s 时 500 m)、电源等。当处于数据发送状态时，该层接收数据链路层(DLL)下发的数据，并将以某种电气信号进行编码和发送；当处于数据接收状态时将相应电气信号编码为二进制数，并送链路层。

第二层：数据链路层 DLL(Data Link Layer)定义了物理层与应用层之间的接口，如数据结构、从总线上存取数据的规则、传送差错识别处理等。DLL 分为两个子层：介质存取控制(MAC)子层和逻辑链路控制(LLC)子层，MAC 子层主要实现对共享总线介质的“交通”管理(如令牌传送等)；LLC 子层通过帧数来保证信息的正确性和完整性。

第三层：应用层 FAL(Fieldbus Application Layer)为用户服务，提供适用于应用、应用管理和系统管理的分布式信息服务。应用层也分为两层：现场总线访问子层(FAS)和现场总线报文字层(FMS)。FAS 有三种功能：对象字典服务，即读、写及修改对象描述；变量访问服务，即通过字索引访问每个对象中数组或记录变量；事件服务，即发布事件及报警通知。FMS 也有 3 种服务：一是出版广播数据，用户侦听广播并将其放入内部缓冲区；二是客户端发出请求，服务器发出应答；三是报告分发——源设备广播事件报告，接收设备侦听广播并将其放入内部队列。

第四层：用户层 UL(User Layer)是专门针对自动化领域现场装置的控制和具体应用而设计的。它定义了现场设备数据库间互相存取的统一规则，用户可凭标准功能块(AI、AO、PID 等)组态成系统，并有可实现的用户程序。这是使现场总线标准超过一项通信标准而成为一项系统标准的关键，也是使现场总线控制系统开放与互操作性的关键。

8.3.4 几种典型的现场总线

国际上的现场总线技术产品系统发展迅速，据不完全统计，世界上已出现过的现场总线种类已达 170～200 种。经过十多年的竞争和完善，目前约有 40 种左右的现场总线符合"现场总线"一词的广义理解。符合现场总线国际标准，并具有一定影响力和已占有一定市场份额的现场总线有如下几种：

1) 过程现场总线(PROFIBUS, Process Fieldbus)

PROFIBUS 是一种国际化、开放式、不依赖于设备生产商的现场总线标准。广泛适用于制造业自动化、流程工业自动化和楼宇、交通电力等其他领域自动化。PROFIBUS 是一种用于工厂自动化车间级监控和现场设备层数据通信与控制的现场总线技术。可实现现场设备层到车间级监控的分散式数字控制和现场通信网络，从而为实现工厂综合自动化和现场设备智能化提供可行的解决方案。PROFIBUS 由三个兼容部分组成，即 PROFIBUS-DP (Decentralized Periphery)、PROFIBUS-PA (Process Automation) 和 PROFIBUS-FMS (Fieldbus Message Specification)。

PROFIBUS-DP 是一种高速低成本通信，用于设备级控制系统与分散式 I/O 的通信。使用 PROFIBUS-DP 可取代 24VDC 或 4～20 mA 信号传输。

PORFIBUS-PA 专为过程自动化设计，可使传感器和执行机构连在一根总线上，它遵从 IEC1158-2 标准。

PROFIBUS-FMS 用于车间级监控网络，是一个令牌结构，实时多主网络。它适用于纺织、楼宇自动化、可编程控制器、低压开关等。

PROFIBUS 协议结构是根据 ISO7498 国际标准，以开放式系统互联网络(Open System Interconnection-SIO)作为参考模型的。该模型共有 7 层。PROFIBUS-DP 定义了第 1、2 层和用户接口。第 3 到 7 层未加描述。用户接口规定了用户及系统以及不同设备可调用的应用功能，并详细说明了各种不同 PROFIBUS-DP 设备的设备行为；PROFIBUS-FMS 定义了第 1、2、7 层，应用层包括现场总线信息规范(Fieldbus Message Specification-FMS)和低层接口(Lower Layer Interface-LLI)。FMS 包括了应用协议并向用户提供了可广泛选用的强有力的通信服务。LLI 协调不同的通信关系并提供不依赖设备的第二层访问接口；PROFIBUS 的参考通信模型分层如图 8.12 所示。

ISO/OSI 模型	PROFIBUS-DP	PROFIBUS-FMS
应用层 7	用户楼口	应用层楼口
表示层 6		应用层信息规范 低层楼口
会话层 5		
传输层 4	隐去 3～7 层	隐去 3～6 层
网络层 3		
数据链路层 2	数据链路层	数据链路层
物理层 1	物理层	物理层

图 8.12　PROFIBUS 通信模型分层

在图 8.12 中，可以看出 PROFIBUS 的参考通信模型采用了 OSI 模型的物理层和数据链路层，外设间的高速数据传输采用 DP 型，隐去了第 3～7 层，而增加了直接数据连接拟合，作为用户接口，FMS 型则只隐去了第 3～6 层，采用了应用层。PA 型的标准目前还处于制定过程之中，与 IEC1158-2(H1)标准兼容。

其他现场总线系统相比，PROFIBUS 的最大优点在于具有稳定的国际标准 EN50170 作保证，并经实际应用验证具有普遍性。目前已应用的领域包括加工制造、过程控制和自动化等。PROFIBUS 开放性和不依赖于厂商的通信的设想，已在 10 多万成功应用中得以实现。市场调查确认，在德国和欧洲市场中 PROFIBUS 占开放性工业现场总线系统的市场超过 40%。PROFIBUS 有国际著名自动化技术装备的生产厂商支持，它们都具有各自的技术优势并能提供广泛的优质新产品和技术服务。

2) 基金会现场总线(FF, Foundation Fieldbus)

基金会现场总线是在过程自动化领域得到广泛支持和具有良好发展前景的现场总线技术，它以 ISO/OSI 开放系统互联模型为基础，取其物理层、数据链路层、应用层为基金会现场总线通信模型的相应层次，并在应用层上增加了用户层。用户层主要针对自动化测控应用的需要，定义了信息存取的统一规则，采用设备描述语言规定了通用的功能块集。

基金会现场总线分低速 H1 和高速 H2 两种通信速率。H1 的传输速率为 31.25 kbps，通信距离可达 1 900 m，可加中继器延长，可支持总线供电，支持本质安全防爆环境；H2 的传输速率为 1 Mbps 和 2.5 Mbps 两种，其通信距离分别为 750 m 和 500 m。物理传输介质可支持双绞线、光缆和无线发射，协议符合 IEC1158-2 标准。其物理介质的传输信号采用曼彻斯特编码。

基金会现场总线的主要技术内容包括：基金会现场总线通信协议；用于完成开放互联模型中第 2～7 层通信协议的通信栈(Communication Stack)；用于描述设备特征、参数、属性及操作接口的 DDL 设备描述语言、设备描述字典；用于实现测量、控制、工程量转换等应用功能的功能块；实现系统组态、调度、管理等功能的系统软件技术以及构成集成自动化系统、网络系统的系统集成技术。

FF 现场总线模型结构如图 8.13 所示。它采用了 OSI 模型中的物理层、数据链路层和应用层这 3 层，隐去了第 3～6 层。其中物理层、数据链路层采用 IEC/ISA 标准。应用层有两个子层：现场总线访问子层 FAS 和现场总线信息规范子层 FMS，并将从数据链路到

FAS、FMS 的全部功能集成为通信栈。

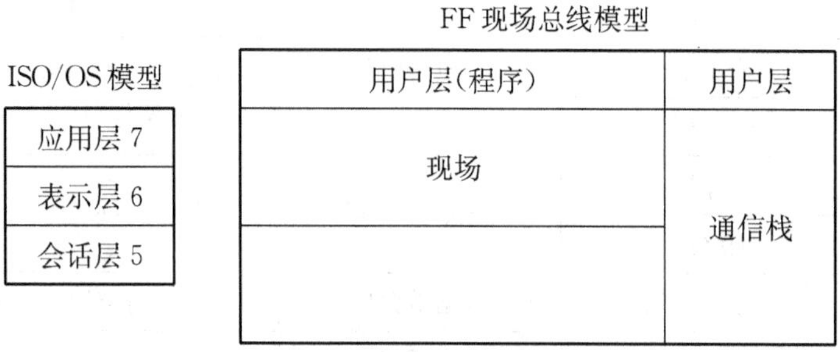

图 8.13　FF 现场总线模型与 OSI

基金会现场总线的现场变送、执行仪表内部都具有微处理器，现场设备内部可以装入控制计算模块，只需通过处于现场的变送、执行器之间连接便可组成控制系统，这个意义上的全分布无疑将增强系统的可靠性和系统的组织灵活性。基金会现场总线的系统是开放的，可由不同制造商生产的测量、控制设备构成。这些设备在产品开发期间通过一致性测试，确保产品与协议规范的一致性。当把不同制造商的产品连接于同一网络系统时，作为网络节点的各设备间应可实现互操作，同时允许不同厂商生产的相同功能设备之间进行相互替换。

基金会现场总线的最大特色就在于它不仅仅是一种总线，而且是个网络系统。

3) *局部操作网络*(LONWORKS, Local Operating Networks)

LONWORKS 是又一具有强劲实力的现场总线技术。它采用了 ISO/OSI 模型的全部 7 层通信协议，这 7 层的作用和所提供的服务如图 8.14 所示。它采用了面向对象的设计方法，通过网络变量把网络通信设计简化为参数设置，其通信速率从 300 bps 至 1.5 Mbps 不等，直接通信距离可达 2 700 m(78 kbps，双绞线)；支持双绞线、同轴电缆、光纤、射频、红外线、电力线等多种通信介质，并开发了相应的本质防爆安全产品，被誉为通用控制网络。

模型分层	作用	服务
应用层 7	网络应用程序	标准网络变量类型:组态性能，文件传送，网络服务
表示层 6	数据表示	网络变量:外部帧传送
会话层 5	远程传送控制	请求/响应，确认
传输层 4	端路传输可靠性	单路/多路应答服务，重复信息服务，复制检查
网络层 3	报文传递	单路/多路寻址，路径
数据链路层 2	媒体访问与成帧	成帧，数据编码，CRC 校验，冲突回避/仲裁，优先级
物理层 1	电气连接	媒体特殊细节(如调制)，收发种类，物理连接

图 8.14　LONWORKS 模型分层

LONWORKS 技术产品已被广泛应用在楼宇自动化、家庭自动化、保安系统、办公设备、交通运输、工业过程控制等行业。在开发智能通信接口、智能传感器方面，LONWORKS 神经元芯片也具有独特的优势。

4) *控制器局域网络*(CAN, Control Area Network)

CAN 控制局域网络是由德国 Bosch 公司推出的，用于汽车检测与控制部件之间的数据通信。其总线规范现已被 ISO 国际标准组织制定为国际标准,它广泛应用在离散控制领域。CAN 协议也是建立在国际标准组织的开放系统互联模型的基础之上,不过其模型结构只有 3 层,即只取 OSI 底层的物理层、数据链路层和顶层的应用层。

CAN 的通信速率为 5 kbps(10 km)、1 Mbps(40 m),可挂接设备数最多达 110 个,信号传输介质为双绞线或光纤等;CAN 采用点对点、一点对多点及全局广播几种方式发送接收数据;CAN 可实现全分布式多机系统且无主、从机之分,每个节点均主动发送报文。

CAN 总线遵循开放系统互联 OSI 模型,工作在物理层、数据链路层和顶层的应用层,CAN 协议只规定了最下面两层的协议规范,对最高层即应用层的协议没有规定。物理层又分为物理信令(PLS, Physical Signaling)、物理媒体附件(PMA, Physical Medium Attachment)与媒体接口(MDI, Medium Dependent Interface)3 个部分。可以完成电气连接、实现驱动器/接收器特性、定时、同步、位编码解码。数据链路层分为逻辑链路控制(LLC, Logic Link Control)子层与媒体访问控制(MAC,Medium Access Control)子层两部分。它们分别完成接收滤波、超载通知、恢复管理以及应答、帧编码、数据封装拆装、媒体访问管理、出错检测等。其模型如图 8.15 所示。

数据链路层	LLC MAC
物理层	PAL PMA MDI

图 8.15 CAN 通信模型

CAN 属于总线式串行通信网络,由于采用了许多新技术及独特的设计,与一般的通信总线相比,CAN 总线的数据通信具有突出的可靠性、实时性和灵活性。其特点可概括如下:

(1) CAN 为多主从式工作,网络上任一节点均可在任意时刻主动地向网络上其他节点发送信息,而不分主从,通信方式灵活,无需站地址等节点信息。

(2) CAN 网络上的节点信息分成不同层次的优先级,可满足不同的实时要求,高优先级的数据最多可在 134 ms 内得到传输。

(3) CAN 采用非破坏性总线仲裁技术,当多个节点同时向总线发送信息时,优先级较低的节点会主动地退出发送,而最高优先级的节点可不受影响地继续传输数据,从而大大节省了总线冲突仲裁时间。

(4) CAN 只许通过报文滤波,可实现点对点、一点对多点及全局广播传输方式,无需专门的“调度”。

(5) CAN 的直接通信距离 10 km(速率 5 kbps 以下),通信速率最高可达 1 Mbps。

(6) CAN 上的节点数取决于总线驱动电路,最多可达 110 个。

(7) CAN 采用短帧结构。每一帧的有效字节数为 8 个,传输时间短,受干扰概率低,具有极好的检错效果。

(8) CAN 的每帧信息都有 CRC 校验及其他检错措施,保证数据出错率低。

(9) CAN 的通信介质可为双绞线、同轴电缆或光纤,选择灵活。

(10) CAN节点在错误严重的情况下具有自动关闭输出功能，以便总线上其他节点的操作不受影响。

8.3.5　现场总线控制系统

现场总线控制系统FCS是基于现场总线技术，将各个控制节点按照公开、规范的通信协议经现场总线连接而成的网络控制系统。它将控制功能完全下放到底层网络控制节点，实现现场设备之间、现场设备与外界之间的信息交换和对现场仪表和设备的控制操作，并能进行统一的操作管理。现场总线控制系统如图8.16所示。

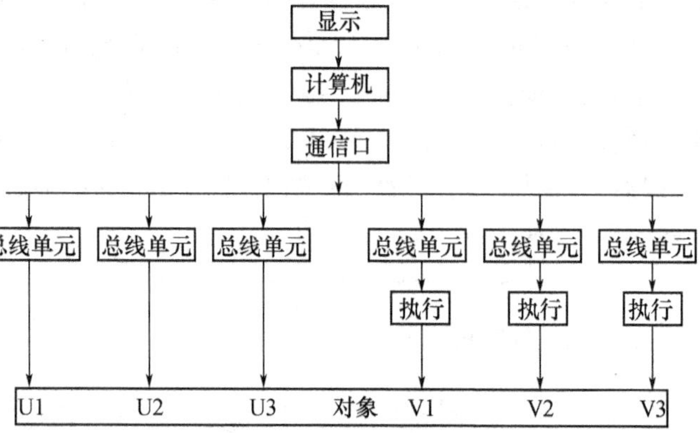

图8.16　现场总线控制系统

现场控制网络一般包括ISO/OSI 7层模型中的3层：物理层、数据链路层和应用层，现场总线还要完成与上层信息系统的数据交换和传递。因此，统一的现场总线网络模型应该具有3层结构。

(1) 现场智能设备层。现场智能设备处于最底层，智能设备采用功能模块结构，通过组态设计完成数据的采集、A/D转换、数字滤波、温度压力补偿、PID控制等各种功能。

(2) 现场总线监控层。中间层是现场总线监控层。这一层从现场设备中获得数据，完成各种控制、运行参数的监测、报警和趋势分析等功能；还包括控制组态的设计和下装。

(3) 远程监控层。监控层除了上述功能外，还为实现先进控制和过程操作优化提供支撑环境。上层是基于Internet的远程监控层。其主要目的是在分布式网络环境下，构建一个安全的远程监控系统。

现场总线控制系统的结构具有如下的特点：

(1) 采用具有数字通信能力的仪表作为现场设备，用一对双绞线连接多个现场设备，改变了模拟系统中设备一对一的连接方式，简化了系统的结构。

(2) 设备的输入/输出功能和控制站的控制功能可分散在各现场智能设备上。

(3) 系统的可靠性高。因为智能节点的智能仪表具有独立的测量、校正、调节和诊断等功能，任何节点的故障都只影响该节点本身，不会影响系统。

8.3.6　现场总线的发展

现场总线技术是控制、计算机、通讯技术的交叉与集成，几乎涵盖了所有连续、离散工业领域，如过程自动化、制造加工自动化、楼宇自动化、家庭自动化等。它的出现和快速发展体现了控制领域对降低成本、提高可靠性、增强可维护性和提高数据采集的智能化的要求。现场总线技术的发展体现为两个方面：一个是低速现场总线领域的不断发展和完善；另一个是高速现场总线技术的发展。而目前现场总线产品主要是低速总线产品，应用于运行速率较低的领域，对网络的性能要求不是很高。从实际应用状况看，大多数现场总线，都能较好地实现速率要求较低的过程控制。因此，在速率要求较低的控制领域，谁都很难统一整个市场。就目前而言，由于FF基金会几乎集中了世界上主要自动化仪表制造商，其全球影响力日益增加，但其在中国市场营销力度似乎不足，市场份额不是很高，LonWorks形成了全面的分工合作体系，在国内有一些实质性的进展，在楼宇自动化、家庭自动化、智能通信产品等方面，LonWorks则具有独特的优势。在离散制造加工领域，由于行业应用的特点和历史原因，Profibus和CAN经在这一领域形成了自己的优势，具有较强的竞争力。国内厂商的规模相对较小，研发能力较差，更多的是依赖技术供应商的支持，比较容易受现场总线技术供应商(芯片制造商等)对国内的支持和市场推广力度的影响。而且，还有一个不可忽视的一点就是在构建自动化管理系统时，选择的上位机，比如组态软件对总线设备的支持程度，有些监控组态软件，比如紫金桥监控组态软件或者InTouch等对一些主流的总线设备比如LonWorks、PROFIBUS、CAN等有着良好的支持，通过DDE、OPC或者直接连接等方式进行通讯，采集数据。这样可以方便用户的选择，而一些组态软件则支持的种类较少，是用户选择的范围也随之减少。

思考题与习题8

8.1　什么是现场总线？简述其优缺点？

8.2　现场总线的特点？现场总线系统与集散控制系统的区别？

8.3　常用的现场总线有哪几种？

8.4　什么是集中控制系统？什么是分散控制系统？两者之间有什么区别？

8.5　分散控制系统的发展趋势是什么？

8.6　现场总线控制控制系统由哪几部分组成？

9 计算机控制系统的设计

前面几章详细地介绍了计算机控制系统各部分的工作原理、硬件和软件技术，它们是计算机控制系统设计的基础，本章介绍计算机控制系统的设计方法。由于计算机控制的对象的多样性而且涉及很多学科，实际的计算机控制系统千差万别，所以计算机控制系统的设计方法和步骤并不是唯一的。下面主要介绍计算机控制系统一般设计原则和步骤，并介绍两个计算机控制系统的设计实例。

9.1 计算机控制系统的设计原则

对于不同的控制对象，系统设计方案和具体的技术指标是不同的，但系统设计的原则是一致的。系统首先要满足工艺要求，其次是可靠性要高，操作性能要好，实时性要强，通用性要好，经济效益要高。计算机控制系统设计的具体原则有以下几点：

1）满足工艺要求

在设计计算机控制系统时，首先应满足生产过程所提出的各项要求，应用计算机控制的目的就是为了实现生产过程的自动化。因此，必须在设计之前，先熟悉应实现的控制规律和控制系统所要达到的性能指标。指标低于生产工艺的要求是不允许的，但也不能片面追求高指标、忽略成本，那样是不切合实际的。

2）实时性强

控制计算机的实时性表现在对内部和外部事件能及时地响应，并做出相应的处理，不丢失信息，不延误操作。计算机处理的事件一般分为两类，一类是定时事件，如数据的定时采集、运算控制等；另一类是随机事件，如事故、报警等。对于定时事件，系统设置时钟，保证定时处理；对于随机事件，系统设置中断，并根据故障的轻重缓急，预先分配中断级别，一旦事故发生，保证优先处理紧急故障。

3）使用维护方便

使用方便表现在操作简单、直观形象、便于掌握，并不强求操作工要掌握计算机知识才能操作。维修方便体现在易于查找故障、易于排除故障。采用标准的功能模板式结构，便于更换故障模板。并在功能模板上安装工作状态指示灯和监测点，便于维修人员检查。另外配置诊断程序，用来查找故障。

4）通用性和扩展性好

计算机控制系统的控制设备不可能是一成不变的，系统设计时应考虑设备更新、控制对象的增减，以便于二次开发。采用硬件模块化和软件模块化的积木式结构，可随时按照不同的控制要求，灵活地进行扩充。

工业控制机（特别是工业 PC 机）的通用灵活性体现在两方面，一是硬件模板设计采用标准总线结构，配置各种通用的功能模板，以便扩充功能时，只需增加功能模板就能实现；二是软件模块或控制算法采用标准模块结构，用户使用时只需按要求选择各种功能模块，灵活地进行控制系统组态即可。

5）经济合理

计算机控制应该带来高的经济效益，系统设计时要考虑性能价格比。对于生产工艺简单的生产过程，可以选用档次较低的控制计算机，以降低成本；对于要求反映速度快、运算精度高的生产过程，应选用档次较高的控制计算机。经济效益表现在两个方面，一是系统设计的性能价格比要尽可能的高；二是投入产出比要尽可能的低。

6）安全可靠

控制计算机不同于一般的用于科学计算或管理的计算机，它的工作环境比较恶劣，周围的各种干扰随时威胁着它的正常运行，而它所担当的重任又不允许发生异常。一旦控制系统出现故障，轻者造成生产停顿，重者造成重大经济损失，甚至出现人身伤亡事故。因此，在设计过程中，要采取一切可能的措施来提高系统的可靠性，并设计各种安全保护措施，如各种报警、事故预测与处理等。为防止计算机控制系统发生故障，应设计后备装置。一般控制回路可用手动操作器作后备，重要回路可用常规仪表作后备，或者用双机方式。对于较大的系统，应注意功能分散。

9.2 计算机控制系统的设计过程

计算机控制系统的设计可分为以下几个过程：系统总体方案设计、控制计算机的选择、现场设备的选择、接口电路设计、软件设计、系统调试与运行。其中控制计算机的选择、现场设备的选择、接口电路设计属于硬件设计。下面从这几个方面说明计算机控制系统的设计过程。

1）系统总体方案设计

在系统的总体方案设计前首先进行可行性调研，其目的是分析完成这个项目的可能性，进行这方面的工作，可参考国内外有关资料，看是否有人做过类似的工作。如果有，则可分析他人是如何进行这方面工作的，有什么优点和缺点，有什么值得借鉴的；如果没有，则需要进一步调研，此时的重点应放在能否实现这个环节上。首先从理论上进行分析，探讨实现的可能性，所要求的客观条件是否具备，然后结合实际情况，确定能否立项的问题。在进行可行性调研后，下一步就是系统总体方案的设计。根据系统的要求，首先确定出系统的被控参数是采用开环控制还是闭环控制，或者是数据处理系统。若属于顺序控制或者数字程序控制一类则是开环控制。而温度、流量等控制系统一般是闭环控制系统。如果是闭环控制系统，还要确定出整个系统是采用直接数字控制还是采用计算机监督控制或者采用分布式控制。

总体方案要形成文件，其主要内容如下：

(1) 系统的主要功能、技术指标、原理性框图及文字说明。

(2) 控制算法。

(3) 系统的硬件结构及配置，软件的功能框图。

(4) 保证性能指标要求的技术措施。

(5) 抗干扰和可靠性设计。

(6) 机柜的结构设计。

(7) 经费和进度计划的安排。

对总体设计方案要进行合理性、经济性、可靠性及可行性论证。论证通过后，便可形成作为系统设计依据的系统总体方案图和设计任务书，以指导具体的系统设计过程。

2) 控制计算机的选择

系统构成方式可优先采用工业 PC 机，工业 PC 机具有开放的标准化总线结构和各种各样的接口板卡，以有利于系统的模块化设计。工业 PC 机的生产都是按工业标准进行的，已考虑到了工控环境的恶劣性，元器件都进行了严格筛选与老化，并通过合理的结构设计和采用电磁兼容技术、备份技术和可靠性保证技术等，使得工业 PC 机产品各项指标都很高。这种方式的优点是可缩短开发周期，缺点是价格较高。

采用通用可编程序控制器(PLC)或智能调节器构成计算机控制系统(如分散型控制系统、分级控制系统、工业网络)的前端机(或下位机)。这种方案适用于分散的小型控制系统，价格适中，缺点是人机界面不如工控机的 CRT 丰富多彩。

采用单片机做控制核心器件，扩展或配置外围接口电路后，设计能完成任务的最小系统。因单片机已有的功能不够用而增加一些外围电路称为系统扩展；对于单片机没有的功能而增加一些外围电路称为系统配置。这种方案的优点是系统设计最为经济，没有多余的元器件；缺点是仅适用于分散的小型控制系统，开发周期长，要求设计人员必须具有丰富的硬件知识。

当系统规模较大，自动化水平要求高，或者集控制与管理为一体时，应选用集散系统(DCS)或现场总线系统(FCS)。

3) 现场设备选择

现场设备主要包含变送器和执行机构，这些装置的选择要正确，它是影响系统控制精度的重要因素之一。

变送器的功能是将被测变量转换为可远传的统一标准信号(0～10 mA、4～20 mA 等)。常用的变送器有温度变送器、压力变送器、液位变送器、差压变送器、流量变送器等。DDZ-Ⅲ型变送器输出的是 4～20 mA 信号，供电电源为 24 V(DC)且采用二线制，可以方便地和计算机接口。DDZ-S 系列变送器是在总结 DDZ-Ⅱ型和 DDZ-Ⅲ型变送器的基础上，吸取了国外同类变送器的先进技术，采用模拟技术与数字技术相结合而开发出的新一代变送器。此外现场总线仪表也将被推广应用。系统设计人员可根据被测参数的种类、量程、被测对象的介质类型和环境来选择变送器的具体型号。

执行机构是控制系统中必不可少的组成部分，它的作用是接受计算机发出的控制信号，并把它转换成调整机构的动作，使生产过程按预先规定的要求正常运行。执行机构分为气动、电动和液压三种类型。气动执行机构的特点是结构简单、价格低、防火防爆；电动执行机构的特点是体积小、种类多、使用方便；液压执行机构的特点是推力大、精度高。常用的执行机构为气动和电动的。

在计算机控制系统中，将 0～10 mA 或 4～20 mA 电信号经电气转换器转换成标准的 0.02～0.11 MPa 气压信号之后，即可与气动执行机构(气动调节阀)配套使用。电动执行机构(电动调节阀)直接接受来自工业控制机的输出信号(4～20 mA 或 0～10 mA)，并实现控制作用。另外，还有各种有触点和无触点开关，也是执行机构，它们可实现开关动作。电磁阀作为一种开关阀在工业中也得到了广泛的应用。选择气动调节阀、电动调节阀、电磁阀、有触点和无触点开关之中的哪一种，要根据系统的要求来确定。但要实现连续的、精确的控制目的，必须选用气动或电动调节阀，而对要求不高的控制系统可选用电磁阀。

4) 接口电路设计

用工控机组建控制系统的方法能使系统硬件设计的工作量减到最小。工控机有完成工业控制所需的各种功能模板，设计人员只需根据系统要求选择合适的模板和设备，就可方便地组成系统。一般选择接口电路的内容如下：

(1) 根据 AI、AO 点数、分辨率和控制精度，以及采样速度等选择 A/D、D/A 模板。

(2) 根据 DI、DO 点数和其他要求(如交流还是直流、功率大小等)选择开关量输入/输出模板。

(3) 根据程序和数据量的大小等选择存储器模板。

(4) 根据人机联系方式选择相应的接口模扳。

(5) 根据需要选择各种外设接口模板、通信模板等。

选择接口模板要依据所用工控机的总线标准，常用的有 PC 总线、PCI 总线、PC/104 总线。

对于由单片机组成的控制系统，设计接口电路的方法是采用一些常用的接口芯片，如用 8155、8255、8253 和一些译码驱动芯片，如 74LS138、74LS244、74LS245 等组成接口电路。了解这些芯片的引脚功能和与 CPU 的连线方法及编程初始化后，设计接口电路还是很方便的。

5) 软件设计

建立系统的数学模型和确定控制算法中，选用什么控制算法才能使系统达到要求的控制指标，是系统设计的关键问题之一。控制算法的选择与系统的数学模型有关，在系统的数学模型确定后，便可推导出相应的控制算法。由于被控对象多种多样，相应的数学模型也各异，所以控制算法也是多种多样的，如数字 PID 控制、最少拍控制、模糊控制、最优控制算法等。一般工业过程的准确数学模型不易获得，这时可采用数字 PID 控制，通过参数的在线整定，可达到较为满意的控制效果。对于快速随动系统，可选用最少拍控制算法；对具有纯滞后特性的控制对象，可选用纯滞后补偿或达林控制算法；对具有时变、非线性特性的控制对象以及难以建立数学模型的控制对象，可尝试模糊控制算法等。对同一个控制对象，往往可以采用不同的控制算法通过仿真试验进行分析对比，以选择最佳的控制算法。

用工业 PC 机组建的计算机控制系统不仅可以减少系统硬件设计的工作量，而且还能减少系统软件设计工作量。利用工业控制组态软件(如美国的 iFIX、国产的组态王)，可使设计者在短时间内开发出目标系统软件。组态软件把工业控制所需的各种功能以模块形式提供给用户。其中包括：控制算法模块(多为 PID)，运算模块(四则运算、开方、最大值/最小值选择、一阶惯性、超前滞后、工程量变换、上下限报警等数十种)，定时/计数模块，逻辑运算模块，输入/输出模块，打印模块，CRT 显示模块等。系统设计者根据控制要求，选择所需的模块就能生成系统控制软件。为了便于系统组态，商家还提供了与计算机连接的各种控制仪表的驱动程序，使用户设计应用软件非常便捷。此外，组态软件还提供了组态语言，用于用户自己编制一些特殊的算法。但并不是所有工控机都能给系统设计带来上述的方便，有些工控机只能提供硬件设计的方便，而应用软件需自行开发。

若选择用单片机开发控制系统，则系统的全部硬件、软件一般均需自行开发。自行开发控制软件时，应先画出程序总体流程图和各功能模块流程图，再选择程序设计语言，然后编制程序。程序编制应先模块后整体。具体程序设计内容有以下几个方面。

（1）数据类型和数据结构规划

在系统总体方案设计中，系统的各个模块之间有着各种因果关系，互相之间要进行各种信息传递。例如，数据处理模块和数据采集模块之间的关系，数据采集模块的输出信息就是数据处理模块的输入信息。同样，数据处理模块和显示模块、打印模块之间也有这种产销关系。各模块之间的关系体现在它们的接口条件上，即输入条件和输出结果上。为了避免产销脱节现象，就必须严格规定好各个接口条件，即各接口参数的数据结构和数据类型。这一步工作可以这样来做：将每一个执行模块要用到的参数和要输出的结果列出来，对于与不同模块都有关的参数，只取一个名称，以保证同一个参数只有一种格式，然后为每一参数规划一个数据类型和数据结构。

数据类型可分为逻辑型和数值型，但通常将逻辑型数据归到软件标志中去考虑。数值型可分为定点数和浮点数。定点数具有直观、编程简单、运算速度快的优点，缺点是所能表示的数值动态范围小，容易溢出。浮点数则相反，数值动态范围大、相对精度稳定、不易溢出，但编程复杂，运算速度低。

如果某参数是一系列有序数据的集合，如采样信号序列，则不只有数据类型问题，还有一个数据存放格式问题，即数据结构问题。这里不再讨论。

（2）资源分配

完成数据类型和数据结构的规划后，便可开始分配系统资源。系统资源包括 ROM、RAM、定时/计数器、中断源、I/O 地址等。ROM 资源用来存放程序和表格。I/O 地址、定时/计数器、中断源在任务分析时已经分配好了，因此资源分配的主要工作是 RAM 资源的分配。RAM 资源规划好后，应列出一张 RAM 资源的详细分配清单作为编程依据。

（3）实时控制程序设计

① 数据采集及处理程序　数据采集及处理程序主要包括多路信号的采样、输入变换、存储等。模拟输入信号为 0～10 mA(DC)或 4～20 mA(DC)电流、毫伏级电压和热电阻信号等。前两种可以直接作为 A/D 转换模板的输入（电流经 I/U 变换变为 0～5 V(DC)或 1～5 V(DC)电压输入），后两种经放大器放大到 0～5 V(DC)后再作为 A/D 转换模板的输入。开关触点状态通过数字量输入(DI)模板输入，输入信号的点数可根据需要选取。数据处理程序主要包括数字滤波程序、线性化处理和非线性补偿、标度变换程序、越限报警程序等。

② 控制量输出程序　控制量输出程序实现对控制量的处理（上、下限和变化率处理）、控制量的变换及输出，驱动执行机构或各种电气开关。控制量也包括模拟量和开关量输出两种。模拟控制量由 D/A 转换模板输出。D/A 模板输出大多是电压信号，很多时候还要将其转换成标准的 0～10 mA(DC)或 4～20 mA(DC)电流信号，该信号驱动执行机构，如各种调节阀。开关量控制信号驱动各种电气开关。

③ 控制程序　控制程序是整个软件的核心，其内容由控制系统类型和算法确定，有顺序控制、PID 控制、模糊控制、最优控制等。

④ 时钟和中断处理程序　时钟有绝对时钟和相对时钟两种。绝对时钟也称为实时时钟，它与当地的时间同步，有年、月、日、时、分、秒等功能。相对时钟与当地时间无关，以开机通电时为 0 计起，一般只有时、分、秒。许多实时任务如采样周期、定时显示打印、定时数据处理等都必须利用时钟来实现，并由定时中断服务程序去执行相应的动作或处理动作状态标志等。另外，事故报警、掉电检测及处理、重要事件处理等功能的实现也常常使用中断技术，以便计算机能对事件做出及时处理。用中断进行事件处理必须靠相应的硬件电路来完成。

⑤ 数据管理程序这部分程序用于生产管理，主要包括画面显示、变化趋势分析、报警记录、统计报表打印输出等。

⑥ 数据通信程序主要完成计算机与计算机之间、计算机与智能设备之间的信息传递和交换。这个功能主要用在分散型控制系统、分级计算机控制系统、工业网络等系统中。

6）系统调试与运行

系统的调试与运行分为离线仿真调试阶段和在线调试运行阶段。离线仿真调试阶段一般在实验室或非工业现场进行；在线调试与运行阶段是在生产过程工业现场进行。其中离线仿真与调试阶段是基础，其目的是检查硬件和软件的整体性能，为现场投运作准备；现场投运是对全系统的实际考验与检查。系统调试的内容很丰富，碰到的问题千变万化，解决的方法也多种多样，并没有统一的模式。

（1）离线仿真调试

硬件调试包括对各种标准功能模板的调试，要按照说明书检查其主要功能。在调试 A/D和 D/A 模板之前，必须准备好信号源、数字电压表、电流表等。对这两种模板首先检查信号的零点和满量程，然后再分档检查，比如满量程的 25%、50%、75%、100%，并且上行和下行来回调试，以便检查线性度是否合乎要求。如多路开关板，应测试各通路是否能正确切换。利用开关量输入和输出程序来检查开关量输入(DI)和开关量输出(DO)模板。测试时可在输入端加开关量信号，检查读入状态的正确性，可在输出端检查(用万用表)输出状态的正确性。硬件调试还包括现场仪表和执行机构，如压力变送器、差压变送器、流量变送器、温度变送器以及电动或气动调节阀等。这些仪表必须在安装之前按说明书要求校验完毕。如果是分级计算机控制系统和分散型控制系统，还要调试通信功能，验证数据传播的正确性。

软件调试的顺序是子程序→功能模块→主程序。有时为了能调试某些程序，可能要编写临时性的辅助程序。系统控制模块的调试应分为开环和闭环两种情况进行。开环调试是检查它的阶跃响应特性，闭环调试是检查它的反馈控制功能。当所有的子程序和功能模块调试完毕，就可以用主程序将它们连接在一起，进行整体调试。整体调试的方法是自底向上逐步扩大。首先按分支将模块组合起来，以形成模块子集；调试完各模块子集，再将部分模块子集连接起来进行局部调试；最后进行全局调试。这样，经过子集、局部和全局三步调试完成整体调试工作。整体调试是对模块之间连接关系的检查，通过整体调试能够把设计中存在的问题和隐含的缺陷暴露出来，基本上消除编程上的错误，为以后的在线调试及运行打下良好的基础。

硬件和软件分别调通后，并不意味着系统调试已经结束，必须再进行系统统调，即硬件和软件联合调试。在系统统调的基础上，进行长时间的运行考验(称为考机)，并根据实际运行环境的要求,进行特殊运行条件的考验。例如,高温和低温剧变运行试验、振动和抗电磁干扰试验、电源电压剧变和掉电试验等。

(2) 在线调试和运行

在上述调试过程中,尽管工作很仔细,检查很严格,但仍然没有经受实践的考验。因此,在现场进行在线调试和运行过程中,设计人员与用户要密切配合,在实际运行前制定一系列调试计划、实施方案、安全措施、分工合作细则等。现场调试与运行过程是从小到大,从易到难,从手动到自动,从简单回路到复杂回路逐步过渡。为了做到有把握,现场安装及在线调试前先要进行下列检查:

① 检测元件、变送器、显示仪表、调节阀等,保证精确度要求。

② 各种接线和导管必须经过检查,保证连接正确。

③ 对在流量中采用隔离液的系统,要在清洗好引压导管以后,灌入隔离液。

④ 检查调节阀能否正确工作。旁路阀及上下游截断阀关闭或打开,要搞正确。

⑤ 检查系统的干扰情况和接地情况,如果不符合要求,应采取措施。

⑥ 对安全防护措施也要检查。

经过检查并已安装正确后,即可进行系统的投运和参数的整定。投运时应先手动运行,待系统运行无误后,再切入自动运行。

9.3 微型计算机控制的自动装箱系统

在工业生产中,常常需要对产品进行计数、包装。在以前技术落后的情况下,都是用人工完成的,不但麻烦,而且效率低,劳动强度大。随着微型计算机控制技术的发展和普遍应用,对此类系统的设计带来了极大的方便。在本节中,主要介绍自动装箱系统的设计方法,该系统可用于诸如啤酒、饮料等连续生产线上。

9.3.1 自动装箱控制系统的原理

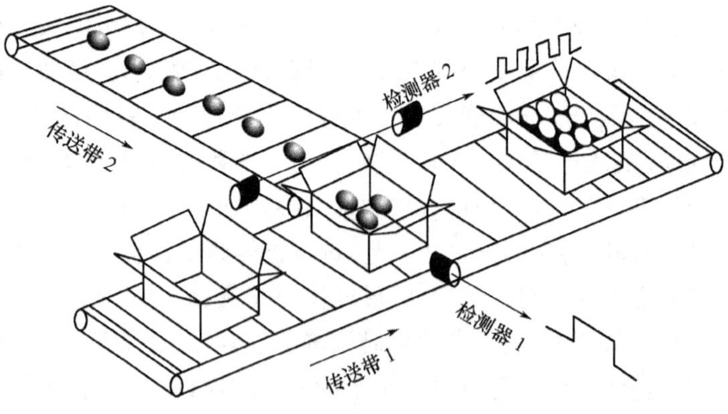

图 9.1 产品自动装箱系统的原理图

某产品自动装箱系统的原理如图 9.1 所示。该系统主要由传送带和检测器等组成。其主要功能如下:

(1) 传送带1　把已经装满的包装箱运走,并用一只空箱来代替。

(2) 检测器1　检测包装箱是否到位。使空箱恰好对准产品传送带的末端,使传来的产品刚好落入箱中。

(3) 传送带2　将产品从生产车间传送到包装箱。

(4) 检测器2　当某一产品被送到传送带的末端,会自动落入箱内,并由检测器2转换成计数脉冲。

产品计数可以由硬件完成,也可以用软件来完成。本系统采用软件计数方法。

系统工作步骤如下:

(1) 用键盘设置每个包装箱的满箱零件数量以及每批产品的箱数,并分别存在PARTS和BOXES单元中。

(2) 接通电源,使传送带1的驱动电机运转,带动包装箱前行。通过检测光电传感器1的状态,判断传送带1上的包装箱是否到位。

(3) 当包装箱运行到检测器1的光源和光传感器的中间时,关断电机电源,使传送带1停止运动,等待产品装箱。

(4) 启动传送带2的驱动电机,使产品沿传送带向前运动,并装入箱内。

(5) 当产品一个一个地落下时,将产生一系列脉冲信号,用检测器2检测从检测器2来的输出脉肿,由计算机进行计数,并不断地与存放在PARTS单元中的给定值进行比较。

(6) 当零件数值未达到给定值时,控制传送带2继续运动(装入产品),直到零件个数与给定值相等时,停止传送带2,不再装入零件。

(7) 再次启动传送带1,使装满零件的箱体继续向前运动,并把存放箱子数的内存单元加1,然后再与给定的产品箱数进行比较。如果箱数不够,则带动下一个空箱到达指定位置,继续上述过程。直到产品箱数与给定值相等,停止装箱过程,等待新的操作命令。

只要传送带2上的零件和传送带1上的箱子足够多,这个过程可以连续不断地进行下去。这就是产品自动包装生产线的流程。必要时操作人员可以随时通过停止(STOP)键停止传送带运动,并通过键盘重新设置给定值,然后再启动。

9.3.2　控制系统硬件设计

针对上述任务,采用8031单片机设计一个最小系统。为了读键盘给定值及完成检测和控制,系统中扩展一片8255A可编程接口及程序存储器EPROM 2764。其原理系统图如图9.2所示。

如图9.2中所示,8031,74LS373,2764组成最小系统。8031通过8255A的PB口实现给定值或零件计数显示。PA口读入键盘的给定值,PC口高4位设为输入方式,用于检测光电管和START,STOP两个键的状态。PC口低4位设为输出方式,其中PC_0控制传送带1的动力电机,PC_1控制传送带2的动力电机。

为了提高系统的可靠性及减少误操作,用PC_2,PC_3两条I/O线控制两个状态指示灯,D_1为红色,D_2为绿色。当系统出现问题,如没有设置给定值时,启动START键,则D_1灯亮,提醒操作者注意,需重新设置参数后再启动。如果系统操作运行正常,则绿灯D_2亮。

下面介绍给定值电路及控制电路。

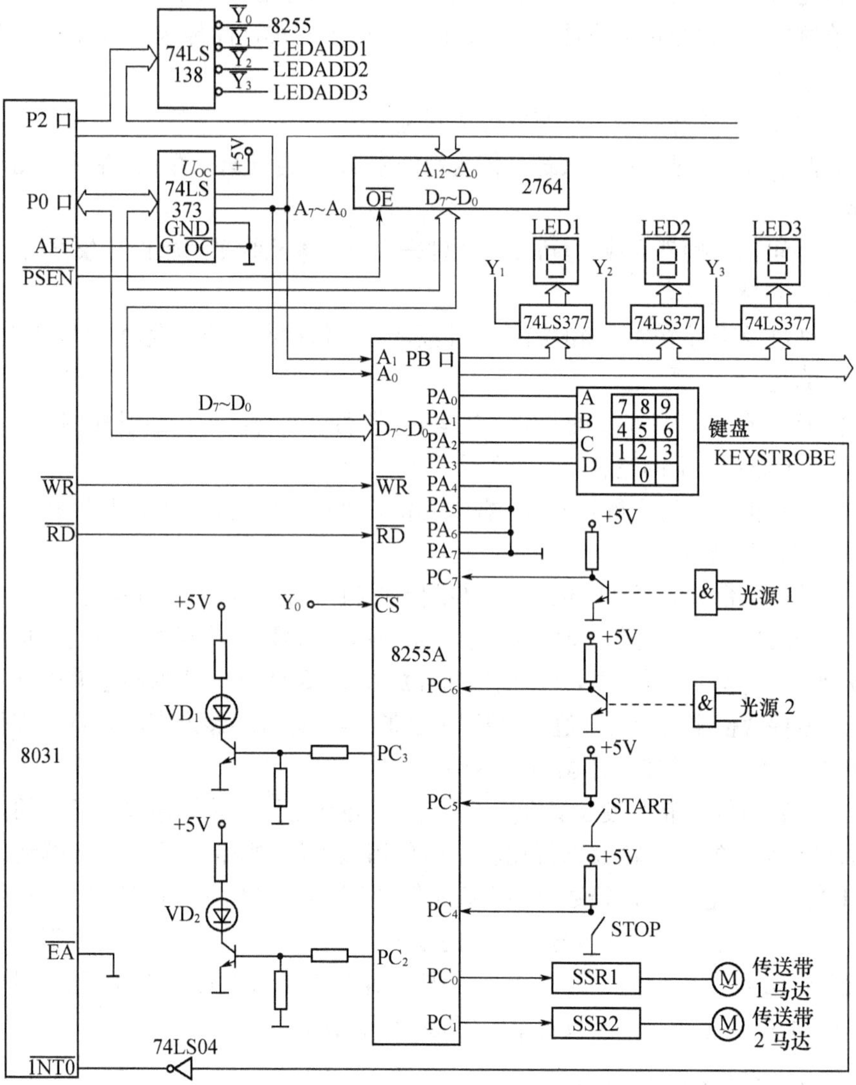

图 9.2　包装系统控制原理图

1）给定值电路

如图 9.2 所示，8255A 为给定值输入接口。为了使系统简单，设计了一个由二极管矩阵组成的编码键盘，如图 9.3 所示。

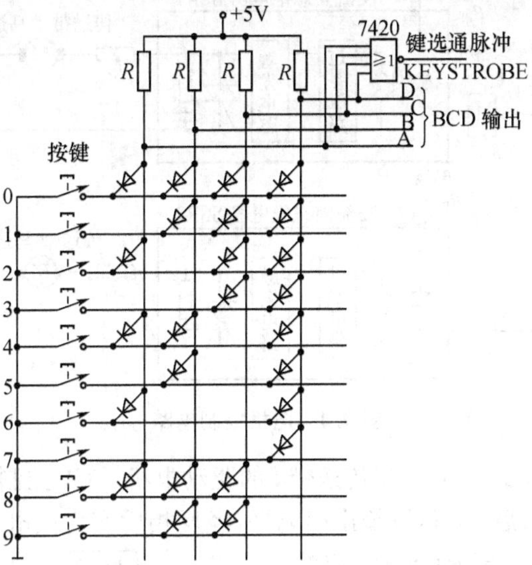

图 9.3 编码键盘原理图

键盘输出信号 D,C,B,A(BCD 码)分别接到 8255A 的 A 口 $PA_3 \sim PA_0$,键选通信号 KEYSTROBE(高电平有效),经反向器接到 8031 的 INT0 管脚。当某一个键按下时,KEYSTROBE 为高电平,经反相后的下降沿向 8031 申请中断。8031 响应后,读入 BCD 码值,作为给定值,并送显示。由于系统设计只有 3 位显示,所以最多只能给定 999。输入顺序为从最高位(百位数)开始。

当键未按下时,所有输出端均为高电平。当有键按下后,该键的 BCD 码将出现在输出线上。例如,按下"6"键时,与键 6 相连的两个二极管导通,所以 D、A 线上为低电平,B、C 仍为高电平,因此输出编码为 0110,其余依次递推。

当任何一个键按下时,四输入与非门 7420 产生一个高电平选通信号 KEYSTRORE,此信号经反相器后向 8031 申请中断。

2) 控制电路

包装系统控制电路主要由信号检测和传送带电机控制两部分组成。光电检测器 1 用来判断包装箱是否到位,光电检测器 2 用来装箱零件计数;下面主要介绍一下电机控制电路。

为了提高抗干扰能力,系统采用了光电隔离技术。电机可以采用多种方法控制,如固态继电器(SSR)、可控硅(SCR)及大功率场效应管等。本系统采用固态继电器(SSR1 和 SSR2),其控制电路原理如图 9.4 所示。

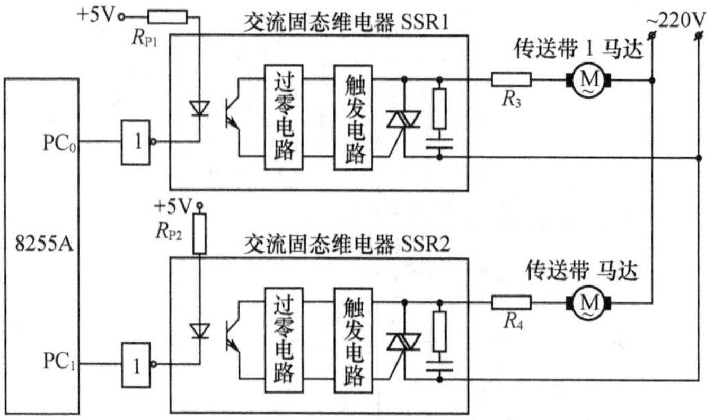

图 9.4　电机控制电路

在图 9.4 中,8255A 的 PC0 控制传送带 1 的驱动电机,PC1 控制传送带 2 的驱动电机。当按下启动键(START)后,使 PC0 输出高电平,经反相后变为低电平,固态继电器(SSR1)发光二极管亮,因而使得 SSR1 导通,交流电机通电,使传送带 1 带动包装箱一起运动。当包装箱行至光源与光电检测器 1 之间时,光被挡住,使光电传感器输出为高电平。当微型机检测到此高电平后,PC0 输出低电平,传送带 1 电机停止,并同时使传送带 2 电机通电(PC1 输出高电平),带动零件运动,使零件落入包装箱内。当零件经过检测器 2 的光源与光电传感器之间时,光电传感器输出高电平。当微型机检测到此信号后在计数器中加 1,并送显示。然后再与给定的零件值进行比较。如果计数值小于给定值,则继续计数;一旦计数值等于给定值,则停止计数。此时关断传送带 2 的电源,并接通传送带 1 的电源,让装满零件的箱子移开,同时带动下一个空箱到位,并重复上述过程。

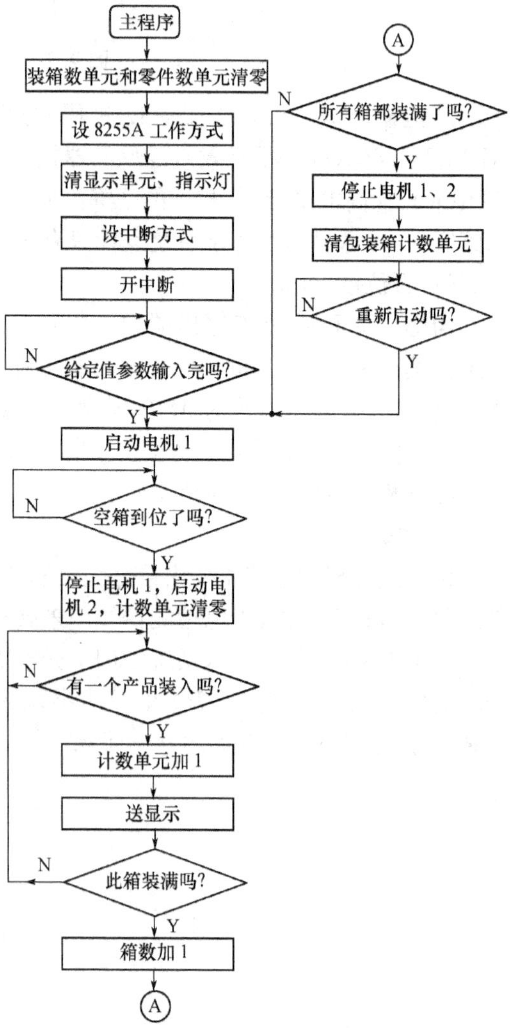

图 9.5　包装控制系统主程序框图

9.3.3　控制系统软件设计

通过上述分析可知,本系统键盘的作用主要是输入给定值。当给定值设定后,在包装过程中就不再改动。因此为了提高实时性,系统通过中断方式(INT0)做键盘处理。对包装箱是否到位及零件计数,则采用查询方法,如图 9.5 所示。

中断服务程序主要用来设定给定值,当

给定键盘有键按下时，KEYSTROBE 输出高电平，经反相器后向 8031 申请中断。在中断服务程序中，读入该键盘给定值，一方面存入相应的给定单元（PARTS 或 BOXES）；另一方面送去显示，以便操作者检查输入的给定值是否正确。本程序输入的顺序是先输入包装箱数（3 位，最大值为 999，按百位、十位、个位顺序输入），然后再输入每箱装的零件数（3 位，最大值为 999，输入顺序同包装箱）。完成上述任务的中断服务程序流程如图 9.6 所示。

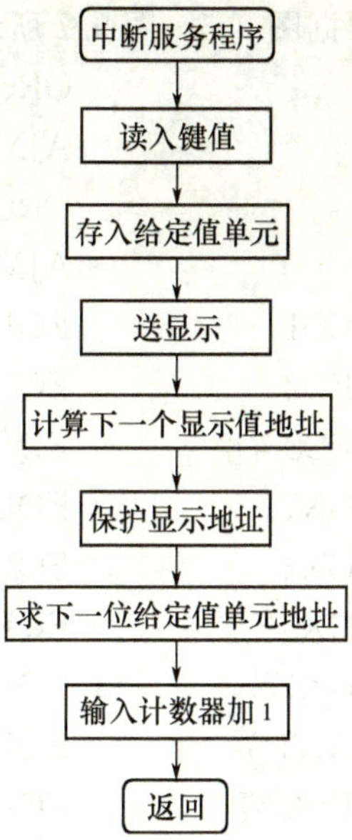

图 9.6　输入给定值中断服务程序

为了设计如图 9.5 和图 9.6 所示的程序，首先需设置有关内存单元。这里用 8031 内部 RAM 的 20H 单元的 00H～03H 4 位分别代表电机 1、电机 2、报警和正常运行标志单元；用 21H 单元的 08H 和 09H 两位作为零件及包装箱计数标志单元。当计数值等于给定值时，则此两位标志单元置 1，否则为 0。一旦此标志单元为 1，则停止计数，把装满的包装箱运走并重新运来一个空箱；若包装箱数已够，则重新开始下一轮包装生产控制过程。如果计数单元超过给定值，将产生报警，告知操作人员计数有误，此时系统会自动停下来，等待操作人员处理。该系统内存单元分配如图 9.7 所示。

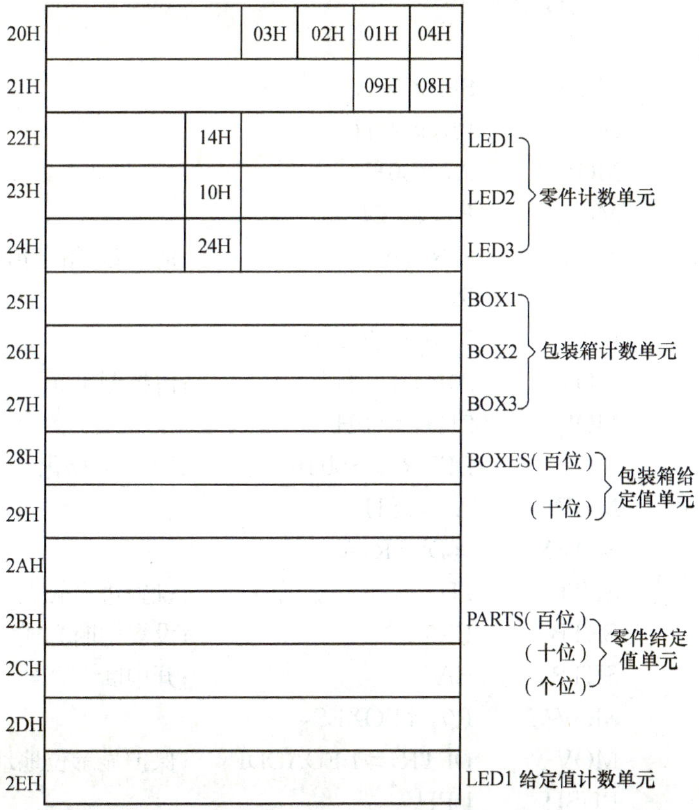

图 9.7　系统内存单元分配

根据图 9.5～图 9.7 所示可编写出该系统控制程序如下：

```
                ORG 0000H
                AJMP MAIN
                ORG 0003H
                AJMP INT0
LED1            EQU 22H                 ;零件计数单元(百位)
LED2            EQU 23H                 ;(十位)
LED3            EQU 24H                 ;(个位)
BOX1            EQU 25H                 ;包装箱计数单元(百位)
BOX2            EQU 26H                 ;(十位)
BOX3            EQU 27H                 ;(个位)
BOXES           EQU 28H                 ;包装箱给定值首地址
PARTS:          EQU 2BH                 ;零件给定值首地址
PRECNT          EQU 2EH                 ;给定值次数计数单元
LEDADD1         EQU 8400H               ;百位数显示位地址
LEDADD2         EQU 8800H               ;十位数显示位地址
LEDADD3         EQU 8C00H               ;个位数显示位地址
BUFF            EQU 2FH                 ;缓冲单元
                ORG 0100H
;控制主程序
MAIN:       MOV     SP,#50H
            MOV     R0,#22H
            MOV     A,#00H
            MOV     R1,#0DH
CLRZERO:    MOV     @R0,A               ;清计数、给定值单元
            INC     R0
            DJNZ    R1,CLRZERO
            MOV     20H,#00H            ;清控制单元
            MOV     21H,#00H
            MOV     DPTR,#8003H         ;8255 初始化
            MOV     A,#98H
            MOVX    @DPTR,A
            SETB    IT0                 ;设置边沿触发方式
            SETB    EX0                 ;设置中断方式
            SETB    EA                  ;开中断
            MOV     R0,#BOXES
            MOV     DPTR,#LEDADD1       ;保护显示位地址
            PUSH    DPH
            PUSH    DPL
```

```
            MOV     DPTR,#8002H
WAIT:       MOV     A,PRECNT          ;等待设置给定参数
            CJNE    A,#06,WAIT        ;判断是否输入完给定值
WORK:       SETB    00H               ;设置启动传送带电机位
            SETB    03H               ;设置工作正常指示灯位
            MOV     A,20H             ;启动电机 1 和正常指示灯
            MOV     DPTR,#8002H
            MOVX    @DPTR,A
LOOP1:      MOVX    A,@DPTR
            JNB     ACC.7,#LOOP1      ;判断包装箱是否到位
            MOV     LED1,#00H         ;清零件计数单元
            MOV     LED2,#00H
            MOV     LED3,#00H
            LCALL   DISPLAY           ;显示零件数
            CLR     00H               ;停包装箱传送带电机位
            SETB    01H               ;设置启动零件传送电机位
            MOV     A,20H             ;启动零件传送电机
            MOV     DPTR,#8002H
            MOVX    @DPTR,A
LOOP2:      MOV     DPTR,#8002H
            MOVX    A,@DPTR
            JNB     ACC.6,LOOP2       ;判断是否有零件
            JNB     ACC.4,STOP        ;判断是否按下停止键
            LCALL   PARTADD1          ;零件加 1
            LCALL   DISPLAY           ;显示已装入的零件数
            LCALL   PARTCOMP          ;与给定值比较
            JB      08H,STOPM         ;已装满
            AJMP    LOOP2             ;未装满,继续等待装入
SROPM:      LCALL   BOXADD1           ;包装箱数加 1
            LCALL   BOXCOMP           ;看是否已装够箱数
            JB      09H,FINISH        ;如果箱数已装够,则结束
            LJMP    WORK              ;否则将继续换新箱包装
FINISH:     CLR     00H               ;全部装完,不用重新设置
                                      ;参数,即可继续包装
            CLR     01H
            MOV     A,20H
            MOVX    @DPTR,A
            MOV     BOX1,#00H         ;包装箱计数单元清零
            MOV     BOX2,#00H
```

```
            MOV     BOX3,#00H
LOOP3:      MOV     DPTR,#8002H       ;判断是否重新启动
            MOVX    A,@DPTR
            JB      ACC.5,LOOP3
            LJMP    WORK              ;再进行下一轮包装
;停止键处理程序
STOP:       CLR     00H               ;停传送带电机
            CLR     01H
            MOV     A,20H
            MOVX    @DPTR,A
            LJMP    MAIN              ;转到主程序,等待重新
                                      ;输入新的给定值
;中断服务子程序,设定给定值
INT0:       MOV     DPTR,#8000H       ;读入给定值
            MOVX    A,@DPTR
            MOV     @R0,A
            MOV     DPTR,#8001H
            MOVX    @DPTR,A
            POP     DPL               ;取出显示位地址
            POP     DPH
            MOVX    @DPTR,A           ;显示给定值
            MOV     A,DPH
            ADD     A,#04H            ;求下一个显示位地址
            MOV     DPH,A
            PUSH    DPH               ;保护下一位显示地址
            PUSH    DPL
            INC     R0                ;计算下一个给定值地址
            INC     PRECNT            ;设置参数计数
            RETI
;显示零件数子程序
DISPLAY:    MOV     A,LED1            ;取百位数
            MOV     DPTR,#SEGTBL
            MOVC    A,@A+DPTR         ;取显示码
            MOV     DPTR,#8001H       ;送显示数据到B口
            MOVX    @DPTR,A
            MOV     DPTR,#LEDADD1     ;显示百位
            MOVX    @DPTR,A
            MOV     A,LED2            ;取十位数
            MOV     DPTR,#SEGTBL
```

```
          MOVC      A,@A+DPTR
          MOV       DPTR,8001H
          MOVX      @DPTR,A
          MOV       DPTR,#LEDADD2      ;显示十位
          MOVX      @DPTR,A
          MOV       A,LED3             ;取个位数
          MOV       DPTR,#SEGTBL
          MOVC      A,@A+DPTR
          MOV       DPTR,#8001H
          MOVX      @DPTR,A
          MOV       DPTR,#LEDADD3      ;显示个位
          MOVX      @DPTR,A
          RET
SEGTBL    DB        3FH,06H,5BH,4FH,66H,6DH,7DH,07H,7FH,67H
PARTADD1: MOV       R0,#LED3           ;零件数加1子程序
          MOV       A,@R0
          ADD       A,#01H
          DA        A
          JB        24H,ADD2
          RET
ADD2:     CLR       24H
          DEC       R0
          MOV       A,@R0
          ADD       A,#01H
          DA        A
          JB        1CH,ADD3
          RET
ADD3:     CLR       1CH
          DEC       R0
          MOV       A,@R0
          ADD       A,#01H
          DA        A
          JB        14H,ADD4
          RET
ADD4:     CLR       14H
          MOV       R0,#00H
          RET                          ;零件数比较子程序
PARTCOMP: MOV       R0,#PARTS          ;给定零件数地址
          MOV       R1,#LED1
```

```
;零件数计数单元首地址
            MOV     R2,#03H
COMP1:      MOV     A,@R0
            MOV     BUFF,@R1
            CJNE    A,BUFF,COMP2
            INC     R0
            INC     R1
            DJNZ    R2,COMP1
            SETB    08H             ;已装满,置装满标志
            RET
COMP3:      CLR     08H
            RET
COMP2:      JNC     COMP3
            LJMP    ALARM
;包装箱计数比较子程序
BOXCOMP:    RET
;包装箱加1子程序
BOXADD1:    RET
;报警处理子程序
ALARM:      SETB    02H
            CLR     00H
            CLR     01H
            CLR     03H
            MOV     A,20H
            MOV     DPTR,#8002H
            MOV     @DPTR,A
            LJMP    MAIN
```

9.4　单片机控制的温度控制系统

在现代化的工业生产中,电流、电压、温度、压力、流量、流速和开关量都是常用的主要被控参数。例如:在冶金工业、化工生产、电力工程、造纸行业、机械制造和食品加工等诸多领域中,人们都需要对各类加热炉、热处理炉、反应炉和锅炉中的温度进行检测和控制。采用MCS-51单片机来对温度进行控制,不仅具有控制方便、组态简单和灵活性大等优点,而且可以大幅度提高被控温度的技术指标,从而能够大大提高产品的质量和数量。因此,单片机对温度的控制问题是一个工业生产中经常会遇到的问题。本节主要介绍由8031单片机组成的温度控制系统的组成原理及程序设计方法。

9.4.1 温度控制系统的组成

该系统被控对象为用燃烧天然气加热的 8 座退火炉，天然气烧嘴选用自带空气形式。退火炉用于钢材的热处理，以改变钢材的物理性能。被测参数是温度，测量范围为 0～1 000 ℃。为此，采用 8031 单片机作为主机，其原理如图 9.8 所示。

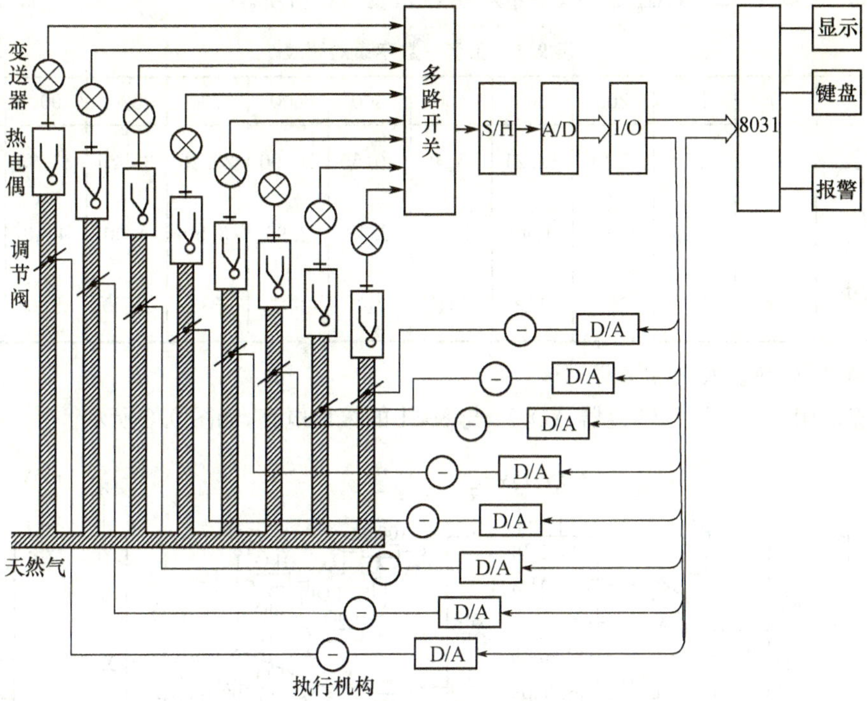

图 9.8 退火炉微机控制系统原理图

在图 9.8 中，被测参数温度值由热电偶 T-1 测量后得到 mV 信号，经变送器转换成 0～5 V 电压信号，由多路开关把 8 座退火炉的温度测量信号分时地送到采样/保持器和 A/D 转换器，进行模拟/数字转换。转换后的数字量通过 I/O 接口传入到处理器，在 CPU 中进行数据处理(数字滤波，标度变换和数字控制计算)后，一方面送去显示，并判断是否需要报警；另一方面与给定值进行比较，然后根据偏差值进行控制计算。控制器输出经 D/A 转换器转换成 4～20 mA 电流信号，以带动电动执行机构动作。当采样值(温度)大于给定值时，把天然气阀门关小，反之将开大阀门。这样，通过改变进入退火炉的天然气的流量，达到控制温度的目的。本系统不但可以进行恒温控制，而且可以通过软件设计按着一定的升温曲线控制。

当系统中某座退火炉发生超低(或高)限报警时，将发出声光报警信号，提醒操作人员注意，并采取相应措施。

9.4.2 温度控制系统的硬件设计

控制系统的硬件设计是系统设计的基础，具有重要意义。主要设计内容包括温度测量、A/D 转换、单片机系统、键盘操作系统、温度显示电路、报警电路、D/A 转换等部分。下边分步介绍硬件电路设计方法。

1) 检测原件及温度变送器

因为退火炉的温度测量范围为 0～1 000 ℃，所以检测元件选用镍铬—镍铝热电偶(分度号为 K)，其对应输出信号为 0～41.264 3 mV。温度变送器选用集成一体化变送器，在 0～1 000 ℃时对应输出为 0～5 V。本系统使用 12 位 A/D 转换器，故采样分辨度为 1 000/4 096≈0.25 ℃/LSB。其温度—数字量对照表如表 9.1 所示。

表 9.1　温度—数字量对照表

温度(℃)	0	100	200	300	400	500	600	700	800	900	1 000
热电偶输出(mV)	0	4.10	8.14	12.21	16.40	20.65	24.90	29.13	33.29	37.33	41.66
变送器输出(V)	0	0.49	0.98	1.47	1.97	2.48	2.99	3.50	4.00	4.48	5.00
A/D 输出(H)	000	191	322	4B3	64E	7F0	991	B33	CCD	E56	FFF

2) A/D 转换器及数据采样

系统采用 12 位 A/D 转换器 AD574 与 8031 的接口电路，如图 9.9 所示。

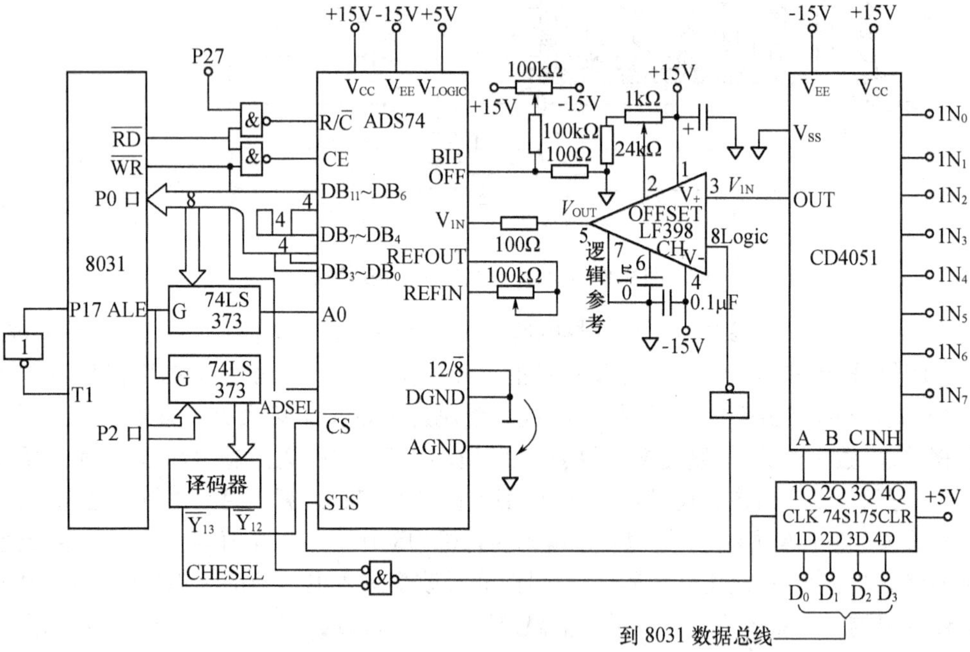

图 9.9　数据采集系统原理图

如图 9.9 所示，被测参数经多路开关 CD4051 选通后，送到采样/保持器的输入端。到底哪一路被选中，由多路开关的选择控制端 C、B、A 以及禁止锁存端 INH 控制。采样/保持器的工作状态由 A/D 转换器的转换结束标志 STS 的状态控制。当 A/D 转换正在进行时，STS 输出为高电平，经反相后，变为低电平，送到 S/H 的逻辑控制端(Logic)，使 S/H 处于保持状态，此时即可开始 A/D 转换。转换后的数字量由 8031 的数据总线分两次读到 CPU

寄存器。

转换结束后，STS 由高电平变为低电平，反相后呈高电平，因而使 S/H 进入采样状态。这种方法不必单独送 S/H 控制信号，所以使系统运行速度加快。

3) 键盘/显示接口电路

为了使操作人员能够随时掌握每个炉子的温度变化情况，设计了 4 位 LED 显示器。设显示缓冲单元为 28H 和 29H，第 1 位用来指示通道号，第 2～4 位用来显示温度，最大为 999 ℃。根据系统的需要，显示方法设计成两种方式：(1) 自动循环显示，在这种方式下，计算机可自动地把采样的 1# ～8# 退火炉的温度不间断地依次进行显示；(2) 定点显示，即操作人员可随时任意查看某一座退火炉的温度，且两种显示方式可任意切换。

为了完成系统操作，系统设置了一个 4×4 矩阵键盘，其中 0～9 为数字键，A～F 为功能键。键盘的主要功能是完成参数设置、显示方式选择、自动/手动安排，以及系统的启动和停止。

键盘与显示电路通过可编程接口芯片 8255A 与单片机连接，其原理电路如图 9.10 所示。

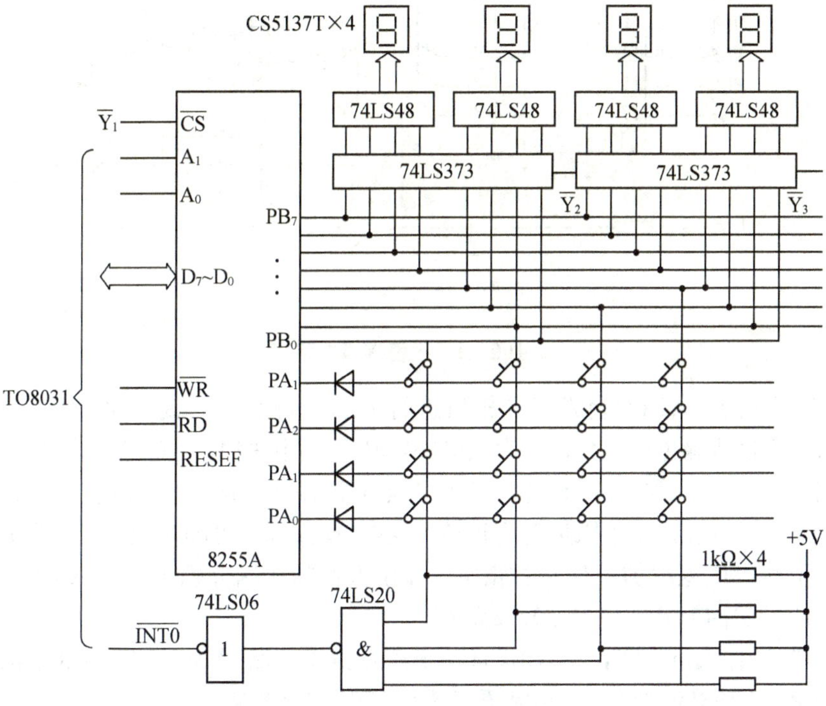

图 9.10 键盘/显示接口电路

从图 9.10 中可以看出，8255A 的 B 口作为显示接口。本系统采用静态显示，74LS373 为锁存器。74LS48 为共阴极译码/驱动器，LED 数码管采用 CS5137T。键盘为 4×4 矩阵键盘，8255A 口的 PA_3～PA_0 为行扫描接口，从 B 口的 PB_3～PB_0 读入列值，该系统键盘处理为中断方式。由此可见，8255A 的 B 口工作在两种方式下：在显示状态下为输出方式；在键盘中断服务程序处理过程中为输入方式。为此，只需在相应操作前重新设置 8255A 的工作方式即可。

4）报警电路

除了显示电路之外，为了安全生产，系统设计有报警电路，如图 9.11 所示。

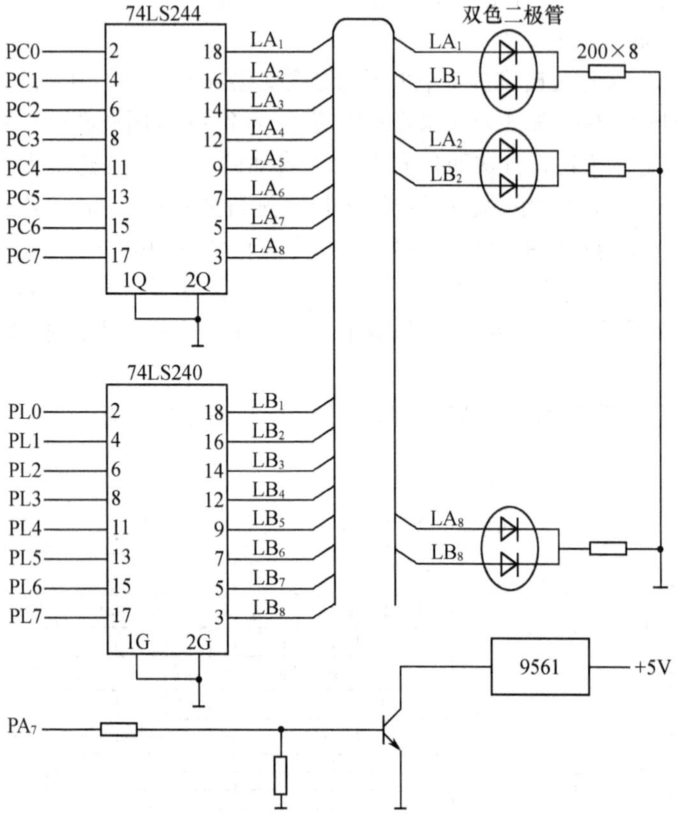

图 9.11　报警接口电路

如图 9.11 所示，采用双色发光二极管进行显示。当 LA_i 为高电平，而 LB_i 为低电平时，发光二极管显示绿色；反之，LA_i 为低电平，LB_i 为高电平时，发光二极管显示红色；若两者均为高电平时，显示黄色。系统每个发光二极管指示一座退火炉，温度正常时显示绿色，高于上限值时呈红色，低于下限值时为黄色。这样，操作人员可随时根据双色发光二极管的显示颜色，了解每座退火炉工作是否正常。显示颜色的控制分别由 8255A 的 C 口（PC_7～PC_0）和 8031 的 P1 口（P1.7～P1.0）来完成。

为了引起操作人员注意，系统还设计一个声音报警电路（如图 9.11 中的下部所示），用 8255A 的 PA_7 驱动晶体管 8050，控制语音芯片 9561 带动喇叭发音。

5）译码电路

为了使各个接口能正常工作，系统需要对所有端口进行地址分配。根据系统中接口的数量，采用 74LS154（4-16 译码器），可译出 16 个地址。其接口电路如图 9.12 所示。

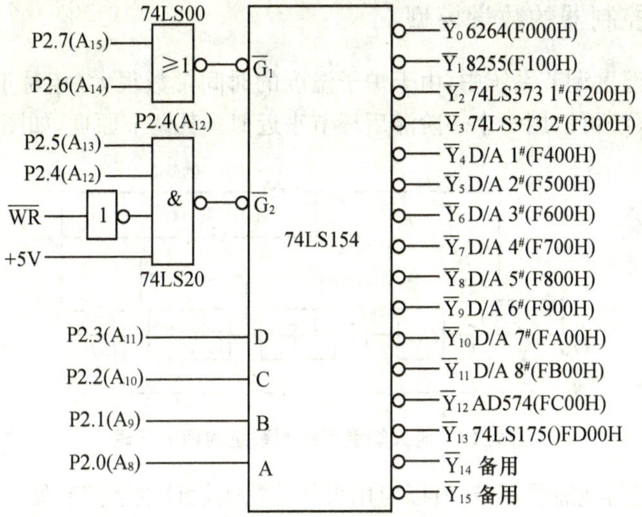

图 9.12 地址译码器接口电路

如图 9.12 所示，地址总线 A_{15}、A_{14} 控制译码器的控制端 $\overline{G_1}$。A_{13}、A_{12} 控制译码器的控制端 $\overline{G_2}$。A_{11}～A_8 接译码器选择控制端 D、C、B、A。译码器输出与各端口之间的关系如图 9.12 所示。由此可分析出各端口地址如下：

A_{15}	A_{14}	A_{13}	A_{12}	A_{11}	A_{10}	A_9	A_8	A_7～A_0		
1	1	1	1	0	0	0	0	0～0	$\overline{Y_0}$	F000H
1	1	1	1	0	0	0	1	0～0	$\overline{Y_1}$	F100H
1	1	1	1	0	0	1	0	0～0	$\overline{Y_2}$	F200H
1	1	1	1	0	0	1	1	0～0	$\overline{Y_3}$	F300H
1	1	1	1	0	1	0	0	0～0	$\overline{Y_4}$	F400H
1	1	1	1	0	1	0	1	0～0	$\overline{Y_5}$	F500H
1	1	1	1	0	1	1	0	0～0	$\overline{Y_6}$	F600H
1	1	1	1	0	1	1	1	0～0	$\overline{Y_7}$	F700H
1	1	1	1	1	0	0	0	0～0	$\overline{Y_8}$	F800H
1	1	1	1	1	0	0	1	0～0	$\overline{Y_9}$	F900H
1	1	1	1	1	0	1	0	0～0	$\overline{Y_{10}}$	FA00H
1	1	1	1	1	0	1	1	0～0	$\overline{Y_{11}}$	FB00H
1	1	1	1	1	1	0	0	0～0	$\overline{Y_{12}}$	FC00H
1	1	1	1	1	1	0	1	0～0	$\overline{Y_{13}}$	FD00H

此外，本系统还设有 8 个 D/A 转换电路，分别将处理器输出给各路的控制量转换成模拟量，送至对应的执行机构。采用 DAC0832，输出为 4～20 mA。关于 D/A 转换接口，此处不再重复。

9.4.3 数字控制器的数学模型

众所周知，在温度调节系统中，由于炉子温度的时间常数很大（相对于采样周期而言），所以其闭环调节系统可以用一个一阶滞后环节来近似。其调节原理，如图 9.13 所示。

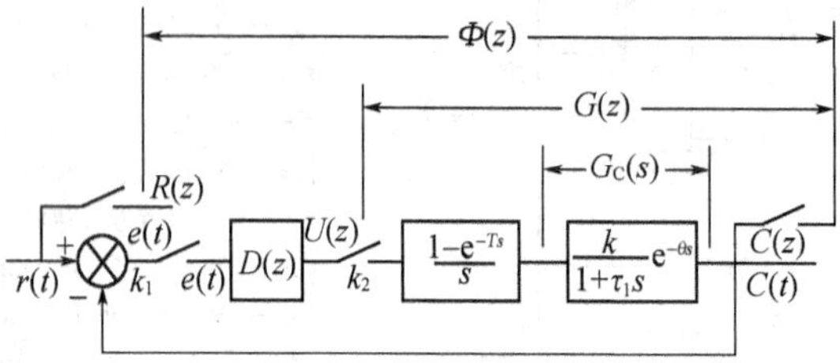

图 9.13 退火炉温度控制系统的调节原理

由于整个系统为纯滞后环节，所以应用大林算法来设计数字控制器。

由图 9.13 所示可知，炉子的传递函数为

$$G_C(s) = \frac{K}{1+\tau_1 s}e^{-\theta s} \tag{9.1}$$

式中，τ_1—— 退火炉时间常数；

K—— 调节系统总的放大倍数；

θ—— 系统的纯滞后时间，且 $\theta = NT$，T 为采样周期。

把如图 9.8 中所示的 D/A 转换器划归零阶保持器内，其传递函数为 $\frac{1-e^{-Ts}}{s}$，则整个对象加上零阶保持器的广义传递函数为：

$$G(s) = \frac{1-e^{-Ts}}{s}\frac{K}{1+\tau_1 s}e^{-\theta s} \tag{9.2}$$

因此，可求出其广义脉冲传递函数：

$$\begin{aligned} G(z) &= Z[G(s)] \\ &= Z\left[\frac{1-e^{-Ts}}{s}\frac{K e^{-NTs}}{1+\tau_1 s}\right] \\ &= K\frac{z^{-N-1}(1-e^{\frac{-T}{\tau_1}})}{1-e^{\frac{-T}{\tau}}z^{-1}} \end{aligned} \tag{9.3}$$

根据大林算法，其系统的整个闭环脉冲传递函数为：

$$\Phi(z) = \frac{(1-e^{-\frac{T}{\tau}})z^{-N-1}}{1-e^{-\frac{T}{\tau}}z^{-1}}$$

故根据数字控制器的设计，可得：

$$\begin{aligned} D(z) &= \frac{\Phi(z)}{G(z)[1-\Phi(z)]} \\ &= \frac{(1-e^{-\frac{T}{\tau_1}}z^{-1})(1-e^{-\frac{T}{\tau}})}{K(1-e^{-\frac{T}{\tau_1}})[1-e^{-\frac{T}{\tau}}z^{-1}-(1-e^{-\frac{T}{\tau}})z^{-N-1}]} \end{aligned} \tag{9.4}$$

式中：T——采样周期；

τ_1——对象的时间常数；

τ——闭环系统的时间常数。

式(9.4)即为退火炉按大林算法得出的数字控制器的数学模型。

为了用计算机实现比较方便,把式(9.4)再进一步简化为:

$$D(z)=\frac{a_0-a_1z^{-1}}{1-b_1z^{-1}-b_2z^{-N-1}} \tag{9.5}$$

其中:

$$\left.\begin{aligned} a_0&=\frac{1-e^{-\frac{T}{\tau}}}{K(1-e^{-\frac{T}{\tau_1}})}\\ a_1&=\frac{e^{-\frac{T}{\tau_1}}-e^{-(\frac{T}{\tau_1})-(\frac{T}{\tau})}}{K(1-e^{-\frac{T}{\tau_1}})}\\ b_1&=e^{-\frac{T}{\tau}}\\ b_2&=1-e^{-\frac{T}{\tau}} \end{aligned}\right\} \tag{9.6}$$

当由系统的飞升特性曲线确定出 τ 及 τ_1 后,系数 a_0,a_1,b_1,b_2 则可分别求出。

将式(9.5)所示的数字控制器用差分方程表示,则

$$U(k)=a_0E(k)-a_1E(k-1)+b_1U(k-1)+b_2U(k-N-1) \tag{9.7}$$

式中:$U(k)$——数字控制器的输出;

$E(k)$——偏差信号。

式(9.7)即为设计数字控制器的数学模型。

9.4.4 温度控制系统软件设计

在完成系统硬件设计及求出数学模型之后,即可着手进行控制系统的软件设计。

该系统软件设计采用模块式结构。主要分 3 部分:第一部分为主程序;第二部分为键盘中断服务程序;第三部分是定时采样及处理程序。

关于键盘处理程序,这里不再赘述。

下边重点讲一下主程序、定时采样程序以及数字控制器程序的设计方法。

1) 控制系统主程序

主程序主要进行初始化,分配内存单元及设置定时器参数,以便为系统正常工作创造条件。由于本系统数据通道比较多,而且采样数据为 12 位(双字节),加上一些给定值,如温度上、下限报警给定值,控制曲线设定值等,所占内存单元较多,故本系统将同时使用内部 RAM 及外部 RAM。这两种 RAM 传送数据方法不同,读者在阅读程序时应予以注意。该系统的采样周期为 5 s,对于这样长的定时时间只用一个定时器是不够的。因此,采用两个定时器串联的方法,即设 T_0 为定时方式,设 T_1 为计数方式。也可以采用软、硬件相结合的方式,即设 T_0 为定时方式,然后用软件对其计数的方式。本系统采用 T_0 和 T_1 串联的纯硬件定时方式。设 T_0 为定时方式 1,定时的时间间隔为 100 ms,时钟频率选 6 MHz。代入公式 $T=(2^{16}-X)\times 12\times\frac{1}{f_{osc}}$,可得出 T_0 应装入的时间常数 $X=3CB0H$,可分别装入 TH_0 和 TL_0。设 T_1 为计数方式 2,计数值为 50(即 32H)。为了能对 T_0 定时中断次数进行比较,用 P1.7 引脚通过一个反相器接到 T_1 引脚。当定时时间到,将 P1.7 反相后,加到 T_1 引

脚作为计数脉冲，需要定时两次才能构成一个完整的计数脉冲。因此，设 T_1 的计数值为 25，T_1 的计数常数为 231(E7H)。这里，定时器 0、1 均允许中断。这样，当计数器 T_1 计满后，即可产生 5 s 中断申请。

完成上述主程序流程如图 9.14 所示。

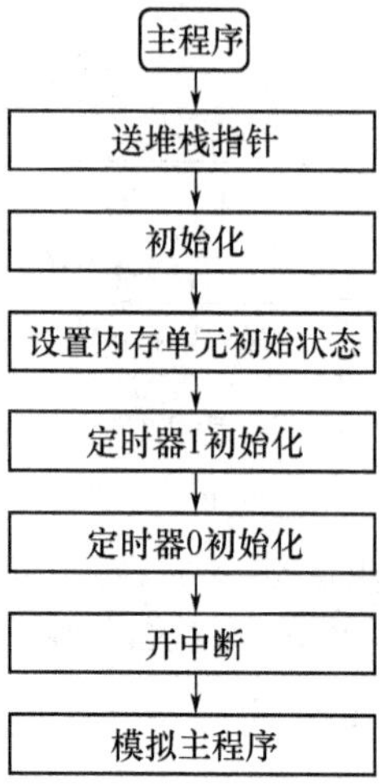

图 9.14 温度控制系统的主程序流程

设 DATA 为采样数据存放区域首地址。每次采样值占两个单元；每个通道采样 5 次，共 8 个通道，共占外部存储单元 80 个；显示缓冲区占两个单元，存放 BCD 码数据；第一字节中的高 4 位为通道号，低 4 位为百位数；第二个字节高低 4 位分别为十位数和个位数。给定值存放在内部 RAM 中，占 16 个字节。报警标志单元安排在内部 RAM 的 20H 和 21H 单元中；位地址从 00H 开始，其中 20H 为上限报警标志位，21H 单元为下限报警标志位。堆栈设在内部 RAM 中，指针为 69H。据此可写出初始化程序如下：

```
;温度控制系统主程序
;微型机温度控制系统译码器地址分配
PCTL8255    EQU    0F103H
PC8255      EQU    0F102H
PB8255      EQU    0F101H
PA8255      EQU    0F100H
LS3731      EQU    0F200H
LS3732      EQU    0F300H
DA1         EQU    0F400H
DA2         EQU    0F500H
DA3         EQU    0F600H
DA4         EQU    0F700H
DA5         EQU    0F800H
DA6         EQU    0F900H
```

```
DA7         EQU    0FA00H
DA8         EQU    0FB00H
AD574       EQU    0FC00H
LS175       EQU    0FD00H
;外部 RAM 地址分配
CDATA       EQU    00H           ;数据采集单元首地址
FDATA       EQU    50H           ;数字滤波后数据首地址
SDATA       EQU    60H           ;标度变换后数据首地址
SETTEMP     EQU    70H           ;设定温度首地址
TEMPMAX     EQU    80H           ;报警上限给定值首地址
TEMPMIN     EQU    90H           ;报警下限给定值首地址
FFDATA      EQU    0A0H          ;采样温度值首地址(浮点数)
;内部 RAM 地址分配
ALARMAX     EQU    00H           ;上限报警标志位首地址
ALARMIN     EQU    08H           ;下限报警标志位首地址
COUNT       EQU    22H           ;采样次数单元
CHADDR      EQU    23H           ;采样通道号单元
BUFF        EQU    24H           ;采样数据缓冲区
DPLBUFF     EQU    25H           ;显示缓冲区
FSETTEMP    EQU    26H           ;设定温度首地址(浮点数)
COEF        EQU    3EH           ;数字控制器系数及缓冲单元
            ORG    0000H
            LJMP   MAIN
            ORG    0003H
            LJMP   INT0
            ORG    000BH
            LJMP   INTT0
            ORG    001BH
            LJMP   INTT1
;主程序
            ORG    0100H
MAIN:       MOV    SP,#69H
            MOV    A,#80H        ;设置 8255A 工作方式
            MOV    DPTR,#PCTL8255
            MOVX   @DPTR,A
            MOV    20H,#00H      ;清上、下限报警标志单元
            MOV    21H,#00H
;清数据采集单元
```

```
            MOV     R0,#00H
            MOV     R1,#50H
            MOV     A,#00H
            MOV     P2,#0F0H
CLEAR2:     MOVX    @R0,A
            INC     R0
            DJNZ    R1,CLEAR2
;清中间结果单元
            MOV     R0,#4DH        ;清 E(k)和 U(k)
            MOV     R1,#1EH
            MOV     A,#00H
CLEAR2:     MOV     @R0,A
            INC     R0
            DJNZ    R1,CLEAR2
;清显示及缓冲区
            MOV     A,#00H         ;清显示缓冲单元
            MOV     CHADDR,A
            MOV     COUNT,A
            MOV     BUFF,A
            MOV     TMOD,#61H      ;设 T0,T1 工作方式
            SETB    P1.7
            MOV     TH1,#0E7H      ;装入 T1 时间常数
            MOV     TL1,#0E7H
            SETB    TR1
            MOV     TH0,#3CH       ;装入 T0 时间常数

            MOV     TL0,#0B0H
            LCALL   DESPLAY        ;调显示子程序
            LCALL   ALARM          ;输出报警指示灯
            SETB    TR0
            SETB    ET0
            SETB    ET1
            SETB    EA
                                   ;调用数据传送及转化子程序
            …                      ;把 ROM 中存放的 a0,a1,b1,b2 三字
                                    节浮点数传送到相应的 RAM 单
                                    元中
HERE:       AJMP    HERE
```

2）定时采样处理中断服务程序

定时采样处理中断服务程序即 5 s 定时中断服务程序。它是本系统的主要部分，其主要任务是：数据采集、数字滤波、标度变换、报警处理、显示通道号及温度、控制计算、控制输出等。

完成上述任务的定时中断服务程序流程图如图 9.15 所示。

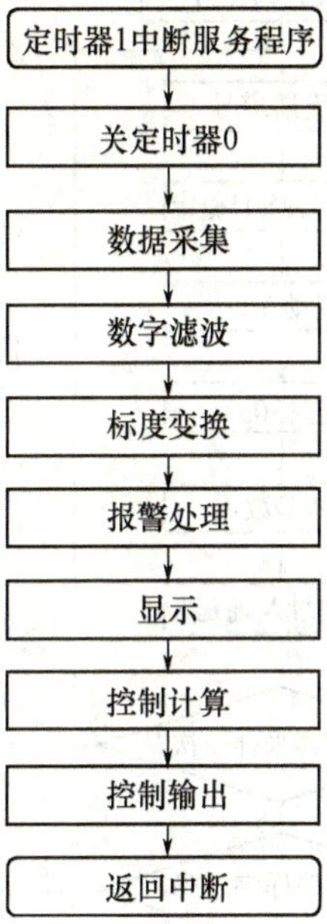

图 9.15 定时采样中断服务程序的流程

为了使程序设计简单，每一个功能设计成一个模块形式。本程序的基本思想是 8 个通道按功能模块一个一个地处理。如先采样全部数据，再完成各个通道的数字滤波，……，直到控制输出。这种方式一是比较简单，二是采集的数据存放、处理均比较方便。程序中每个模块用一个子程序代替。因此，在中断服务程序中，只需按顺序调用各功能模块子程序即可，程序可读性强。

下面介绍几个常用模块。

(1) 数据采集模块

数据采集程序的主要任务是巡回检测 8 个退火炉的温度参数，并把它们存放在外部 RAM 指定单元 00H～4FH 中。巡回检测的方法是先把 8 个通道各采样一次，然后再采第二次，第三次，……直到每个通道均采样 5 次为止。为简化电路，本系统使用延时方式进行采样。采样程序流程如图 9.16 所示。

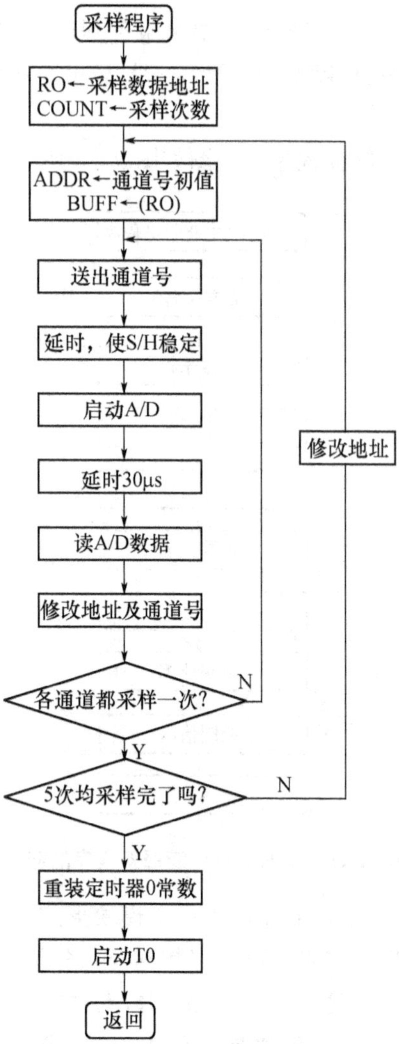

图 9.16 采样程序的流程

根据图 9.16 所示可写出数据采集程序如下：

```
COLECT:   MOV    R0,#CDATA        ;取采样数据首地址
          MOV    COUNT,#05H       ;送采样次数
ROUT0:    MOV    CHADDR,#00H      ;设通道号初值
          MOV    BUFF,R0          ;保护通道号
ROUT1:    MOV    A,CHADDR         ;送通道号
          MOV    DPTR,#LS175
          MOVX   @DPTR,A
          INC    CHADDR           ;通道号加 1
          NOP                     ;延时,使 S/H 稳定
```

```
          NOP
ROUT2：   MOV      DPTR,#AD574      ;启动 A/D
          MOVX     @DPTR,A
          ACALL    DELAY            ;延时,等待 A/D 转换结束
          MOVX     A,@DPTR          ;读入高 8 位
          MOV      P2,#0F0H
          MOVX     @R0,A            ;存放高 8 位
          INC      DPTR             ;使 A0=1
          INC      R0               ;求低 4 位存放地址
          MOVX     A,@DPTR          ;读低 4 位
          MOVX     @R0,A            ;存放低 4 位
          MOV      A,R0             ;求存放下一个通道数据地址
          ADD      A,#09H
          MOV      R0,A
          MOV      A,CHADDR
          CJNE     A,#08H,ROUT1     ;判断 8 个通道是否各采样一次
          DJNZ     COUNT,BRANCH     ;判断是否采样 5 次
          MOV      TH0,#3CH         ;重新装入定时器 0 时间常数
          MOV      TL0,#0B0H
          SETB     TR0
          RET
BRANCH：  MOV      R0,BUFF          ;计算第 0 通道下一次采样地址
          INC      R0
          INC      R0
          AJMP     ROUT0
DELAY：   (延时子程序,略)
```

说明：

① 本程序为 8 个通道，每个通道采样 5 次。其具体做法是：先将各通道分别采样，直到每个通道 5 次全采完。其采样数据在 RAM 中的存放方法如图 9.17 所示。

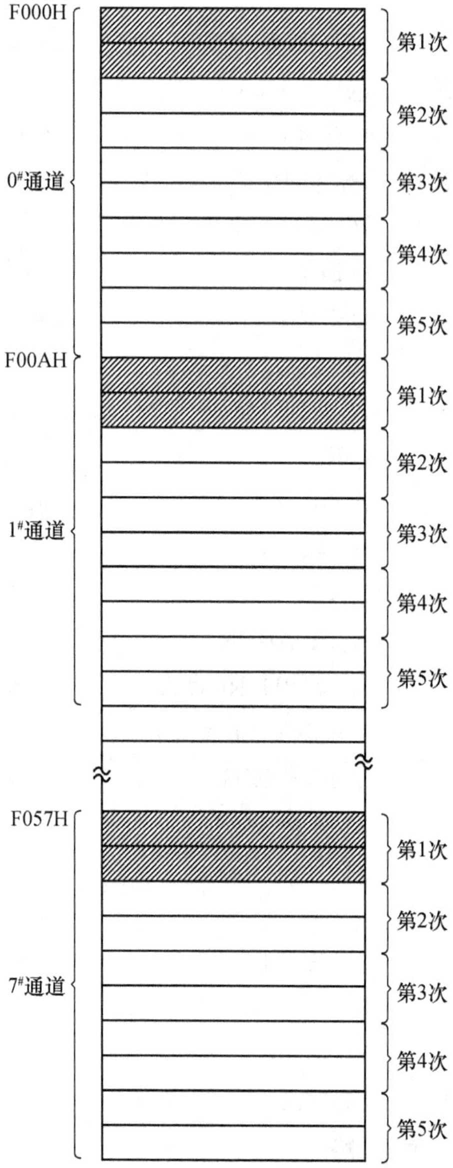

图 9.17　采样数据在 RAM 中的存放方法

② 本程序 A/D 转换采用延时方法，也可采用查询的方法。

(2) 报警处理模块

根据图 9.17 所示及本系统对报警的要求，可画出报警流程图，如图 9.18 所示。

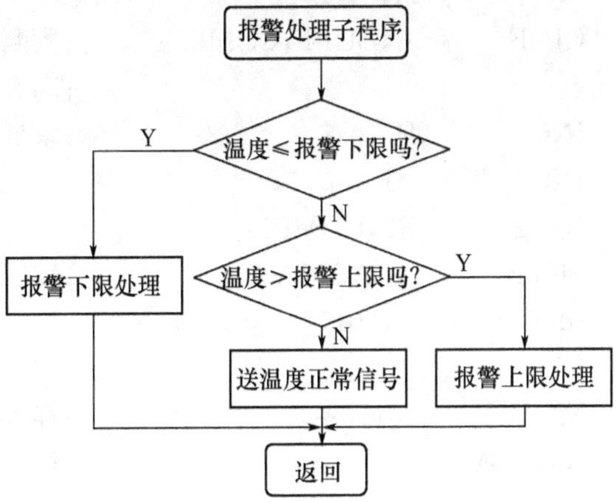

图 9.18 温度报警处理程序流程图

设 8 座退火炉上限报警值存放在以 TEMPMAX 为首地址的内存单元中；下限报警值存放在以 TEMPMIN 为首地址的内存单元中。然后分别与检测值(在 SDATA)比较，并将相应的报警标志位置位(上限报警在 20H 单元中，下限报警在 21H 单元中)。

正如在图 9.11 中所示的报警电路部分所叙述的那样，下限报警信号必须待两个控制信号 LA_1 和 LB_1 同时为高电平时才能是黄色。因此，本程序在输出报警模型之前必须先做一些处理，即把下限报警模型及正常信号模型合并后再由 8031 的 P1 口和 8255A 的 C 口分别输出。

由图 9.18 可写出报警程序如下：

```
ALARM:    LCALL    TMAXCOMP      ;温度上限报警检查
          LCALL    TMINCOMP      ;温度下限报警检查
          MOV      A,20H
          ORL      A,21H
          MOV      P1,A          ;输出温度上限、下限报警信号模型
          MOV      A,20H
          CPL      A             ;求正常信号模型
          ORL      A,21H
          MOV      DPTR,#PC8255
          MOVX     @DPTR,A       ;输出温度下限报警及正常信号模型
          RET
```

上限报警比较子程序

```
TMAXCOMP:    MOV     R0,#TEMPMAX     ;取上限报警首地址
             MOV     R1,#SDATA       ;取采样数据首地址
             MOV     R3,#08H         ;设通道数
             MOV     R2,#02H
COMP1:       MOVX    A,@R1
             MOV     BUFF,A
```

```
            MOVX    A,@R0
            CJNE    A,BUFF,COMP2        ;判断上限报警值与采样值
                                        ;高 8 位是否相等
            INC     R0                  ;求低 8 位数地址
            INC     R1
            DJNZ    R2,COMP1
            SETB    ALARMAX             ;相等,置报警标志
COMP4:      MOV     A,20H
            RL      A
            MOV     20H,A               ;存入报警标志单元
DJNZ        R3,COMP1                    ;检查 8 路是否比较完成
            RET
COMP3:      CLR     ALARMAX             ;清报警标志位
            AJMP    COMP4
COMP2:      JNC     COMP3
            SETB    ALARMAX             ;置报警标志位
AJMP        COMP4
```

下限报警比较子程序

```
TMINCOMP: MOV     R0,#TEMPMIN
          MOV     R1,#SDATA
          MOV     R3,#08H
          MOV     R2,#02H
COMP11:   MOVX    A,@R1
          MOV     BUFF,A
          MOVX    A,@R0
          CJNE    A,BUFF,COMP22
          INC     R0
          INC     R1
          DJNZ    R2,COMP11
          SETB    ALARMIN
COMP44:   MOV     A,20H
          RL      A
          MOV     20H,A
DJNZ      R3,COMP11
          RET
COMP33:   CLR     ALARMIN
          AJMP    COMP44
COMP22:   JC      COMP33
          SETB    ALARMIN
AJMP      COMP44
```

3) 数字控制器的程序设计

数字控制器是本控制系统的核心,用它对被测参数进行自动调节,这里采用直接程序设计法进行设计。

由式(9.7)可知,本系统数字控制器的模型如下式所示:

$$U(k) = a_0E(k) - a_1E(k-1) + b_1U(k-1) + b_2U(k-N-1)$$

首先将式中各系数按式(9.6)求出后,分别转换成3字节浮点数,并存入相应的内存单元中,如表9.2所示(本例中设 $N=5$)。

表 9.2 内存单元分配表

内存单元名称	内存单元地址	存放的参数	内存单元名称	内存单元地址	存放的参数
COEFA0	3EH	a_0	BIASE0	4DH	$E(k)$
COEFA1	41H	a_1	BIASE1	50H	$E(k-1)$
COEFB1	44H	b_2	DOUT1	53H	$U(k-1)$
COEFB2	47H	b_2	DOUT2	56H	$U(k-2)$
DATABUF	4AH	FDATA	DOUT3	59H	$U(k-3)$
BUFF1	65H		DOUT4	5CH	$U(k-4)$
BUFF2	68H		DOUT5	5FH	$U(k-5)$
			DOUT6	62H	$U(k-6)$

根据式(9.7)可画出数字控制器程序的流程,如图9.19所示。

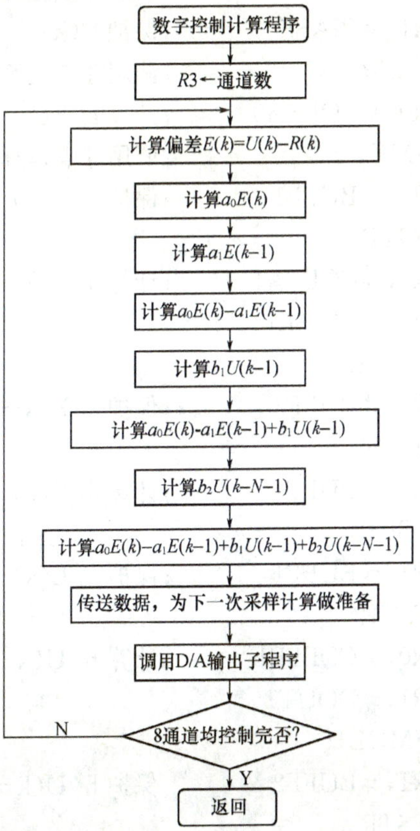

图 9.19 数字控制器程序的流程

本程序仍采用 3 字节浮点运算方法，依照数字控制器程序设计方法，可写出如图 9.19 所示的数字控制器程序如下：

```
UOUT:   MOV     R7,#08H             ;送通道数
        MOV     R0,#FFDATA          ;计算 E(k)
        MOV     R1,#FSETTEMP
LOOP:   PUSH    00H                 ;保护 R0,R1,R7
        PUSH    01H
        PUSH    07H
        MOVX    A,@R0               ;传送采样数据到缓冲单元
        MOV     4AH,A
        INC     R0
        MOVX    A,@R0
        MOV     4BH,A
        INC     R0
        MOVX    A,@R0
        MOV     4CH,A
        MOV     R0,#DATABUF
        LCALL   FSUB                ;调用浮点运算减法子程序
        MOV     R1,#BIASE           ;保护 E(k)
        LCALL   FSTR                ;调用浮点运算余数子程序
        MOV     R0,#COEFA0          ;计算 a0 E(k)
        LCALL   FMUL                ;调用浮点运算乘法子程序
        MOV     R1,#BUFF1           ;保护 a0 E(k)
        LCALL   FSTR
        MOV     R0,#COEFA1          ;计算 a1 E(k-1)
        MOV     R1,#BIASE1
        LCALL   FMUL
        MOV     R1,#BUFF2           ;保护 a1 E(k-1)
        LCALL   FSTR
        MOV     R0,#BUFF1           ;计算 a0 E(k)-a1 E(k-1)
        LCALL   FSUB
        MOV     R1,#BUFF1           ;保护 a0 E(k)-a1 E(k-1)
        LCALL   FSTR
        MOV     R0,#COEFB1          ;计算 b1 U(k-1)
        MOV     R1,#DOUT1
        LCALL   FMUL
        MOV     R1,#BUFF2           ;保护 b1 U(k-1)
        LCALL   FSTR
        MOV     R0,#BUFF1           ;计算 a0 E(k)-a1 E(k-1)+b1 U(k-1)
```

```
LCALL   FADD          ;调用浮点运算加法子程序
MOV     R1,#BUFF      ;保护 a0 E(k)-a1 E(k-1)+b1 U(k-1)
LCALL   FSTR
MOV     R0,#COEFB2    ;计算 b2 U(k-N-1)
MOV     R1,#DOUT6
LCALL   FMUL
MOV     R1,#BUFF2     ;保护 b2 U(k-N-1)
LCALL   FSTR
MOV     R0,#BUFF1     ;计算 a0 E(k)-a1 E(k-1)+b1 U(k-1)+
                       b2 U(k-N-1)
LCALL   FADD
MOV     R1,#BUFF1     ;保护 U(k)
LCALL   FSTR
MOV     50H,4DH       ;E(k-1)←E(k)
MOV     51H,4EH
MOV     52H,4FH
MOV     62H,5FH       ;U(k-6)←U(k-5)
MOV     63H,60H
MOV     64H,61H
MOV     5FH,5CH       ;U(k-5)←U(k-4)
MOV     60H,5DH
MOV     61H,5EH
MOV     5CH,59H       ;U(k-4)←U(k-3)
MOV     5DH,5AH
MOV     5EH,5BH
MOV     59H,56H       ;U(k-3)←U(k-2)
MOV     5AH,57H
MOV     5BH,58H
MOV     56H,53H       ;U(k-1)←U(k-1)
MOV     57H,54H
MOV     58H,55H
MOV     53H,65H       ;U(k-1)←U(k)
MOV     54H,66H
MOV     55H,67H
LCALL   DAOUT         ;调用 D/A 输出子程序
POP     07H
POP     01H
POP     00H
INC     R0
```

```
          INC     R0
          INC     R0
          INC     R1
          INC     R1
          INC     R1
          DJNZ    R7,LOOP1
          RET
LOOP1:    LJMP    LOOP
DAOUT:    RET     ;D/A 输出子程序
DESPLAY:  RET     ;LED 显示子程序
DL30:     RET     ;延时 30 μs 子程序
```

LED 显示键盘处理程序、数字滤波程序以及标度变换程序等,读者可以自己编写。

9.4.5 手动后援问题

除了上面讲的自动控制工作模式外,为了保证系统安全可靠工作,特别是在系统控制器发生故障时,系统不致影响生产,系统专门增加手动后援操作。所谓手动后援就是一旦系统自动状态发生故障时,则可转入手动状态工作。手动后援有两种方法实现:一种方法是在系统中增设手动操作器,如 DDZ-Ⅲ型电动组成仪表中的手动操作器 DTQ-3110 型(输出 1～5V DC)和 DTQ-3200 型(4～20 mA DC)。另一种方法是可以采用简单的电位器电路。手动后援电路如图 9.20 所示。

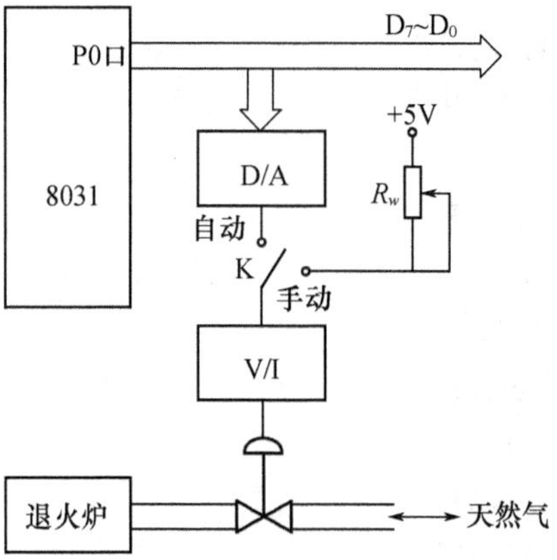

图 9.20 手动后援电路的原理

如图 9.20 所示,当开关 K 在自动位置时,数字调节器的输出经 D/A 转换器输出,然后再经过 V/I 变换器把电压转换成 4～20 mA 的电流信号,用来控制阀门。否则,当开关在手动位置时,改变电位器 R_w 的大小(或用手动操作器操作),即可达到控制阀门的位置的目的。

思考题与习题 9

9.1 计算机控制系统设计的原则有哪些?

9.2 计算机控制系统的设计步骤是什么?

9.3 计算机控制系统的硬件设计包含哪些内容?

9.4 试举例说明计算机控制技术的应用实例。

附录　部分函数的 Z 变换、拉氏变换表

序号	$f(t)$	$F(s)$	$F(z)$
1	$\delta(t)$	1	1
2	$\delta(t-nT)$	e^{-nTs}	z^{-n}
3	$1(t)$	$\frac{1}{s}$	$\frac{z}{z-1}$
4	t	$\frac{1}{s^2}$	$\frac{Tz}{(z-1)^2}$
5	t^2	$\frac{2}{s^3}$	$\frac{T^2 z(z+1)}{(z-1)^3}$
6	e^{-at}	$\frac{1}{s+a}$	$\frac{z}{z-e^{-aT}}$
7	te^{-at}	$\frac{1}{(s+a)^2}$	$\frac{Tze^{-aT}}{(z-e^{-aT})^2}$
8	$1-e^{-at}$	$\frac{a}{s(s+a)}$	$\frac{z(1-e^{-aT})}{(z-1)(z-e^{-aT})}$
9	$\sin\omega t$	$\frac{\omega}{s^2+\omega^2}$	$\frac{z\sin\omega T}{z^2-2z\cos\omega T+1}$
10	$\cos\omega t$	$\frac{s}{s^2+\omega^2}$	$\frac{z(z-\cos\omega T)}{z^2-2z\cos\omega T+1}$
11	$e^{-at}\sin\omega t$	$\frac{\omega}{(s+a)^2+\omega^2}$	$\frac{ze^{-aT}\sin\omega T}{z^2-2ze^{-aT}\cos\omega T+e^{-2aT}}$
12	$e^{-at}\cos\omega t$	$\frac{s+a}{(s+a)^2+\omega^2}$	$\frac{z(z-e^{-aT}\cos\omega T)}{z^2-2ze^{-aT}\cos\omega T+e^{-2aT}}$
13	a^k	—	$\frac{z}{z-a}$

参 考 文 献

1 潘新民，王燕芳编著. 微型计算机控制技术. 北京：电子工业出版社，2003

2 潘新民，王燕芳编著. 微型计算机控制技术. 北京：人民邮电出版社，1999

3 胡汉才编著. 单片机原理及接口技术. 北京：北京航空航天大学出版社，1993

4 何立民编著. 单片机应用文集. 北京：北京航空航天大学出版社，1991

5 李华主编. MCS-51 系列单片机及实用接口技术. 北京：北京航空航天大学出版社，1993

6 龙一鸣等编著. 单片机总线扩展技术. 北京：北京航空航天大学出版社，1993

7 谢剑英等编著. 微型计算机控制技术. 北京：国防工业出版社，2001

8 俞光昀等编著. 计算机控制技术. 北京：电子工业出版社，2002

9 王常力等编著. 集散控制系统选型和应用. 北京：清华大学出版社，1996

10 席裕庚编著. 预测控制. 北京：国防工业出版社，1991

11 陈章龙主编. 实用单片机大全. 哈尔滨：黑龙江科学技术出版社，1989

12 金以慧编著. 过程控制. 北京：清华大学出版社，1995

13 涂植英. 过程控制系统. 北京：机械工业出版社，1983

14 夏扬等编著. 计算机控制技术. 北京：机械工业出版社，2004

15 阳宪慧. 现场总线技术及应用. 北京：清华大学出版社，1998

16 陆道政等编著. 自动控制原理和设计. 上海：上海科学技术出版社，1978

17 傅桂翠等. 一种实用的 64 路温度测量系统. 电子技术应用杂志，1999(2)

18 刘培章等. 燃烧锅炉微型计算机控制. 电子技术应用杂志，1999(6)

19 常健生. 检测与转换技术，北京：机械工业出版社，1981

20 Smith CL. 数字计算机过程控制. 北京：石油工业出版社，1982

21 王俊普. 智能控制. 合肥：中国科学技术大学出版社，1996

22 薛定宇. 控制系统计算机辅助设计，北京：清华大学出版社，1996